U0437049

中华传统节气修身文化

全国百佳出版社
中央编译出版社
Central Compilation & Translation Press

熊春锦 著

四时之春

图书在版编目（CIP）数据

中华传统节气修身文化·四时之春 / 熊春锦著. —北京：中央编译出版社，2016.1
ISBN 978-7-5117-2908-8

Ⅰ. ①中… Ⅱ. ①熊… Ⅲ. ①二十四节气—关系—思想修养 Ⅳ. ① B825

中国版本图书馆 CIP 数据核字（2015）第 309405 号

中华传统节气修身文化·四时之春

出 版 人：	刘明清
出版统筹：	董 巍
责任编辑：	王丽芳
出版发行：	中央编译出版社
地　　址：	北京西城区车公庄大街乙 5 号鸿儒大厦 B 座（100044）
电　　话：	（010）52612345（总编室）　　（010）52612341（编辑室）
	（010）52612316（发行部）　　（010）52612317（网络销售）
	（010）52612346（馆配部）　　（010）55626985（读者服务部）
传　　真：	（010）66515838
经　　销：	全国新华书店
印　　刷：	北京市青云兴业印刷有限公司
开　　本：	710 毫米 ×1000 毫米　1/16
字　　数：	250 千字
印　　张：	22.5
版　　次：	2016 年 8 月第 1 版第 2 次印刷
定　　价：	60.00 元

网　　址：	www.cctphome.com	邮　箱：	cctp@cctphome.com
新浪微博：	@中央编译出版社	微　信：	中央编译出版社（ID：cctphome）
淘宝网店：	中央编译出版社直销店（http://shop108367160.taobao.com）　（010）52612349		

本社常年法律顾问：北京嘉润律师事务所律师　李敬伟　问小牛
凡有印装质量问题，本社负责调换，电话：（010）55626985

总 序 | Zongxu

春启雨春谷清天,夏满芒夏暑相连,
秋处露秋寒霜降,冬雪雪冬小大寒。
上半年是六廿一,下半年来八廿三,
每月两节日期定,最多相差一二天。

一首《节气歌》,五十六个字,将时间之数与空间之度以及曲韵动态之信,高度浓缩,隐藏着二十四个节气的信息。世界上用如此简洁而生动的文字来记录一年的变化、解读天地自然与人类关系的,是中国人。

简洁并不意味着简单。现代人提起二十四节气,都知道与气候、农业生产,或者起居、饮食、生活等诸多方面有关。但作为中华传统文化的爱好者,尤其是重视修身养生的人,就不能不掌握古人创立"节气文化"的意义。所理解的意义不同,则对于节气文化的重视程度和应用方法,亦将随之不同。就节气本身而言,在中国古代是与历法紧密结合,渗透在中国人文化、政治、军事、经济、日常社会生活的方方面面,如果不了解节气文化的本来意义,只注重在某一方面来研究节气文化的应用,往往会只见树木不见森林,甚至将历史流变中的错误当作效法的对象。倘若由此产生了差池,人们反倒会将帽子扣到节气文化甚至传统文化的头上,这不仅对传统文化的传承不利,而且也辜负了祖先创立这一文化时寄予子孙后代的殷忧之意。

不过,细心的读者会发现,我们这里所引用的《节气歌》,第一句与大家所熟知的版本有很大不同。这一句里,"启"是指"启蛰",是惊蛰这个节气的本名,汉代为避汉景帝讳被改称惊蛰。启蛰原本在雨水前面,但是在东汉时却被调整到了雨水之后。谷雨和清明这两个节气的顺序,原本是谷雨在前,清明在后,其顺序的颠倒也发生在东汉。中国人历来重视历

法，节气是历法的重要内容，对于节气名称和顺序的更改，是文化生活中的大事，背后必有重大原因。本书的一个重要宗旨，就是还原节气修身文化的本来面貌，因而为节气正名正位，是其中的关键内容之一。

中华传统节气修身文化系列书籍，其基础是熊春锦先生自2013年冬至到2015年古清明（即现代的谷雨节气）期间，所做的30余次讲座。熊先生选择从冬至开始讲授，是为了让大家从起步时，即了解节气文化的本来意义。

节气与修身，有着密不可分的内在关系。"一阳来复在冬至，心礼火发在小寒，五运六炁（气）大寒始。"从中华传统修身文化的角度来看，冬至实际是二十四节气中的第一个节气，一阳初动的地炁能量在这一天发动。祖先们在研究中发现，人体之内同样也有一番天地，称之为内天地。内天地与外天地，遵循着相同的自然法则，原本是天然的同频共率状态。但就现代人而言，除了儿童和婴幼儿，绝大部分成年人的身心由于后天意识非善非正的形成与固化，都已经失去了与天地同频的素质，而处在错时乱日之中。以身心之乱对抗自然的节律，这就是现代人亚健康和各种疾病高发的重要原因。与生存压力、环境污染以及食品安全等相比，这是影响健康的更根本性的因素。

《黄帝内经·灵枢·本神》中说："天之在我者德也，地之在我者炁也，德流炁薄而生者也。"进入大寒节气点的时候，天地之间能量升降的动机产生，古人将这种运动总结为"五运六炁（气）"。人体内的天地之间，也同样从大寒之日起，开始新一轮天德之炁下降、地慈之炁生升的交汇流布，新的一年中是否能够实现生命体内的风调雨顺、春华秋实，也就要看体内五运六炁（气）与天地自然同步的状况了。因此，《黄帝四经》中指出"顺四时之度而民不有疾"。

中国古人通过对自然和生命的研究认识到，人类要想实现与天地主动且充分地同步，而不是被自然拖着勉强蹒跚前进，甚至是远远落在自然节律的脚步后面，就必须进行以德修身的实践。祖先们还认识到，自然界的所有生命都处在不断的进化之中，这种进化并不同于西方现代进化论的理

总 序

论概念，而是一种在"道生之，而德畜之，物形之，而器成之。是以万物尊道而贵德"总规律下的不断升华。人类作为万物之灵，本身具备通过以德修身自我提升而进化的基因，这是人类最宝贵的优势。修身而进化，也必然要因地而生，顺天而成，更不能背离自然运转的节律。

由此可见，节气文化与修身之间有着甚深的渊源。节气就相当于人类应用五运六炁（气）进行修身养生治事的时间坐标和空间坐标。古人创立节气文化，首先是用来指导内在的修身，让人们把握"顺四时之度而民不有疾"的原则，明明白白、健健康康地活在天地之间，并通过以德修身来提升自己的品格、品质与品行；同时也用来指导外在的农业和工业生产，因此中国才在很早的时候就有了农业，也懂得了对矿石进行炼制加工。可惜的是，由于历史文化的变迁，导致了人们对节气文化指导内在修身这一部分内容的疏离和陌生，在历史上也就发生了颠倒节气顺序的现象，这不能不说是一种文化的悲哀。只有将节气这个坐标系统调准确了，我们才能在修身、养生、治事中真正做到"顺四时之度"，这是不言而喻的前提。

在将讲课录音整理编纂成这一系列书籍时，本系列书籍以四时之春、夏、秋、冬进行分册，并将共性内容归辑为一本《中华传统节气修身文化要略（简称《要略》）》，一共五本书。

古人将立春、立夏、立秋、立冬四个节气称为"四立"，可见四时的概念与节气密不可分。在地球上，尤其是中国的中原地区，四季分明，景象各异，很容易看出其中的不同。中国古人的智慧就在于不仅仅研究表面的现象，而且还要探究产生这种现象的原因，并且按照"内取诸身，外证诸物"的路径，通过内外一致的研究来确认节气的时间节点。天地之间的阳气从冬至开始萌发生成后，并不具备生发万物的条件，需要经过冬至、小寒到大寒三个节气的积蓄，方能达到一个变化的临界点，这个临界点就是立春。从立春开始，五运六炁（气）中的仁德木炁能量开始广为输布，带来万物新一轮的生、长、收、成过程。就像人们习惯于从一个婴儿呱呱坠地开始记录他的一生，以四时来为本系列书籍分册，符合人们对自然现象的观察特点，也是为了便于现代读者把握和应用。

《要略》主要讲解了节气修身文化的系统观和基础知识，其中包括节气文化的诞生与传承，易理在节气修身文化中的应用，修身求真的系统观、重点领域、主要概念、基础方法，以及节气养生的重要原则等；四时之春、夏、秋、冬，每一个季节都分为"文化篇"、"修身篇"、"治事养生篇"、"民俗篇"四部分。每一部分各有重点，而以文化将其融贯成为一个整体。

"文化篇"首先从寻根探源入手，通过对每个节气名称的咬文嚼字、天文和物候现象的介绍分析，来揭示节气的特征和能量运动规律及其对人类养生、治事的影响。其中，一个重要的方面就是理清历史上节气名称和排序变化的脉络，为被错误改变名称和位置的节气正名正位，以使人们能够按照正确的时序调整自己的行为。

"修身篇"将农事与修身进行对照，将身内之"国"与身外之自然界进行譬喻，详细讲解了每个节气的五运六炁（气）特点和修身的重点领域以及方法要领。

"治事养生篇"重点梳理了古人总结出的每个节气里居家、出行、办事的准则性内容。人不能脱离天地而存在，人体的五臟六腑、四肢百骸、筋骨皮肉、经络窍穴等机能活动，无一不受节气变化的影响。只有不违天时，顺道而行，才能保证有好运相伴。《黄帝内经·素问·四气调神大论》中说："故阴阳四时者，万物之终始也，死生之本也，逆之则灾害生，从之则苛疾不起，是谓得道。道者，圣人行之，愚者佩之。"在养生方面，本书总结了每个节气的养生要点，介绍了古人具有代表性的节气养生方法，并结合现代营养学知识，讲解了节气饮食知识，附以特色养生食谱。

"民俗篇"汇集了全国各地二十四节气里的主要特色民俗活动和节气谚语。自古以来，人们根据节气来治人事天，形成了传统民俗活动，在不同地区有不同的特点。本书除了介绍民俗活动的特点，还简要分析了一些特色活动的文化内涵。

春、夏、秋、冬四时，各有其整体性特点，同时每一个季节内的六个节气，又各有其不同特征。从全年来看，四时又构成了年度周期律的稳定性。掌握的关键，是要在四时的系统中了解每一个节气的运气变化、修身重点、治事要点；进而掌握这种变化是如何在四时之中进行更大变化的；

总 序

再回归到年度周期律这个大系统上,掌握一年中诸项的完整变化过程。在此基础上,才能够上升到更大的系统中,在年与年之间,甚至更广阔的时空系统中,去进行研究、探索和实践天人合一。

中华传统节气修身文化系列书籍的一个重要旨趣,在于将节气的修身内涵,以其本来面貌呈现给现代读者。何谓修身?修身不是文字或口头上往来的空言大道,也不是仅仅伦理教化上的陶冶规范,而是要在理论指导下,运用系统的方法,在自己的生命体内进行一番净化、改造、提升和再造的工程。譬如,首先需从体内的"水土"治理、"大气污染"防控开始;具备一定基础后,再从一名农夫做起,在内丹田里精耕细作;进而再学习工人,在体内的鼎炉内进行冶炼生产,以提高生命体这个小国家的文明程度。老子用十二个字对修身实践的要旨进行了概括,就是"虚其心,实其腹,弱其志,强其骨",并告诉人们要遵循"人法地,地法天,天法道,道法自然"的层级,实现"修之身,其德乃真"。

在春秋战国以前,中国社会主流文化是幾学之道[1]的修身之法,是内求法的"守一法";春秋战国乱悠悠,幾学的修身文化也从此历经沧桑,"守一法"隐,而在唐宋之际"金丹学"现。守一或丹道,因适应不同时代的需求而有异,但都是一脉相承的天人合一之学。当今时代,比之唐宋又有不同,修身学正在向"守一法"幾学回归,回归的方法,熊先生将其提炼为"得一法"。"得一法"融"守一法"的基础理论与丹道学为一炉,与节气文化水乳交融,幾学结合现代科学语境进行表述,幾学与科学圆融合一,很便于现代人理解和应用。

---

[1] 楚简《五行经》中指出:"目而智之胃之進之。俞〈喻〉而智之胃之進之。辟(譬)而智之胃之進之。幾而智之,天也。"目、喻、辟、幾四大方法论,是东方文化"内求法"的文化基因,是基因文化的核心元素。目析法、喻析法、辟析法、幾析法四种方法论共同构成东方古代的幾学体系,目、喻、辟三种方法属于常道方法论,幾析法则是独特的超常方法论。幾析法既是无为法,也是目析法、喻析法、辟析法这三法的核心与统帅。详见熊春锦著《简帛〈五行经〉释解》,中央编译出版社 2016 年版。

关于节气所涉及的天文、历法、农事、养生、民俗等内容，现代学者都有所研究，但从修身入手，揭示节气文化本身渊源及其对于人的最根本用途的，却鲜能见之。读者若能始终不忘修身二字来阅读本系列书籍，自将可见中华文化实则是一部几学"内文明"的生命文化，在农事、养生、民俗等等各项内容的背后，都有天人合一的修身文化背景。对于如何弘扬中华优秀传统文化，也自会形成更加清晰的见识。

本系列书籍介绍中华传统节气修身文化，目的不是复古，而是传承和创新。

节气者，时空也；时空者，文明的立根之所和成长之机也。我们都知道，中国从鸦片战争开始，被西方的坚船利炮轰开国门，陷入了被侵略被奴役的百年屈辱时期。孰不知这场战争其实早在鸦片战争之前就已经在文化界拉开了序幕。1811年，嘉庆皇帝全面禁止宗教，西方传教士认识到，要想在中国传教，首先非打破中国的"天下中心观"和"夷夏观"不可，要用西方的历法代替中国的干支纪年、六十甲子，也就是要打破中国人的时空观。为此，传教士们通过在南洋办报刊，暗地运回中国发行等手段，做了大量的文化宣传工作，主要内容就是介绍西方的历史和地理知识，传播西方的时空观念。这场起于时空观的文化战争最终落实为现实时空中的军事战争。西方人自信地宣布："我们现在作这个试验，是在把天朝带进与世界文明各国联盟的一切努力失败之后，天朝是否会在智力的炮弹前让步，给知识以胜利的橄榄枝……我们欢呼这项事业的开始，并欣然参与这一场战争。我们必定是胜利者，而被征服者遇到的只能是共同的雀跃与欢乐。"[1]

鸦片战争以后的中国情况人们大都有所了解，随着领土上沦为半殖民地，文化上的全盘西化时代也终于来临。虽然经过艰苦卓绝的努力，中国人终于在国家层面站起来了，但是文化全盘西化的恶果，直到今天才得以

---

[1] 转引自顾长声《从马礼逊到司徒雷登——来华新传教士评传》，上海人民出版社，1985年，第31–32页。

总　序

充分体现。这期间我们付出的代价，可谓刻骨铭心。

那么，我们的时空观为什么没有抵挡住西方时空观以坚船利炮开路的进攻？关键问题还出在我们自己身上，出在文化的传承上。在中国五千年有文字记录的文明史中，自两千五百年前的春秋时代起，文化的取向就开始从以修身内求"内文明"指导外向发展"外文明"，转向丢失"内文明"而单纯发展"外文明"。内文明的慧学全面被抛弃，外文明的科学却长期未能建立。这种外向发展在汉代"罢黜百家，独尊儒术"以后，再次发生变异，不仅修身明德的文化灵魂被抛弃，外向物质文明创新发展的空间也被严重挤压，节气文化作为中国时空观的最现实化、生活化的载体，必然越来越空壳化，失去生机活力。只是这种变化过程像温水煮青蛙一样，很少有人能关注到它的严重程度。

没有传承，就没有创新。节气修身的文化知识，蕴藏在浩瀚如星海般的传统文化海洋里，距离今日已然遥远，若无向导，很难准确而系统地搜寻到关键性内容。节气知识在经史子集中都有记载，如在《周礼》《左传》《大戴礼记》《礼记·月令》《史记》《汉书》《白虎通义》等历史著作中，以及《管子》《吕氏春秋》等先秦诸子的著作中，记录都颇为丰富。汉代以后有《淮南子》《周髀算经》《通典》《荆楚岁时记》《演繁露》《蠡海集》《月令七十二候集解》《二十四番花信风》《广群芳谱》等，也都记载了节气文化的内容。而与节气修身有关的内容，则大部分记录在《道藏》中收录的道家典籍中。只有两相结合，我们才能明白节气文化的整体系统。为了利于修身爱好者们及时查阅，本系列书籍将相关古籍经典内容进行了整合，择重点略作解析，大部分则原文附录，留予读者思悟空间。相信修身爱好者们能够以本系列书籍为星槎，通过自己的解读，畅享游弋星海之乐。

文化的传承，不仅要传承方法和技术，关键是要有道。如唐代韩愈在《师说》中所说的，传道、授业、解惑，是不可或缺的三个层级，其中"道"是生命力的源泉。通过"道理"的探索，我们才能知道这一文化是如何形成的，为什么会这样，从而明白我们该如何进行传承和创新，做得比古人更好。

人类能够顶天立地而与天地并称"三才"，是因为我们的生命本身就

是自然造化的精华，是自然规律的精微载体。要想使自己的生存和发展更加健康长久，学习的最佳榜样，一是天地，再一便是我们的生命本身。节气修身文化，便是华夏祖先向天地和生命学习而诞生的智慧结晶。这一智慧结晶作为文化基因，在数千年的历史中早已融入我们的血脉之中，因而才能历经劫难而未消亡，激活它也并不困难。

诗仙李白曾经天才地感叹："夫天地者，万物之逆旅也；光阴者，百代之过客也。"宋代陆游也曾在《读老子》诗中曰："人生忽如瓦上霜，勿恃强健轻年光！"凡有关修身二字，都贵在身体力行。读者若能在读书的同时，结合自身实际进行应用实践，则自然成为这一文化的传承者和创新者。

人之一生，就像天地之一年，也有四时之春夏秋冬。不负年复一年的四时二十四个节气，使我们的生命状态都能够从春暖花开起步，结出金秋的累累硕果，这是节气修身文化系列书籍寄予每一位读者的美好祝愿。

编者

2015 年 12 月

目录 | Mulu

立 春

· 文化篇 ·

一、立春简述 / 003
（一）立春的时与度 / 003
（二）立春天气气候 / 004
二、立春的寻根探源 / 006
（一）"立"的字源与字义 / 008
（二）"春"的字源与字义 / 012
（三）立春的词义 / 014
三、立春的天文内涵 / 015
（一）天文古籍 / 015
（二）立春物候 / 021

· 修身篇 ·

一、立春修身顺四时 / 026
（一）立春的能量卦象 / 026
（二）立春农事与龙事修身 / 032
二、身国内的立春修身 / 035

· 治事养生篇 ·

一、立春运气与治事 / 040
（一）运气古籍 / 040
（二）立春全息兆象 / 041
（三）立春治事 / 043

二、立春的正善治养生 / 047
（一）立春养生要点 / 051
（二）身识养生 / 055
（三）口识养生 / 057

三、立春治事养生宜忌 / 060
（一）治事养生之宜 / 060
（二）治事养生之忌 / 061

四、立春采药与制药 / 062
（一）采药 / 062
（二）制药 / 064

· 民俗篇 ·

一、立春的民俗文化 / 067
（一）立春文化历史与民俗演变 / 067
（二）感恩祭祀 / 068
（三）民俗活动 / 070

二、立春农谚 / 074
附录：立春古籍参考 / 074

启 蛰

· 文化篇 ·

一、启蛰简述 / 081
　（一）启蛰的时与度 / 081
　（二）启蛰天气气候 / 082
二、启蛰的寻根探源 / 083
　（一）"启"的字源与字义 / 086
　（二）"惊"的字源与字义 / 086
　（三）"蛰"的字源与字义 / 087
三、启蛰的天文内涵 / 088
　（一）天文古籍 / 088
　（二）启蛰物候 / 088

· 修身篇 ·

一、启蛰修身顺四时 / 091
　（一）启蛰的能量卦象 / 092
　（二）启蛰农事与龙事修身 / 094
二、身国内的启蛰修身 / 097
　（一）潜龙启蛰顺天时 / 097
　（二）响应身国之龙的苏醒 / 098
　（三）把握信、智、礼三本 / 101

·治事养生篇·

一、启蛰运气与治事 / 105
　（一）运气古籍 / 105
　（二）启蛰全息兆象 / 106
　（三）启蛰治事 / 107
二、启蛰的正善治养生 / 109
　（一）身识养生 / 109
　（二）口识养生 / 111
三、启蛰治事养生宜忌 / 114
　（一）治事养生之宜 / 114
　（二）治事养生之忌 / 116
四、启蛰采药与制药 / 116
　（一）采药 / 116
　（二）制药 / 118

·民俗篇·

一、启蛰的民俗文化 / 119
二、启蛰农谚 / 121
附录：启蛰古籍参考 / 121

古雨水

·文化篇·

一、古雨水简述 / 127
（一）古雨水的时与度 / 127
（二）古雨水天气气候 / 128

二、古雨水的寻根探源 / 130
（一）"雨"的字源与字义 / 130
（二）"水"的字源与字义 / 132
（三）古雨水的词义 / 134

三、古雨水的天文内涵 / 135
（一）天文古籍 / 135
（二）古雨水物候 / 136

·修身篇·

一、古雨水修身顺四时 / 139
（一）古雨水的能量卦象 / 140
（二）古雨水农事与龙事修身 / 144

二、身国内的古雨水修身 / 148
（一）身国内的春耕和水土治理 / 148
（二）古雨水修身论水火 / 150
（三）应泰卦修身进火 / 152

· 治事养生篇 ·

一、古雨水运气与治事 / 155
（一）运气古籍 / 155
（二）古雨水全息兆象 / 157
（三）古雨水治事 / 158

二、古雨水的正善治养生 / 159
（一）身识养生 / 161
（二）口识养生 / 162

三、古雨水治事养生宜忌 / 165
（一）治事养生之宜 / 165
（二）治事养生之忌 / 165

四、古雨水采药与制药 / 166
（一）采药 / 166
（二）制药 / 167

· 民俗篇 ·

一、古雨水的民俗文化 / 169
二、古雨水农谚 / 171
附录：古雨水古籍参考 / 172

春 分

·文化篇·

一、春分简述 / 177
　（一）春分的时与度 / 177
　（二）春分天气气候 / 178
二、春分的寻根探源 / 180
　（一）"分"的字源与字义 / 180
　（二）春分的词义 / 182
三、春分的天文内涵 / 182
　（一）天文古籍 / 182
　（二）春分物候 / 184
　（三）春分是地球村文化 / 186
　（四）春分龙象 / 187

·修身篇·

一、春分修身顺四时 / 190
　（一）春分的能量卦象 / 191
　（二）春分农事与龙事修身 / 193
二、身国内的春分修身 / 196
　（一）心肾能量的升降 / 198
　（二）圣人贵精 / 200
　（三）脊柱上的春分 / 201
　（四）春分之"中"的奥秘 / 203

· 治事养生篇 ·

一、春分运气与治事 / 208
（一）运气古籍 / 208
（二）春分全息兆象 / 210
（三）春分治事 / 211

二、春分的正善治养生 / 212
（一）身识养生 / 213
（二）口识养生 / 215

三、春分治事养生宜忌 / 218
（一）治事养生之宜 / 218
（二）治事养生之忌 / 218

四、春分采药与制药 / 219
（一）采药 / 219
（二）制药 / 221

· 民俗篇 ·

一、春分的民俗文化 / 223
（一）感恩祭祀 / 223
（二）民俗活动 / 224

二、春分农谚 / 226
附录：春分古籍参考 / 227

古谷雨

・文化篇・

一、古谷雨简述 / 237
  （一）古谷雨的时与度 / 237
  （二）谷雨清明时序考 / 238
  （三）古谷雨天气气候 / 241

二、古谷雨的寻根探源 / 242
  （一）"谷"的字源与字义 / 242
  （二）谷雨的词义 / 245

三、古谷雨的天文内涵 / 246
  （一）天文古籍 / 246
  （二）古谷雨物候 / 247

・修身篇・

一、古谷雨修身顺四时 / 251
  （一）古谷雨的能量卦象 / 252
  （二）古谷雨农事与龙事修身 / 254

二、身国内的古谷雨修身 / 256
  （一）古谷雨时节修身火候 / 258
  （二）古谷雨的核心是水 / 259
  （三）掌握"浴得一以盈"的能量沐浴 / 259
  （四）打开身表之"谷"主动沐浴 / 260
  （五）谷雨之水灌心身 / 262

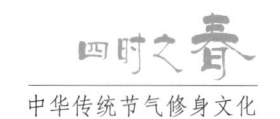

· 治事养生篇 ·

一、古谷雨运气与治事 / 263
（一）运气古籍 / 264
（二）古谷雨全息兆象 / 264
（三）古谷雨治事 / 264

二、古谷雨的正善治养生 / 267
（一）身识养生 / 269
（二）口识养生 / 270

三、古谷雨治事养生宜忌 / 272
（一）治事养生之宜 / 272
（二）治事养生之忌 / 274

四、古谷雨采药与制药 / 274
（一）采药 / 274
（二）制药 / 277

· 民俗篇 ·

一、上巳节民俗 / 280
二、古谷雨民俗 / 282
三、古谷雨农谚 / 283
附录：古谷雨古籍参考 / 284

古清明

· 文化篇 ·

一、古清明简述 / 289
（一）古清明的时与度 / 289
（二）古清明天气气候 / 290
二、古清明的寻根探源 / 291
（一）"清"的字源与字义 / 291
（二）"明"的字源与字义 / 294
（三）清明的词义 / 298
三、古清明的天文内涵 / 299
（一）天文古籍 / 299
（二）古清明物候 / 300

· 修身篇 ·

一、古清明修身顺四时 / 302
（一）古清明能量卦象 / 303
（二）古清明农事与龙事修身 / 307
二、身国内的古清明修身 / 308
（一）内雨生成涤心身 / 309
（二）阳水与阳土促进心火光明 / 309

• 治事养生篇 •

一、古清明运气与治事 / 312
（一）运气古籍 / 312
（二）古清明全息兆象 / 314
（三）古清明治事 / 314
二、古清明的正善治养生 / 316
（一）身识养生 / 316
（二）口识养生 / 319
三、古清明治事养生宜忌 / 320
四、古清明采药与制药 / 321
（一）采药 / 321
（二）制药 / 323

• 民俗篇 •

一、古清明的民俗文化 / 324
（一）感恩祭祀 / 324
（二）民俗活动 / 328
二、古清明农谚 / 329
附录：古清明古籍参考 / 329

立 春
Li chun

> 金钗影摇春燕斜，木杪生春叶。水塘春始波，火候春初热。土牛儿载将春到也。
>
> ——元代·贯云石《清江引·立春》

在传统文化尊道贵德、顺天应人、修身治事的法则与规律中，一年之计在于春。四时中的春时，又称为春季，是年度周期律中的新年初始。立春的时间在每年2月3日到5日期间，太阳到达黄经315度，是干支历里新的干支纪年以及寅月的起始。此时，天地能量开始进入仁德木炁的输布期。

在周而复始的年度周期律中，立春是春季开始的标志，表征最严寒的时期基本过去，气温以此时间的度和数为节点，必然开始回暖，人们可以逐步嗅到春天能量输布的气息。

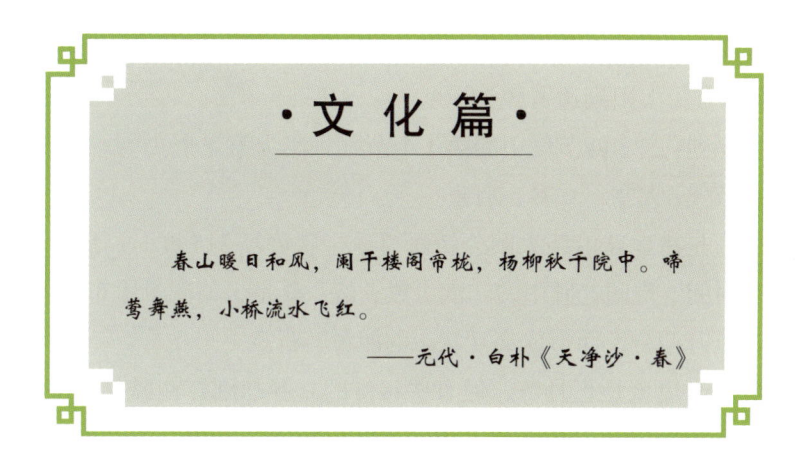

·文化篇·

春山暖日和风,阑干楼阁帘栊,杨柳秋千院中。啼莺舞燕,小桥流水飞红。

——元代·白朴《天净沙·春》

一、立春简述

（一）立春的时与度

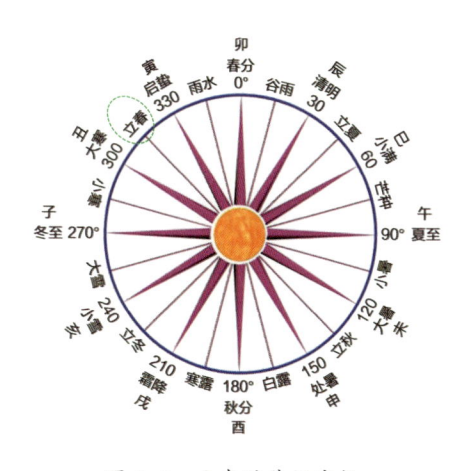

图1-1 立春的黄经度数

立春度数信：以正月节为周期律中的空间之度和时间之数，以木德能量之气依时而至为信

阳历时间：每年2月3日～5日

黄道位置：太阳到达黄经315度

节气序列：二十四节气中的第1个节气，实为第4个

前后节气：大寒，立春，启蛰

立春，是指地球沿绕太阳公转轨道运行到黄经315度时，地球北半球所对应的时间、空间，其中的"度、数、信"就是天德能量输布到地球上，地炁能量上升迎合，而形成交互状态的能量转折点。

立春本来应该是正月节，但有些年份的立春却刚好在腊月。阳历立春的时间则相对固定，前后变化不大。在文化应用领域中，能量变化规律性是定性的关键所在，五运六炁（气）的立春，才是年度周期律中的起始点，而并不能固化在正月之中。

《月令七十二候集解》[1]："立春，正月节。立，建始也，五行之气，往者过，来者续。于此而春木之气始至，故谓之立也，立夏秋冬同。"自秦代以来，中国就一直以立春作为春季的开始；汉代以后，完全形成了目前社会所认同的节气顺序。其实，这种定位已经偏离了节气文化的本来面貌，强行掺和了皇权的后天意识行为，偏离古代圣悊[2]原定的顺天应人的守则。按照四时天地能量的变化来排序，二十四节气的第一个节气实为冬至，立春乃第四个节气，在大寒与启蛰之间，完成承前启后的作用。

（二）立春天气气候

"春已归来，看美人头上，袅袅春幡。无端风雨，未肯收尽余寒。"这

---

[1] 旧本题"元吴澄撰"。本书以七十二候分属于二十四气，分别训释其来历和特征。

[2] 中国的悊（哲）字，有两种写法，一种下面是"心"，一种下面是"口"。在秦代之前，使用的是"悊"字，下面是一个"心"，上面一只智慧之眼在观察天上的客观规律和秩序。前汉的典籍《汉书·刑法志》中记载："圣人既躬，明悊之性，必通天地之心。"它揭示了只有天地人三才合一的"道德悊学"思想，才是东方的悊（哲）学观和方法论。中国文化的发展经历了慧识悊学文化时期、智识哲学文化时期和意识哲学文化时期三大历史时期。圣悊，指慧识悊学文化时期的大智慧者。本书在表述中，根据概念的内涵不同，区分了"悊"与"哲"的使用范围。——编者

立 春

是宋代词人辛弃疾笔下的立春,寥寥几笔,节气的天气特点跃然纸上。

虽然立春期间的物相变化中,气温、日照、降雨开始趋于上升、增多,但正如词人所描述的,即使在江南,也是余寒未尽,对于全国大多数地方来说,阳光明媚、鸟语花香的春天并没有真正到来。立春时节,东亚南支西风急流已开始减弱,但北支西风急流强度和位置基本还没有产生真实的变化,蒙古冷高压和阿留申低压仍然比较强大,大风降温仍是盛行的主要天气。但在强冷空气影响的间隙期,偏南风频数增加,并伴有气温回升过程。立春节气标示着,从质象阳和能量与天文物相变化上,已经拉开了春天的序幕。古籍《群芳谱》中说:"立,始建也。春气始而建立也。"这是比较客观的一种说法,同时也注意到了没有把人导向愚昧。

从立春交节当日一直到立夏前这段期间,都被称为春天。在外气候学中,春季是指候(5 天为一候)平均气温 10℃至 22℃的时段。当平均气温上升到 10℃时,在物相上即为冬季结束,春季开始。按照这个标准,黄河中下游地区的春季多始于 3 月下旬到 4 月上旬,而华南大地却在立春时节即展露春色。立春节气,总体来说,全国各地的天气还处在多变的阶段。

图 1-2 迎春花开

"銮辂青旗下帝台,东郊上苑望春来。黄莺未解林间啭,红蕊先从殿里开。画阁条风初变柳,银塘曲水半含苔。"唐代诗人武平一这首《奉和立春内出彩花树应制》中的"画阁条风初变柳"准确地表述了立春节气里风的名称——条风。华夏大地,同一个节气,在不同的地域呈现各异的气候和天气特征,但不管是风和日丽,还是雪花飘洒,在人们的心中,"吃了立春饭,一天暖一天",那和风荡漾、阳光明媚、草长莺飞的春天已经开始走来了,正如辛弃疾所感叹的:"却笑东风从此,便熏梅染柳,更没些闲。"

在当代中国,立春节气往往都是在春运期间,低温和雨雪天气对春运工作的影响,是对这个时节带着春天般美好心情返乡的人们的最大考验。

二、立春的寻根探源

修身治事,不论是修身实践还是治事养生的应用,要想真正掌握中国传统文化当中二十四节气的内涵,就需要静下心来进行咬文嚼字,在咬文嚼字中直接去找出对应的甲骨文、金文、篆文来研究中国文化;继而走进历史去探源寻根,找到慧识悊学文化时期,古代圣悊创图立文成字的本义,把握中国文字从图、符至文、字嬗变的轨迹。

其中,我们应当充分掌握好甲骨文、金文以及小篆这几种表述方式。慧识悊学文化时期的"文",又称之为"书",其核心和提纲是通过文形的字对《易经》的理论进行象形表意和阐释,如同揭示《易经》的卦象能量变化,对天地人三才能量变化规律进行表述的说明书。

所以,我们要想真正读懂《易经》,并且正确解释传统文化的本义,准确厘清衍义和变义,根据逆向工程而言,就必须根据古人慧识悊学文化时期创造的卦爻和甲骨文(书),以及智识哲学文化早期的金文与篆文,证道不离身地进行综合分析判断。中国文字构形的特征中,存在许多直接、直观性象形表意的解析和表达,将《易经》的符号表义、卦象表义以及爻象的内涵以文进行解析与表述,最早期都是通过甲骨文来体现的。

立 春

当初人们的智慧是直接解读，是心读，也就是右脑慧识直觉性地来进行解析。

比如，结绳记事时，是把六条绳子下垂进行悬挂，未打结时即为"悬之下谓之正"，此正也就是一道竖摆的阳爻。将绳子打一个结节，就改变了它的阳态之正，而出现了阴，此结节近天与近地的距离，则表述着阴性能量的强弱。用三条或六条垂绳，就能将《易经》的信息加以丰富的表述。依据垂绳，再配合着图象思维，就能知道记载了什么事。

社会从结绳记事阶段过渡到《易经》画卦述事时期，都是把握事物的阴阳属性和能量的强弱，直接进行慧识的判断和信息的交流。伴随着人们慧识的退化，社会文化又蜕变到了用文和字进行表述和记录的历史阶段。中国的文被创造出来，其实质是慧识的外移和浅表化，是智识对慧识的取代。这如同现代的互联网逐步替代人们的记忆力与动手书写能力一样，看似进步，实质是对生命内在生理功能的泯灭。在这两者之间若不能执两用中地进行把握，对人类本身内在的生理功能而言，不仅并非幸事，而且是潜在的灾难。

用文和字对《易经》的卦与爻进行解码释义时，在文当中，尤其是以甲骨文为母体作为初始的解码，需要慧识的参与。过渡到金文以及小篆时，则需要智识居中完成承上启下的任务。当然，到了楷书的时候，单个的字就难以承载丰富的信息量了，需要组词或拼句才能完整地进行表述。并且，这时的字已经完全脱离和失去了以《易经》为核心，不离天地自然法则和秩序的根本原则。

因此，学习古典文，学习传统文化，破译古代的文字记载，就必须要掌握好甲骨文和篆文。特别是，篆文作为中间转换表述的工具，向上可以逆反到正确解读《易经》的卦和爻；向下又能够指导我们了解甲骨文演变成金文、钟鼎文、小篆文的经过，是连接这两者的相当重要的桥梁。许多孩子通过学习甲骨文，就能够使他们的智慧完成承上启下的连接，产生很大的突破，其中的原理也在于此。

我们在研究传统民俗文化、修身文化的过程中，要想真正读懂古圣前贤们在大智慧下所表述的一些内容，也必须要掌握好这些工具。不脱离"为学

者日益"[1]的增益法,就能理通法随,进而达到理通法正,准确把握住道德修身文化中的实证方法,从而遵循天文、地理、人文客观规律性,展开生命体内"后天之本"信德信仪之品格、品质能量的打造,以及"先天之本"智德能量的提升,使得生命之大本——心火礼德能量得到全面的净化、提升和再造。

(一)"立"的字源与字义

表1-1 立的字形演变

甲骨文	(字形图)	金文	(字形图)
篆体	(字形图)	楷体	立

咬文嚼字,追根溯源,通过对每个节气名字的文义刨根问底,就可以发现,古圣先哲对形名的定义极为严肃,正如黄帝所指出的:"是故天下有事,无不自为荆名声号矣。荆名已立,声号已建,则无所逃迹匿正矣。"[2]中国传统文化中二十四节气的定名,皆具有内取诸身、外用诸事的重要特征。将其本义解释清楚,才能正确地把握住在每个节气天时内的修身与治事。

在中国历史上,"立"字与其他众多文字一样,在慧识悊学文化、智识哲学文化、意识哲学文化这三个不同的文化时期,存在着不同的解释。

---

1 《德道经·无为》:"为学者日益,闻道者日损,损之又损,以至于无为。无为而无不为。"(本书所引用的《德道经》经文,均出自熊春锦校注《老子·德道经》一书,中央编译出版社2006年版。——编者注)

2 《黄帝四经·道法》。(本书所引用的《黄帝四经》经文,均出自熊春锦校注《黄帝四经》一书,中国言实出版社2012年版。该书为了尽可能地反映帛书《黄帝四经》原貌,保留了较多的古代异体字。本书引用时也同样保留了这些异体字。——编者注)

立 春

一般来说，智识哲学文化与意识哲学文化这两大时期的解析常常比较接近，而且被近代所广泛采用；但是，文字在慧识悊学文化时期的本义，却常常被人们丢失或者违背。

《说文解字》："立，住也。从大立一之上。凡立之属皆从立。臣铉等曰：大，人也。一，地也。会意。"这其实只是古人在智识哲学文化时期和意识哲学文化时期对立字的一种解析。立，由"大"与"一"组合而成，这是一种共识，但是对于大和一的本义，却在智识与意识期发生了认知的蜕变。

1. 慧识悊学文化析"立"

从慧识悊学文化的层面上解析，" "的正确会意应该是：大，为道；一，为德。以图象义，"大"居"一"上，即道以德显为立。道德行世方为立，这是一个非常高的标准，其中充分地体现出自然界的法则。到了立春这一天，道，运载着德，布输给地球上的万物，这才是真正本义上的立。

老子曾经在他的五千言当中说："吾未知其名，字之曰道，吾强为之名曰大。"[1] 告诉人们，大，就是道的名。从慧识悊学文化时期创造的甲骨文与金文的立之文形中，可以解读出，其本义正如老子所言，大道屹立于地，大道的真理深入人间，人类将信念改变为崇信大道，就是立。

从立的篆体字形上可以看到，" "上面的"S"，也就是"玄之有玄"[2] 的"玄（甲骨文 ）"，是指道德的能量灌输到大地上来，而且，这个法则只有"人"能明白。人是万物之灵，人类经过"为学者日益"和"闻道者日损"，明白德的能量性和品格性，道德行世而立，才能符合自然法则。可以说，这个立字非常完美而形象地揭示了"天、地、人"与"道、德、人"的整体立意。

---

1 《德道经》第六十九章《昆成》。
2 《德道经·观眇》："玄之有玄，众眇之门。"甲骨文的"玄"字，是一个双螺旋构形。老子所揭示的既是古人所观察到的人体细胞内物相的双螺旋结构，也是质象能量运动的结构方式；既包括自然界物相的双螺旋结构，也包括天体运动变化中的一种质象能量动态轨迹。中国古代的圣悊们早就已经观察和认识到了现代科技所发现的双螺旋运动的运动波及其律动形态，并将其命名为"玄波"，也可以称为"玄曲波"。"玄"字在古代与"弦"通假使用。古人不仅发现了自然界的这种"玄曲波韵动"，而且还发现在人体内也能够实现这个"韵动波"，并且还存在着物相的同构性。

篆体时期，立字仍然保留着这种直指本义的象形表意，而且，我们从篆体的立字中，可以看出"S"玄曲波在字的顶部以及两侧的象形，都是直指"玄之有玄，众眇之门"的本义。篆文是具有承上启下功用的象形表意文字，向上所传承的是慧识悊学文化时期甲骨文和金文的象形表意文字；向下又可以使我们认清意识哲学时期所诞生的汉字的局限性。

2.智识哲学文化析"立"

楷体的立字，两点立在天地之间，另外一点（丶）高悬天外，出现了天地分离与人天相隔之象，丢失了"立"的初始本义。因为出现了天地分离的情况，我们对天的信息就只能够掌握表相，再也不能像慧识悊学文化时期的古代圣悊们那样，能够直接而完整地将大道的信息和天地自然的规律及秩序落实在自己的思想、行为和生活以及治事之中。

《周易·说卦传》："立天之道，曰阴与阳。立地之道，曰柔与刚。立人之道，曰仁与义。"这也是智识哲学文化时期对"立"字文义的解读。值得商榷的是最后这一句"立人之道，曰仁与义"。到底是应当先立信、立志，还是先立仁与义，这是一个关系到本与末的选择及运用的问题，也是道学与其他学说的原则分歧所在。根据黄帝和老子的学说思想，运用五德进行内圣外王治理的模型是"内修信智礼，外用义与仁"。立，只有立在内修这个根本之上，才符合生命的法则。《周易·大过卦》曰："君子以独立不惧。"《周易·恒卦》还说："君子以立不易方"，即君子站立在道德的正确位置上，不会轻易地随圆就方，而是会坚持自己的原则。立字的甲骨文，像一个人正面笔直站立于地面之形，所以《礼记·曲礼》曰："立必正方。"《论语》曰："三十而立。"《尚书·伊训》曰："立爱惟亲，立敬惟长。"《左传·襄公二十四年》曰："穆叔曰……大上有立德，其次有立功，其次有立言，虽久不废，此之谓不朽。"这也就是古代所倡导的"三立"或称"三不朽"。《礼记·冠义》曰："而后礼义立。"

这些智识文化时期的解读，基本上没有过度地离开立字的原义，是值得我们学习、借鉴并掌握的。智识哲学文化是返归慧识悊学文化、更清晰地认识意识哲学文化的中间媒介和工具，所以，去愚而达到明智状态，是修身实践者需要完成的第一个关键工程。

图1-3　北宋王希孟《千里江山图》

3. 意识哲学文化析"立"

进入意识哲学文化时期以后,"立"的字义出现了很多衍生义。《释名》:"立,林也。如林木森然,各驻其所也。"《大宋重修广韵》:"立,行立。"《尚书·牧誓》:"立尔矛。"《周礼·天官》:"建其牧,立其监。"《左传·桓公二年》:"天子建国,诸侯立家。"《论语》:"己欲立而立人。"

立,有开始、协调与启动之义。立的反义字是坐、卧。用立字组成的词语,常见的有挺立、肃立、直立、耸立、树立、建立等。古人将建功立业称之为立事,树立德业称之为立德,著书立说称之为立言,建树功勋称之为立业。总而言之,人患志之不立,事患象之不明,修身当立弘大志愿,治事不仅要明物相,更重要的是突破物相而明白质象。

综上所述,一个人只有立起志向,才能很好地进行修身明德的实践。我们把握万事万物时,需要能够透过物相、洞穿色象、进入质象内,才能够为大于其细地、明明白白地掌握事物的真相,修身养性立天命,培养善正立德品,建德修身立德行。

因此,无论是做人还是修身,都离不开这个立字。首先要立信,才能摆脱愚昧,制服我们意识当中的妄意。立信,可以说是修身进入明白做人的一个关键实施点。天地自然在年周期律无为而治的过程中,通过立春、

立夏、立秋、立冬"四立"来砥定天地的变化规律。这个规律虽然是动态的，但是有了这"四立"以后，整个自然变化的规律性就非常方正地确立起来了。我们处事做人以及修身，同样应当把这"四立"贯彻于自己的生命体内和言语行为以及治事之中。正如黄帝所言："天地无私，四时不息。天地立，即人故载。过极失当，天将降央。"[1]

（二）"春"的字源与字义

表1-2　春的字形演变

甲骨文	修身	治事	金文		
篆体	修身	治事	楷体	春	

甲骨文的春有多种写法，都从本义上准确地描绘了立春时节天地的能量运动状态。

我们从表1-2中可以看出，甲骨文春" "，下边的结构是象喻容器内储水，而上面的结构是木化为火，象喻身内肾水与心火的变化应用。

金文春" "、" "、" "，则是象喻"太阳栽在明月中"，心阳能量下降，也就是天阳索于地阴；两个"S"玄曲波线，则表述天地阴阳的升降，以及日月的运行。

篆体的春文" "，字形则比较直观，外廓象喻身内的天地，上丹田内

---

[1] 《黄帝四经·国次》。

立 春

的天阳降入身内之地，即天阳下索于地阴。另外两个篆体的春文"🙿""🙿"，与"昔"和"真"的篆体字形十分相近，表示木炁仁德（肝）之象在天火礼德（心）与地水智德（肾）的能量相索中诞生。

木炁仁德生发的时机，被天道通过五运六炁（气）周期律性的输布所调控，修身治事与摄生养生最大的效法对象就是天道，就在于治人事天，实现天人合一的同步，如果错过了天时的时机，那就又会是一年的等待，只有明白此道理的人们，才懂得珍惜，并且知道如何时去借助于天德地炁，来助力于自己肝内微弱且不够纯净的木炁仁德能量，给心火助燃。老子在《德道经》中使用过一次春字，即第六十四章《食母》中的："众人熙熙，若乡于大牢，而春登台。"这里面的寓意非常深远。修身养生实践者需要抢占时机而及时进行"春登台"，把握住一年中点亮心灯，从此照亮内身国的最佳时机，从而真正进入内光明修身的真实阶段，将慧盲转变成慧识，慧观内身国，迅速提高修身实践的质量与层级。

"春登台"，说明这一年当中仅有这一次机遇和机会，天地运用木仁德之炁，扶生长养万物。而修身者体内得天地的木炁能量，则心火能强化，心与肾这一对火与水的变化中所藏的真水与真火就容易被提纯。

时也，机也！众人熙熙，为利而来，"若乡于大牢"，但是春天的天德地炁能量之交汇，并不会被众人对"有之以为利"[1]的追求所干扰和破坏。为利者，应当全面礼敬天道而治事；少私寡欲者，则应在身内实践"春登台"的法天修身。因为天地是无私无欲、不索取回报的，只是承载着一种布施、舍予的使命，使万物复苏、生机盎然的春时依然按照度、数、信定时而至。

《尚书大传》："东方为春，盖春乃生物之方，斗柄指东，则天下皆春。"用四方类比四时，则东方为春，南方为夏，西方为秋，北方为冬。北斗七星的斗柄所指示的方向，同样具有四时之度的定义，当斗柄指向东方时，也就是地球上的北半球进入春天的时候。

---

1 《德道经》第五十五章《玄中》。

《公羊传·隐公元年》："春者何，岁之始也。"《春秋公羊传注疏》："春者，天地开辟之端，养生之首，法象所出，四时本名也。昏，斗指东方曰春，指南方曰夏，指西方曰秋，指北方曰冬。岁者，总号其成功之称。"春时，是年度周期律中一年的开始阶段。春时三个月，在十二地支中是寅、卯、辰；对应于一天当中的寅、卯、辰三个时辰；放大到天地形成过程中的十二会[1]中的寅会、卯会、辰会，就是天地开辟形成期的始端，是地球上道生德养万物最开始的时期，是道法生成万象、质象转化为物相出现的阶段，同时也是地球上春、夏、秋、冬四时中，春时这个形名诞生的根本。在年度周期律中，春时的寅、卯、辰三个月，既是地球长养万物的开始，也是每个人修身中内部所有气机全面正式发动，进入新的运转时期的一个开端。《公羊传》及《春秋公羊传注疏》中的这些解释，对于我们正确掌握春时极有帮助。

对于春字的衍生义，我们也应当进行全面把握和运用。《尔雅·释天》："春为青阳。《注》：气清而温阳。"《周礼·春官·宗伯疏》："春者出生万物。"《史记·天官书》："东方木主春。"《汉书·律历志》："阳气动物，于时为春。春，蠢也。物蠢生，廼动运。物蠢蠢而动，蠢蠢而生。"这里描述的也是阳气初生的一种改变，表示万物在天德仁木能量的扶生下，开始重新具有生气。这些都是意识哲学文化时期人们在身国之外，从治事领域对春字的一种理解，以意会为主，与造字的本义可以说是若即若离。

（三）立春的词义

从"立"与"春"的文义与字义中，不难释读出它们具有修身与治事的双重本义；而修身的本义，则在智识哲学文化取代慧识悊学文化以后，逐步消失在主流文化之外，被人们所抛弃和淡忘。

立春之时，春季的木德能量守信而来，布施给地球上的所有生命，滋养着万物道生德养的过程。这是年周期律当中的一个客观规律，也体现了

---

[1] 天地之数，十二万九千六百年为一元；一元当中分为十二会，从子至亥以十二支进行表述，每会又为一万八百年。

立 春

自然法则的次序循环规律性。掌握好这一规律，我们在进行生命内部的"圣人之治"时，在认知上就有了纲。把握住纲，就能提纲挈领地把握住一年之运，包括五运、五德的运行，圣信的内型和外型[1]之用。

慧识悊学文化时期"立春"的本义：天道治理万物的能量规律与秩序，凭借着五运六炁（气）中四时之度的"春"冉冉而至，人类既可以乘势登上修身的佳境，也可顺四时之度开始治事。尊道贵德，道德行世，只要以立信为本，将四时之度、数、信深立在心灵意识当中，就能够把握住天地运用木仁德之炁促生长养万物的时机，获得自身木炁仁德能量提升的机会。重视春的天地阴阳能量升降规律，肾水与心火变化的运用，天阳索于地阴，可以更好地让木德之象在天火德与地水德能量的相索中诞生、发展、昌盛，实现修身意义上的"春登台"！

三、立春的天文内涵

（一）天文古籍

《太平御览》："《国语》中言：农祥晨正。唐固注曰：农祥，房星也；晨正，谓晨见南方，谓立春之日。"晨正，谓某星宿清晨时正中于某一方位。在黎明的清晨，当可以见到房宿星座在南方出现的时候，也就喻示着立春之日的到来。

《淮南子·天文训》："加十五日指报德之维，则越阴在地，故曰距日冬至四十六日而立春，阳气冻解，音比南吕。"这里记载的是以北斗星的斗柄所指方位来判断节气的天文学方法，并且将"音"波能量属性结合天文变化一体而论，不离天德能量输布的动态特征。

---

1 楚简《五行经》："五行：惪型於内，胃之惪之行；不型於内，胃之行。義型於内，胃之惪之行；不型於内，胃之行。豊型於内，胃之惪之行；不型於内，胃之[行]。[智]型於内，胃之惪之行；不型於内，胃之行。聖型於内，胃之惪之行；不型於内，胃之惪之行。"

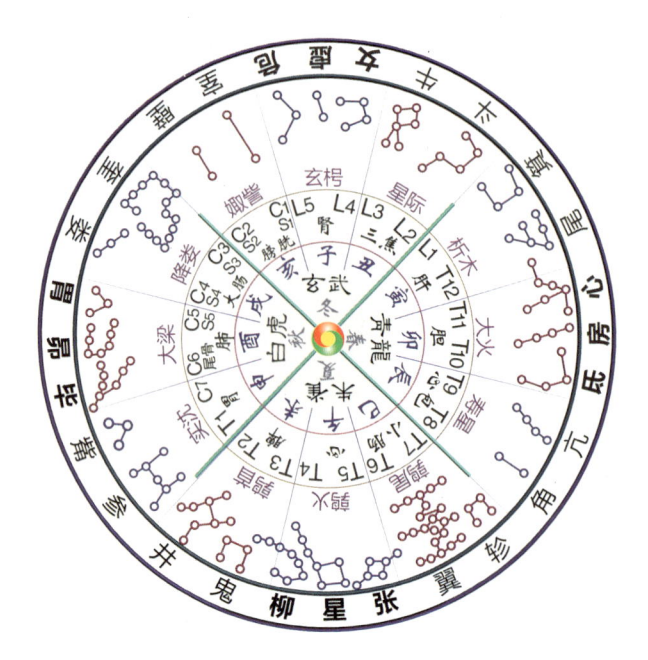

图 1-4 二十八宿十二地支与四季

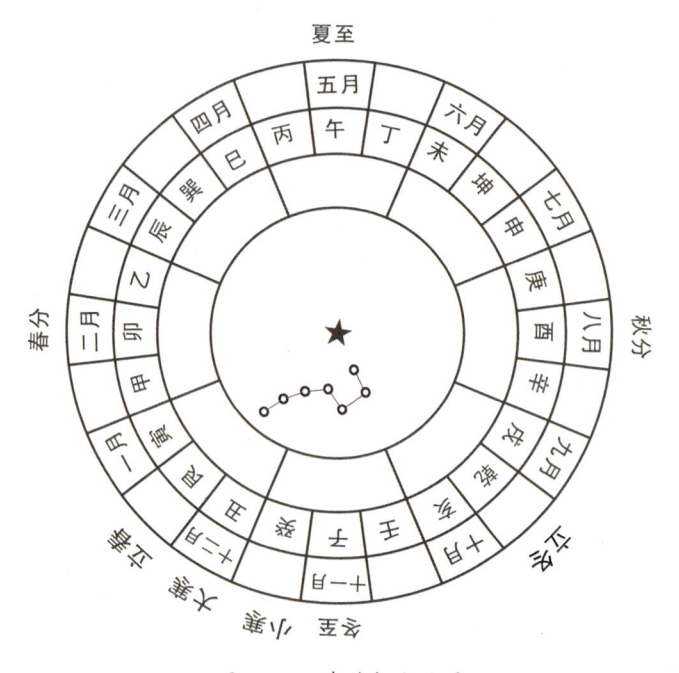

图 1-5 立春斗柄方位图

立 春

《史记·天官书》："立春日，四时之始也。"司马贞《史记索隐》[1]曰："谓立春日是去年四时之终卒，今年之始也。"这里面有度、数、信的把握和物相的指标。古人也是借用了物相的措施和手段，并与在清晨与傍晚观察天象相结合，发现并且运用这些规律。

中国传统文化从不缺乏文化埶[2]术技巧"科技"的发明和应用。在对于天文学质象与物相的同步把握中，中国古代早就发明出圭表和日晷，这是中国古代圣悊发明并且使用的两种非常重要的物相天文测量仪器。

中国最古老的天文学和数学著作《周髀算经》[3]中有这样的记载："凡八节二十四气，气损益九寸九分六分分之一。冬至晷长一丈三尺五寸，夏至晷长一尺六寸。问次节损益寸数长短各几何？冬至晷长丈三尺五寸。小寒丈二尺五寸，小分五。大寒丈一尺五寸一分，小分四。立春丈五寸二分，小分三。雨水九尺五寸三分，小分二。启蛰八尺五寸四分，小分一。"这其中的"气损益"所指出的内含，就是物相载质象的动态变化，透过物相之"利"才能把握质象之"用"。

《周髀算经》介绍了勾股定理及其在测量上的应用，以及怎样引用到天文计算之中。"髀"，股也。立八尺之表为股，表影为勾。用八尺长的标竿竖起来测量太阳中午照射的影子，立春那天影子的长度为一丈五寸二分。《周髀算经》记载了八节二十四气的计算方法，因为算法是为质象之悊服务的，因此与西方纯以物相而论的历法也就存在着一定的差异，在"以西解中"的过程中，不抛弃东方文化"以质论物"的法则，才不会丢失根本。以下是现代人根据古人记录而计算出来的二十四节气日晷长度。

---

1 司马贞，字子正，唐河内（今沁阳）人。开元中官至朝散大夫，宏文馆学士，主管编纂、撰述和起草诏令等。唐代著名的史学家，著《史记索隐》三十卷，世号"小司马"。
2 艺，繁体字为"藝"，它的前身是"埶"。埶，甲骨文为 ，是指高度符合天道自然客观规律，尊道贵德，符合天地阴阳日月躔度法则秩序而不离度、数、信的一种文化载体形式，具有"无为而为"的属性特征。本书根据概念的内涵不同，区分了"埶"与"艺"的使用范围。
——编者注
3 《周髀算经》原名《周髀》，现传本《周髀算经》大约成书于西汉时期（公元前1世纪），为赵君卿所作，北周时期甄鸾重述，唐代李淳风等注。历代许多数学家都曾为此书作注。

表 1-3 二十四节气日晷长度对照表[1]

序号	节气	日晷长（市尺）	日晷长（米）	日晷净长（米）
1	冬至	13.5	3.375	2.975
2	小寒	12.5	3.125	2.725
3	大寒	11.51	2.8775	2.4775
4	立春	10.52	2.63	2.23
5	启蛰	9.53	2.3825	1.9825
6	古雨水	8.54	2.135	1.735
7	春分	7.55	1.8875	1.4875
8	古谷雨	6.55	1.6375	1.2375
9	古清明	5.56	1.39	0.99
10	立夏	4.57	1.1425	0.7425
11	小满	3.58	0.895	0.495
12	芒种	2.59	0.6475	0.2475
13	夏至	1.6	0.4	0
14	小暑	2.59	0.6475	0.2475
15	大暑	3.58	0.895	0.495
16	立秋	4.57	1.1425	0.7425
17	处暑	5.56	1.39	0.99
18	白露	6.55	1.6375	1.2375

---

[1] 本表中节气的排序，是遵照慧识悊学文化时期的节气顺序排列的，与汉代以后篡改文化原生态面貌而制定的历法有所不同。主要是将现在春季立春、雨水、惊蛰、春分、清明、谷雨六个节气的顺序，恢复为立春、启蛰、古雨水、春分、古谷雨、古清明的原生态排序。

立 春

序号	节气	日晷长（市尺）	日晷长（米）	日晷净长（米）
19	秋分	7.55	1.8875	1.4875
20	寒露	8.54	2.135	1.735
21	霜降	9.53	2.3825	1.9825
22	立冬	10.52	2.63	2.23
23	小雪	11.51	2.8775	2.4775
24	大雪	12.5	3.125	2.725

《周髀算经》中没有标明日中立竿测影的确切地点，现代学者通过数据计算，推测日晷观测点在纬度大约35.33度的地方。

古人重视修身明德，慧识重质象，智识重物相，同步研究天文和物候，目的就是从中把握天道自然规律，指导修身养生和工作生活，甚至是国家治理。所以《汉书·天文志》中说："凡候岁美恶，谨候岁始。岁始或冬至日，产气始萌。腊明日，人众卒岁，壹会饮食，发阳气，故曰初岁。正月旦，王者岁首；立春，四时之始也。四始者，候之日。"

《黄帝四经·论》中提出了"建八正"的修身养生方针："天天则得亓神，重地则得亓根。顺四时之度，定立靖而民不有疾。处外内之立，应动靖之化，则事得于内，而得举得于外。八正不失，则与天地总矣。"[1] 修身明德和养生的最终目标是实现天人合一，要想达到这个目标，就要掌握天文乾阳能量的变化规律而养性，把握地理坤阴能量的变化规律而养命。顺天应人同步于春夏秋冬四时能量变化的规律性而性命双修，就不会产生外感之疾。生命内天地之心天肾地的上下之位，以及体表前识外王的有为治理

---

1 道法之正，是指天、地、春、夏、秋、冬、内外、动静，此谓"八正"。而治理学的建八正，则是指"神、根、疾、位、动、静、内、外"这一体系。对此，需要以软焦点思维进行全息立体的把握。

与身内五臟[1]六腑无为而治的位置，主次应分明，不能颠倒混淆，呼应于外天地阴阳能量升降变化的规律性。将这个核心把握住以后，治事既能得益于内在无为而治符合天道的主宰，同时举措行为也就会正确地施行于外部的物相世界。在此前提和基础上，"建八正"，而且不丢失"八正"的正善治[2]。将"天、地、春、夏、秋、冬、内外、动静"这"八正"都把握住，只要"八正"不失，就很容易走进天人合一修身养生的轨道。

重视研究年度周期律中的立春，对于全面把握"建八正"的修身养生方针非常有益。由于修身明德文化教育的社会主流文化迷失，很多人过去不了解传统文化，在修身或者养生中没有把握住"八正"，年复一年中一次次地丢失了春的机会和机遇，后天意识片面为用，自损心身健康，是非常令人遗憾的。通过学习节气修身文化，把握天时和地理特征，并掌握正确的修身和养生理论方法，也就能学会用"人文"去主动与天文的四时之度相应，与地理的四时之度相合，同步践行人法地与地法天。

《春秋左传正义》记载孔颖达疏："凡春秋分，冬夏至，立春立夏为启，立秋立冬为闭，用此八节之日，必登观台，书其所见云物气色。若有云物变异，则是岁之妖祥既见，其事后必有验，书之者，为豫备故也。"研究传统文化，应当纲目清晰，知度识数，立经建纬，全面掌握。在年度周期律中，八节之日，在质象的能量与物相转折性的变化中，都具有规律的启示性和预示性。在这一天，古人都会登上特定的观察地点，同步运用慧识与智识，收集记录前识的发现，既把握云彩、风向、温度等各类物相的变化显示特征，同时也透过物相而掌握质象，把握住气与色的特点。古人将这些观察所得用文字记录下来，是为了验证与校正，正确应用于修身与治事之中。对于现代人来说，在春分、秋分、冬至、夏至、立春、立夏、立秋、立冬这八节的度、数、信中，要重点掌握好八节的名和形的意义。

---

[1] 本书在使用"臟腑"这一概念时，为突出其"藏精气而不泻"的生理功能特点，有利于读者了解文字的修身内涵，统一使用了"臟"字，而未使用简体的"脏"字。——编者注
[2] 正善治，出自《德道经》第五十二章《治水》，指运用正善的方式进行治理。

立 春

（二）立春物候

物候，是指生物顺应自然规律和自然环境，在天德地炁能量作用下形成的生长、发育以及活动的节律，进而表现出规律性的物相变化过程现象，主要是指动物、植物的生长、发育、活动规律等物相。"物"主要是指生物（动物和植物），"候"就是气的能量变化和候的时间节点。古人将二十四节气分为七十二候，并且应用《周易》的十二消息卦象喻天德地炁能量的消息作用规律性，总结了每一候的代表性生物活动特征。十二消息卦对应二十四节气，在每一卦统御一个节和气的前提下，能量又分理着相对应的七十二候中的某些六候，产生物候变化的物相形成。

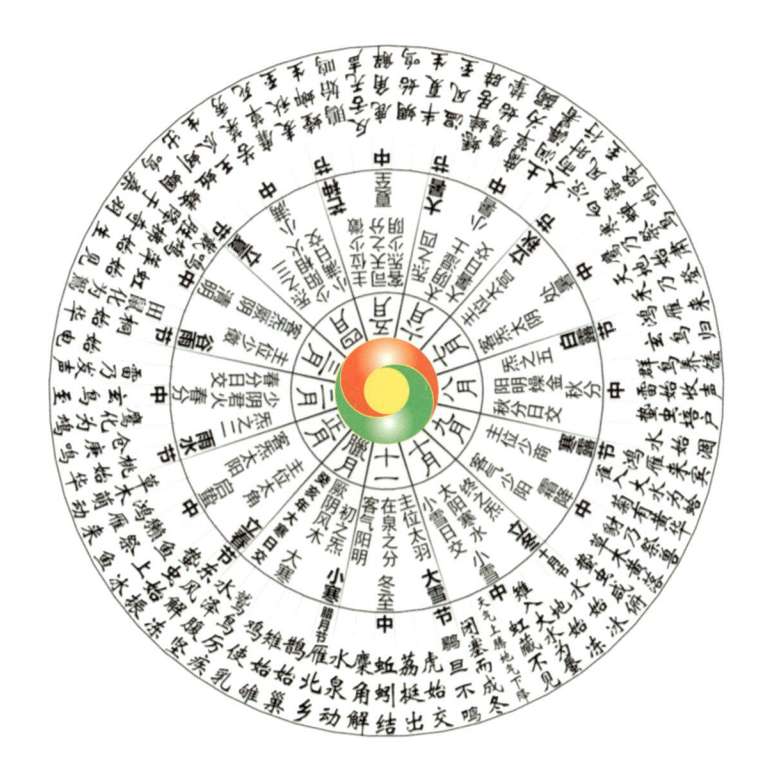

图 1-6 七十二候五运六炁（气）五音年周期律

1. 立春三候

中国古代将立春的十五天分为三候：一候东风解冻，二候蛰虫始振，

三候鱼陟负冰。

一候东风解冻：泰卦，初九。《周易·泰卦》："拔茅茹，以其汇，征吉。《象》：拔茅征吉，志在外也。"《象说卦气七十二候图》："初爻动，乾变为巽，巽为风，于后天八卦位居东南，故曰东风。巽散，故为解；乾为寒，故曰解冻。一候为五天，立春后一候，东风送暖，大地开始解冻。"《月令七十二候集解》："冻结于冬，遇春风而解散。不曰春，而曰东者，《吕氏春秋》曰：'东方属木。'木，火母也，火气温，故解冻。"

二候蛰虫始振：泰卦，九二。《周易·泰卦》："包荒，用冯河，不遐遗，朋亡，得尚于中行。《象》：包荒，得尚于中行，以光大也。"《象说卦气七十二候图》："立春后五日，二爻动，变卦明夷，互坎为隐伏，故曰蛰虫。乾健，故曰振。"《月令七十二候集解》："蛰，藏也；振，动也。密藏之虫因气至而皆苏动之矣。鲍氏曰，动而未出，至二月乃大惊而走也。"

此句是说蛰居的虫类因气至而慢慢在洞中苏醒。"振"表示蛰虫动而未出，要等到二月才会出来走动。如图1-7中，蛰虫虽然还在蛰伏中，但是已经开始苏醒了。

图1-7　东风解冻，蛰虫始振，鱼陟负冰

三候鱼陟负冰：泰卦，九三。《周易·泰卦》："无平不陂，无往不复。艰贞无咎。勿恤其孚，于食有福。《象》：无往不复，天地际也。"《象说卦气七十二候图》："三爻动，乾变为兑，兑为鱼。三在下卦之上，故曰陟；在上卦之下，故曰负。坤纯阴，故为冰。一说乾为陟，伏坤为载，故曰负。乾为冰。"《月令七十二候集解》："陟，升也；鱼当盛寒，伏水底而逐暖，至正月阳气至，则上游而近冰，故曰负。"

鱼陟负冰，也有些古籍中记载为"鱼上冰"，据学者考证是《元史志》

改之为"鱼陟负冰"。再过五日,因河水中阳气至,河里的冰开始融化,鱼开始向上游动而接近冰面,此时,还有没完全溶解的碎冰片,如同被鱼背负着一般浮在水面。这种融化,特别在黄河流域,是不可抗拒的自动性过程。鱼与龙都生于水中,既然自然界中的鱼都已经开始活动了,那么,我们体内肝中质象态的青龙,也就必然会开始活动起来。

2. 立春花信

(1) 二十四番花信风

古代圣悊们发现,地球上的人类生物链、动物生物链、植物生物链这三大链环中,动物生物链和植物生物链顺应天地无为而治的现象,比人类生物链更为具有度、数、信的顺应性。俗语道:"花木管时令,鸟鸣报农时。"花木即属于植物生物链,而鸟类就属于动物生物链中的羽虫。自然界五运六炁(气)守信而行,花草树木、飞禽走兽的活动都与之息息相关。因此,中国古人便总结出了"二十四番花信风"的规律,引导人们克服妄意,正确地顺天应人,治人事天,恪守大道和天地的度、数、信,给生存带来幸福与安宁。

《岁时杂记》曰:"一月二气六候,自小寒至谷雨。四月八气二十四候,每候五日,以一花之风信应之。"花信从小寒开始,到古清明(今谷雨)节时结束。每年冬去春来,从小寒到古清明这八个节气里共有二十四候,每候都有某种花卉像信使一样守信绽放,带来时令节气的信息,因而一共是二十四种花信。南朝梁宗懔的《荆楚岁时记》、宋代程大昌的《演繁露·花信风》、宋代王逵的《蠡海集·气候类》、清代汪灏的《御定佩文斋广群芳谱》(简称《广群芳谱》)等著作中,都有关于二十四番花信风的记录。唐代徐师川诗云:"一百五日寒食雨,二十四番花信风。"

对于花信的记载,不同的书中略有不同,比较普遍的是:

小寒三信:梅花、山茶、水仙;大寒三信:瑞香、兰花、山矾;

立春三信:迎春、樱桃、望春;启蛰(雨水)三信:菜花、杏花、李花;

古雨水(惊蛰)三信:桃花、棣棠、蔷薇;春分三信:海棠、梨花、木兰;

古谷雨(清明)三信:桐花、麦花、柳花;

古清明(谷雨)三信:牡丹、酴醾、楝花。

（2）立春花信

立春花信，一候迎春，二候樱桃，三候望春。

图1-8 迎春，樱桃，望春

"覆阑纤弱绿条长，带雪冲寒折嫩黄。迎得春来非自足，百花千卉共芬芳。"宋代诗人韩琦的这首诗名字就叫《迎春花》。迎春，是一种落叶小灌木，高一米多些，枝条细长似蔓状下垂，其型如拱。《草花谱》和《广群芳谱》等古籍中都有对迎春花的介绍，诗人们也喜欢借咏诵迎春花首春开花的花候特征，来抒发自己的情感。如宋晏殊《迎春花》诗："偏凌早春发，应消众芳迟。"

樱桃，落叶乔木，又名莺桃、含桃。《本草纲目》："樱桃树不甚高，春初开白花，繁英如雪。叶团，有尖及细齿，结子一枝数十颗。"樱桃花在立春后五日开放，此时绿叶尚未展开，因而一树繁华如雪。倘若一园樱桃花绽开，那就是唐代诗人刘禹锡笔下描绘的美景："樱桃千万枝，照耀如雪天。"

望春，一个让人们感觉陌生的名字，其实她就在我们的身边，只不过人们总是习惯地叫她紫玉兰。望春的花蕾还有一个人们熟知的中药名字叫"辛夷"，具有散风寒、通肺窍的功效。

望春花总是先开花后长叶，初春的天气时寒时暖，公园里，马路旁，望春花已经迫不及待地站在光秃秃的枝头上眺望了，那一朵朵硕大饱满的紫色花冠，亭亭玉立在枝头，朵朵都雍容华贵，芳香浓郁，书写着对春天无尽的期盼。

·修身篇·

一更初独牧青牛,勿纵狂行,不放闲游。我这里换景移情,攀花折柳,密炼潜修。闭六门无为静守,擒五贼有法拘囚。四配刚柔,耐得春秋。杰盛神全。采药何愁!

——宋代·张三丰《五更道情五首》之一

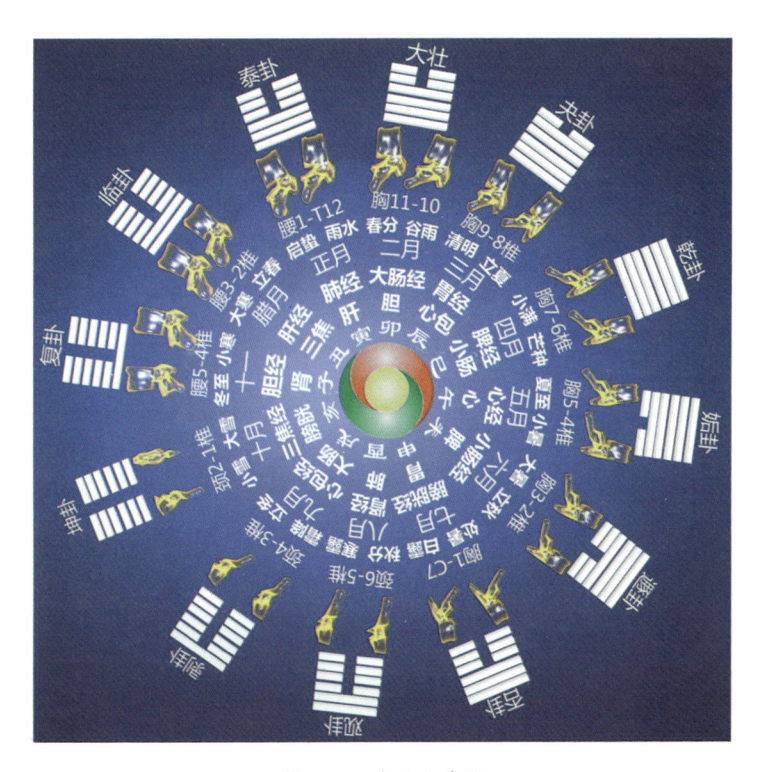

图1-9 节气次序图

一、立春修身顺四时

能量卦象对应：临卦完全形成期

天时能量对应：腊月

地支时能量对应：丑时【1~3时】

月度周期律对应：初四日

天象所座星宿：牛宿，斗宿

脏腑能量对应：三焦

经络能量循环对应：肝经

天地能量主运：木炁仁德能量输布期

六气能量主气对应：厥阴风木

八风能量对应：条风

四季五行对应：五行阴阳属性是阳木

五音能量对应：角音波

人体脊椎对应：第2腰椎 [L2]

色象境对应：苍极

轮值体元：太簇

图 1-10　立春的能量卦象

（一）立春的能量卦象

表 1-4　春三月的别称和运气

一月	正月	孟春	端月	新正
二月	女月	仲春	杏月	令月
三月	寎月	季春	李月	蚕月
仁德	木运	起于大寒之正日	止于古谷雨前三日	

表 1-5　春时五德五行能量

	五德五行能量	其他四时能量的状态				
春	木炁仁德 肝脏 脊L3-T11	春木旺 立春开始旺72天	冬 水休	夏 火相	四季 土死	秋 金囚

立 春

立春至，万物都会被春神唤醒，进入新一轮的生长期。立春木德能量丰厚，从立春开始木旺72天。仁木能量整体的消长规律是：立春木旺，立夏木休，立秋木死，立冬木胎。《四时》："正月立春，木相；春分，木旺；立夏，木休；夏至，木废；立秋，木死；立冬，木没；冬至，木胎，言木孕于水之中矣。"

仁德的木运起于大寒之正日，止于古谷雨的前三天。仁德木对应春三月，即正月、二月、三月，又称之为孟春、仲春、季春。四时五气，在立春后的前36天属于阳木，再过36天属于阴木，最后18天则属于阳土。

"立春"的修身本义，需要人们掌握伏羲创立的易道文化，对五运六炁（气）以及十二消息卦进行整体把握、灵活应用，才能作出正确的判断和应用。在天地之间的能量变化中，经过十月坤卦的静默藏伏孕养，在十一月冬至时，重新开始年度周期律中的天阳索地阴、地炁一阳来复，再经过十二月阳炁能量的积蓄，临卦能量形态生成。立春节气，天时正进入腊月和正月这个区间，临卦能量准备已经完成，即将进入泰卦，也就为立春后木炁仁德的发动奠定了坚实的基础，为三阳开泰、万物新生准备好了充足的条件。

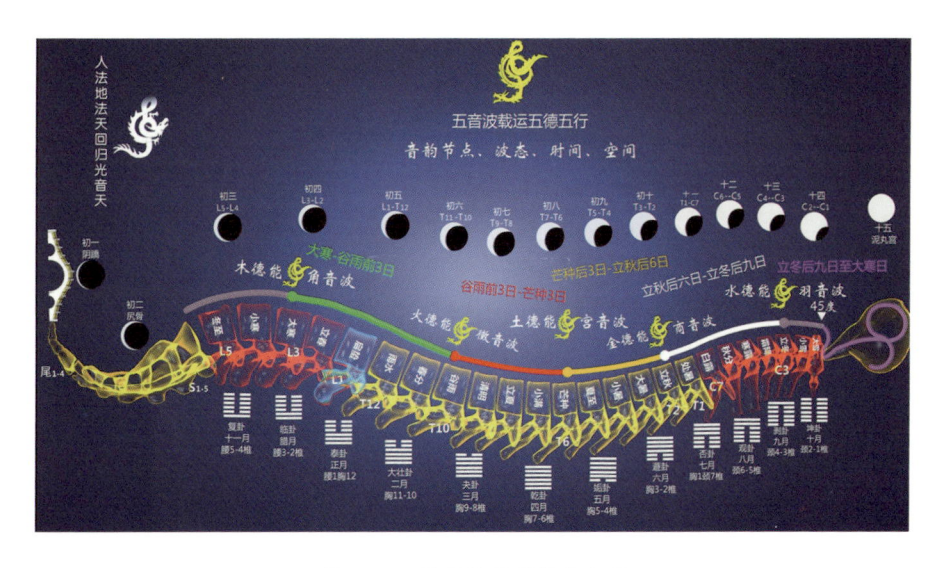

图 1-11 节气能量卦象全息图

立春能量卦象的具体特点：

1.冬至一阳生，十二月二阳生，正月三阳开泰。正月三阳生，该卦象反映天地气运的阴气逐渐消退，阳气逐渐上升、强盛，阳爻由二爻逐步变成了三爻，形成三阳三阴，达到阴阳平衡和谐的状态，万物昌盛。天德纯炁下降，地炁纯足上升，相互交融，天地能量气运基本呈中和状态，可理解为最佳、最上乘、最足状态，是一年之中阳气能量增加速度最快的时期，是修身者主动行持的大好时机，也必然是大地开始复苏，最利于万物发芽生长的时期。正月泰卦，冬去春来，阴消阳长，吉亨之象。

2.立春时期的能量特征：立春是一年之中仁德木炁能量最为丰厚、最容易被人体吸收的时期，这一卦象所反映的天地气运能量是木德能量，对应人体是仁德能量的生发之象。为木运当令，六气能量主气对应厥阴风木。春天阳气生发，皮肤的毛孔逐渐张开，肌肤腠理疏松者，人体内正气抵御外部袭击的能力较弱，风邪就容易"钻空子"而给人体健康带来损伤。

3.临卦的形成孕育着泰卦的初生，泰卦下面是以三阳爻为主卦，上方三阴爻为客卦，为阳长阴消之际，所以小往而大来。三阴三阳，上下相当，内外相得，升降相调，刚柔相济，亨通之至。天是最大的阳，地是最大的阴，天地阴阳二气交通往来，双向互动，由此而促使万物生长发育，调适畅达，焕发蓬勃的生机。

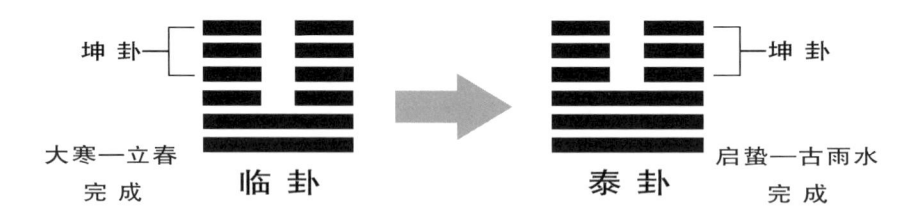

图 1-12 临卦与泰卦

4.在人体之内，身中气运与天地的动态呼应变化，在内天地的气运是逆返而行，地炁由阴蹻穴经尾骶向二十四节脊椎对应运行。阴蹻穴是先天肾水的三叉路口，智德肾水之炁这一质元能量，在此地如果顺化，是质象

立 春

精炁转物相化，转化成后天浊精；在此地如果逆向化，便使此地变为物相转质象的紫气生发之地。张三丰的《五更道情》之一中"一更初独牧青牛，勿纵狂行，不放闲游"，正是指的此地。青牛即属坤卦，而尻骨则为人体圣骨，又名北海，储存先天肾水。水生木，仁德木运继发于智德水运而起于大寒正日，对应于第三腰椎；而立春则对应于脊柱的第二腰椎，正是木炁进入勃盛之时。所以，在立春这一天，可以运用想象力内视自己的第二腰椎进行感格体悟。同时，如果配合经典诵读与太极修身[1]的实践，对肝臟仁德木炁的生发滋养以及对整个脊柱的变化也有着至关重要的影响与意义。人的心身如果能顺应天时地利，把握住吸纳天德地炁的最佳时光，则最易实现天地人合一。

5.每一年周期律的变换中，天体五运六炁（气）的形成，是在泰卦时期；"一"化生五运六炁（气）的形成，也是在泰卦时期。在泰卦还没有稳定之前，天人合一容易同步，对于身内的五运六炁（气）还较容易修改，使之向健康、顺遂的方向发展；如果自然到了泰卦之气的时间节点上，泰卦一旦成熟、稳定，而身内的基础却还是跟不上自然界能量发展的大趋势，那就不好修改了，正应了"赶不上趟"这句俗语。即使能修改，也会非常费时费力，只能通过顺天时培养五德而部分地改变。这就是"一年之计在复临"和"一年之计在于春"这两句话的修身意义。

抓住了天时地利，事半功倍；错过了天时，事倍功半。修改身国内五运六炁（气）的最佳时间，就在从立春这个节点到雨水（启蛰）这个气点之间。在此时间段，利用好正善治的修身方法，"堇能行之"[2]，就可以使体内精气神的质和量与天地同质。错过此天时地利，修身的进步就又要错过一年的大好时光，效果、效益、质量都会大打折扣。

---

1 太极修身，古称"苍龙炼形法"，源出老子"圣人之治"修身求真理法体系，是古代法地修身、炼形化气必修的重要实践方法。详见《太极修身》，熊春锦著，中央编译出版社2012年版。
——编者注
2 《德道经·闻道》："上士闻道，堇能行之。"

年周期律泰卦形成时期，所讲的就是卦象中阳爻的逐步生成中，第三道阳爻进入生成期，新生的这个第三道阳爻，所表述的是"三"数的形成、稳定、成熟期。"三生万物"是自然法则中数值变化促生物相的生成，这个"三"也就是泰卦的第三道阳爻。泰卦出现也就象喻着万物的生发开始，生机勃发，万象复苏。

这个时期，天地阴阳五运能量的变化，日月运行躔度能量的变化，是五德能量变化进入生机期，是五行能量促生的形成、稳定、成熟期。天阳索于地阴的能量变化，乾卦三阳爻形成于内，坤卦三阴爻还保持于外，也就是确定了此"三"的天地乾坤质量，以乾阳主导变化的趋势和定势已经形成。在年度周期律中阳气生发之势，将要完成自身一年能量需求的定势和基本态势，这一时期是全年中最重要的时期之一。此"三"数之天地乾坤质量和能量如何发展，既受当初一阳来复地炁生升，以及二阳临卦天气下降之质与量的影响，同时，还取决于新形成的"三"自身如何向着阳气充沛的方向进行努力。

立春，在修身层级方面，也是对修身者和养生实践者在人法地的基础上进入法天阶段，在十月、十一月和腊月期间炼己修身中，信土、智水、礼火能量储备的检验和考验。立春，天道自然界的木炁历经蓄势，开始发动，并进入勃发阶段，天（心）火阳气索地（肾），大量心礼火的光和热温煦内天地，既需要肝仁阳木能量的饱和式供应，同时也需要肾智水的充足供能和大量脾信土能量的支撑。因为水生木而木克土，水和土的能量都非常充沛，才能支撑大量的仁德木能量的需求。

新一年周期律中道德生命力的强弱，不但取决于上一年修身的积累，和冬至到立春之前这段时间人法地而地炁生升的修身实践效果，以及心意修持、用"圣信"法地、法天的程度，同时还受到志愿大小的影响。志愿，是指人们对天人合一的修身文化是忠信还是将信将疑，忠信者自然能够刻苦实践，将信将疑者自然会懒惰而错机失缘，所以，志愿的大小，仍然是离不开以信德为基。

内修信智礼，外用义与仁，关系到品格、品质、品行这三大系统。内圣修持信智礼是根基，信土、智水、礼火这三种能量在自然界，同样

立　春

是共同构成事物新一轮生命周期律中的能量库，三者共同作用于事物或者生命内的五运六炁（气）的形成，也就是促生新一年事物或生命的泰卦形成，确定事物或生命在新一轮的年周期律中的乾坤。这个乾坤一旦确定、稳定下来，就会按照已经编好的程序进行发展和演化了。只是大多数修身实践者由于仓库空虚，并不能与天地同频共率，身内的能量状态可能还处在一阳初动的复卦态，甚至仍然处于六爻皆阴的坤卦状态，难以与天地周期律中变换的能量相匹配，并不能与天地间的五运六炁（气）运动规律同步变化，因而只能是被动接受强势变化的曳行，暂时无法实现真正的天人合一。

所以，对于修身而言，应当同步研究身内天地中立春期的变化特点，运用十二消息卦对体内的能量状态和变化的动态进行全面分析，主动去同步于年度周期律中天地阴阳的变化；认清在月度周期律、日月躔度的运动中，心意和体内是否同步经历了坤、复、临三卦象的能量变化。到了立春这一天，只有身内能量的变化与天地能量的变化量级相匹配，才能够真正借天地、日月能量的变换契机，实现与自然界同频共率的变化，发生阳气的同步增长，迎接泰卦的形成。只有重视基础工程，才能把握住立春节气对人体生命的真正意义。

立春时节身内物元之龙如同质元之炁一样，经过藏敛和大寒后的蓄势待发，必将重新焕发出活力，即将发挥出物元特征的生理功能效应。修身理论在分析生命的质象系统时，是从质元、物元、体元三大系统中，分别进行分述和立论。对仁德木炁的讨论，是在质元层面进行分析；而在立春时论身内之龙，则是从质元层面上升到物元层面，在物元层面内进行分析。这一层级的分析，对于修身已经迈过初级而进入中级阶段，并且具有慧明的实践者，就显得极为重要。

肝的五行属木，五德则属仁。龙在身内是一种质象属性的物元，处于质元的更深层级中，修身实践不仅要实证出色象质元的绿色肝木之炁，还要深入地证出身内肝臟中的物元青龙。修身明德实践中，在进入修身的中级阶段以后，常常以物元的动态分析生理变化，因而中级阶段的修身实践过程，又以身国"龙事"相称，从而与治事中的"农事"谐音相对应，提

示实践者将修身与治事整体把握，一体分析和认知。

（二）立春农事与龙事修身

1. 立春农事

在以道德修身文化外用而治事的领域中，立春一到，白昼长，太阳暖，农民们就要盘算全年的农业生产大事了。在我国大部分地区，土地逐渐化冻，耙耢保墒就提上了重要的农事日程。"划锄耙压冬小麦，保墒增温分蘖添。抗旱双保不能忘，开动机器灌春田。"

作物，一般分为大春作物和小春作物两种，大春作物指的是春夏季种植的作物，以水稻为主；小春作物一般指第一年播种第二年初夏收获的作物，比如油菜、豌豆、胡豆、小麦等。具体分为小春粮食（小麦、大麦、胡豆、豌豆、洋芋、荞麦）、小春油料（油菜）和小春蔬菜等。虽然北方许多地方在立春节气里还经常是银妆素裹，寒气逼人，但也要张罗着筹措农具机械和种子药肥，进行大春备耕。小春作物的农事，因为地域不同而各有特点。立春以后，随着气温逐渐回升，河南省小麦陆续进入返青、起身和拔节期；而在南国春早的广东，通常已是麦穗扬花的时节。从全国整体来说，小春作物长势加快，油菜抽苔和小麦拔节时耗水量增加，应该及时浇灌追肥，促进生长。果树的农事也逐渐忙碌起来，柑橘、杨梅等果树，都需要及时地施春肥和整形修剪；此时在福建等南方地区，枇杷已经进入幼果期，还需要疏除受冻果、畸形果、病虫果，再视品种、树势强弱来确定留果量。

农谚说："春脖短，早回暖，常常出现倒春寒。春脖长，回春晚，一般少有倒春寒。"立春以后，白天逐渐增长，气温慢慢回升，对于农事来说，一要做好对大风、强寒潮以及干旱天气的防灾工作；二要注意对倒春寒的应对。

小麦在春季旺长时，一是容易遭受冻害，二是容易招致倒伏，三是病虫容易流行。所以，要因苗制宜，分类管理，采取以控为主、促控结合的综合措施，防冻防倒防灾害，促旺苗转壮苗，搭建丰产苗架，实现小麦高产。

（1）碾压或踩踏。在小麦返青期至起身期碾压，控制地上部分生长和过多分蘖的发生，促进地下根系发育，抑制小麦生育进程过快，避免其过早进入拔节期。

（2）深中耕（耙或锄）。旺麦大多为群体大、个体弱，地上旺、地下弱，通过深中耕可断老根、发新根、深扎根，能控上促下，促旺苗转壮苗。

（3）因苗巧追肥浇水。对已遭受冻害的旺麦（已有死苗死蘖的）和有脱肥干旱现象但群体不太大的麦田，可提早追肥浇水，在早春小麦返青期至起身前期追肥浇水，促假旺苗（弱苗）转壮苗，争取足够的成穗。

（4）防治病虫草害。旺长麦田病虫害一般偏早偏重发生，应加强病虫监测，早发现，早防治，防止病虫蔓延，积极抗灾减灾。

（5）预防"倒春寒"。注意收听天气预报，遇到降温天气，应采取提前灌水防冻、摆烟雾阵避冻等措施；在冻害发生后，应及早采取水肥齐攻等措施补救，将灾害造成的损失降到最低程度。

立春后油菜地的治理，同样要做好施肥、灌溉、松土以及病虫害防治工作。

（1）科学施薹肥。立春后施用薹肥，可使油菜薹壮而不徒长。施肥量要适当，一般占施肥总量的30%左右。

（2）适时灌溉排水。油菜立春后抽薹开花需水较多，要及时灌水以保证菜苗对水分的需求。

（3）中耕松土，培土雍根。立春后，抓住封行前的有利时机，进行中耕松土；清除杂草，减轻病虫害的发生；提高地温，防止"倒春寒"袭击；及时培土雍根，增强抗倒伏能力，加速田间排水。

（4）防治病虫害。在油菜抽薹期和初花期，用速灭杀丁8～10克加水30千克喷雾防治蚜虫。

（5）喷洒调节剂。可增强植株抗逆力，防止后期倒伏。

2. 龙事修身

在以道德修身文化内用而治身的领域中，立春在修身学中是指五运六炁（气）中，天道输布的仁德木炁能量正式形成炁势，此阶段应当顺天时应时而动，治人事天，顺天应人，主动地吸收，以使自己体内之木及时获得滋养而确立，肝木能量品质乃至于品格都进入顺天而动的迅速生长时期。同时，因为寒气犹存，气候多变，修身者身国的"内炁候"，要注意防冻、防寒，关注体内炉火与心灯而启动体内阳气。要做到不违天时，真正把握

住生命体内阳和之炁的上升，而对体内先天之本的水和后天之本的土都还需要注意防旱、保墒；在体内之木的生长过程中，也要注意防风防冻，预防乍寒乍暖的寒气或邪风伤及身体。

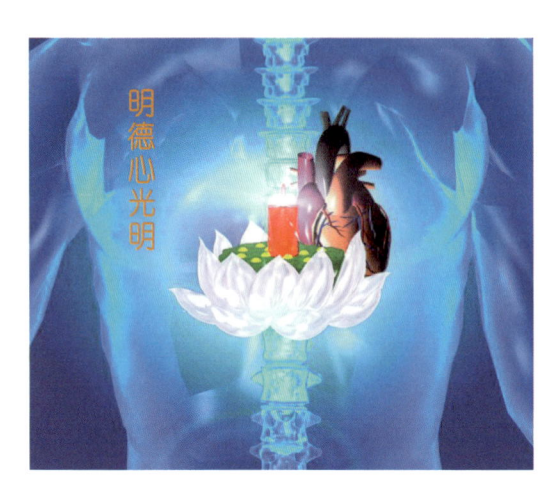

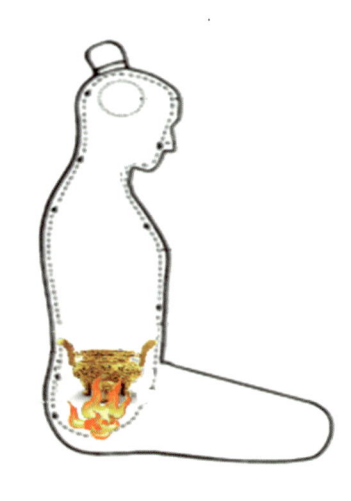

图 1-13　心灯与炉火图

修身实践者的龙事修身，要把握住进阳火和退阴符，加强内在的天阳能量，从而激活地阳，清除地阴，产生与喷发水中火，这是重要的顺天应人课程。在春季，从立春开始，我们需要在体内的下丹田里加强治理上一年秋季种下的"小麦"或者"油菜"。此"麦"实际上就是肾中之炁在下丹田内的凝聚。它们的抽薹和拔节需要更多的能量扶生，这个能量就是自己内采的"药"，炼精化炁的能量积蓄。如何提升阳炁，同时又能够增加自己的精炁神转化成为内药，就显得格外重要。只有将身内的龙事与自然界的农事紧密结合在一起进行分析，找到自己本身实践当中的不足，才可能比较完整地实现顺应天地自然气运变化的同步跟进与提升，不会产生错时乱日或者事不应时的结果。

在修身者身内，下丹田与中丹田中的"内药"治理，需要像农事中的种麦与种稻那样精耕细作，顺应天时而认真管理。内药的治理也就是对心火中的液与肾水中的炁的管理与治理，与小麦和稻谷的治理异曲同工。内药的治理事项，在专业名词上还有预防塌炉、倒丹以及火候的调节运用等，

立 春

但是并不像农事那样直观,如果从事农业生产或者观察农业生产,就更容易认知身内龙事的治理。因此,我们在讨论顺四时之度而修身治事的过程中,将会对工业的冶炼术和农事的管理同步而简要地进行讨论,以利于从两个方面佐证与指导身内龙事的正确实践。对农业技术和冶炼技术的同步认知掌握,将会有益于指导修身实践在身内正确而全面地展开。运用冶炼术比喻修身的内在变化,在传统修身文化中是一种极其常见而且长期应用的类比方法;但是,人们却将历史上最早期与修身理论和方法相伴诞生及形成的农事类比法全盘抛弃与遗忘,而我们在研究黄老修身文化中的法地与法天的过程中,则绝不能淡忘和漠视,而是要将修内身与治农事高度紧密结合,一体而论,以外农事举内龙事,全面地掌握修身实践的全过程。

有关小麦和油菜的具体管理方法和措施,都可以异曲同工地引进到体内来,在下丹田内进行对应,帮助我们全面正确地顺应春气在四时当中的第一个时,将我们的修身、治事与摄生、养生全面正确地落实到身心之内,从而通过修身实践的努力,将健康掌握在自己的心身之中和行为之中,将命运调控在法天和法地的实践之中,在顺四时之度的春天开始期,就对我们的健康、智慧和命运进行高效率的控制和掌握。

二、身国内的立春修身

道德根文化修身内求法当中,高度重视立春节气。在著名的《内景图》里,就描绘了春天的景象。春天景色迷人,但是要靠自己的修身内求去将它在我们的身体内部变为现实。通过坚持不懈地进行修身明德的努力,这个目标是可以实现的。

铁牛耕地种金钱,刻石童儿把贯串。
一粒粟中藏世界,半升铛内煮山川。
白头老子眉垂地,碧眼胡僧手托天,
若向此玄玄会得,此玄玄外更无玄。

具备修身明德的基础,是领悟《内景图》中这首诗的意境的前提,离

开此前提，面对此诗就会如同隔物猜谜一般。

修身明德实践者从慧识悊学文化的角度，法天地而内求解之，则别有一番滋味在心田。"铁牛耕地种金钱，刻石童儿把贯串"："铁牛"、"耕地"、"种金钱"、"刻石童儿"，其实都是对人体内肺义金、肾智水、脾信土能量的描述。"圣信型于内"，黄帝修身形名学中隐去其真名"鎏铄娃"的"信使"就在这里出现了，只不过在《内景图》里面把它的名字改成了"刻石童儿"四个字。这就需要我们把里面的五德圣信型于内解读出来，不仅型于内，而且要型于我们的品行之中，转化为行为。特别是在体内，假如信使"刻石童儿"真正能够登临，那么，不仅脾土里能够实现"修之家"，而且还将通过它将心、肝、肺、肾全部都连成一片，传递圣信的品质、品格、品行三品信息于五臟六腑中，实现"把贯串"。因此，信土才是修身求真成就大道的基础。此牛、此土，正是身国内境的牛和土：牛，在八卦万象当中属于坤卦，属于智水；地，属于信土。水土皆属于内，提示着水土治理于内。铁，五行为金，又是水之母，提示着修身明德需要建立宏愿大志，具有铁一般坚定的智德，力行于信土之上，对信土进行深耕勤治。信土留待铁牛耕，换得大乘牛车，方可破关登天梯。地炁的能量聚合在天根以后，脊椎内的能量爬升中有一个羊车、鹿车、牛车更换递升的过程。但是这头牛必须是头驯牛，才能够完成拉车爬升的工程；如若还是肾内阴水的"牛魔王"，则春耕不成，法天也只能是个泡影。因此，要将这头魔牛改造成驯牛，方可破关而登天梯，攀登速度才能变得神速起来。

"一粒粟中藏世界，半升铛内煮山川"：前一句，是说我们在修身明德实践中，一定要重视内求法。"圣信型于内"，需要完成圣信将五德能量用之于体内这一过程。粟米之光是修性而生成的质象物元之光，只有具有此质象生物光，才能于质象生物光内窥视三千大世界的全息信息。而后一句话的"半升铛"则是指修命而在下丹田内安炉设鼎，这同样需要运用"正有"[1]的方法来实现。

---

[1] 正有，即正确的有为而治。

立 春

图 1-14 内景图

"白头老子眉垂地，碧眼胡僧手托天"：在上述条件下，才可能使我们体内的体元系统、物元系统和质元系统完整地发生变化，佛学与道学实证于一体、佛家道家圆融于一身的"白头老子眉垂地，碧眼胡僧手托天"的体元内景，就会分别在胸腔和脑腔中出现。世人因为不修身，而将佛学与道学对立，产生很多错误的说法；如果实证到这一步，这些猜疑与说法都将会消失于无形。一旦完成了在颅脑内证得道性的体元出现，在心灵内境当中证出佛性的客观存在这两个过程，也就完整地掌握了道德根文化修身内求法当中一个重要的阶段性的系统性内容。

这一切的实践和实现，都需要把握住立春节气，因为"铁牛耕地种金钱"就发生在立春的前后。秣马厉兵，需要在坤卦、复卦和临卦期做好前期的准备；到了年周期律的泰卦期，如果身内也同时具备泰卦属性的能量指标，就要开始着手天人合一地运用了，这是更细致的准备和运用的开始。在立春民俗中有立土牛、鞭春牛的活动，意喻督促春耕。我们生命体内的立春、迎春、立土牛，身国内的春耕，关键在于要在天地的坤卦期就优先启动身国内能量的全面准备和储备工程。内在春天的备种和备耕，对体内信土、智水和礼火的治理，更应该优先于、隆重于农事的备种和备耕；倘若只是临时抱佛脚式地进行同步，则不会像治事中的农事耕种那样，虽然懒一点，也会多少有所收获，在修身实践中很可能就一无所获。

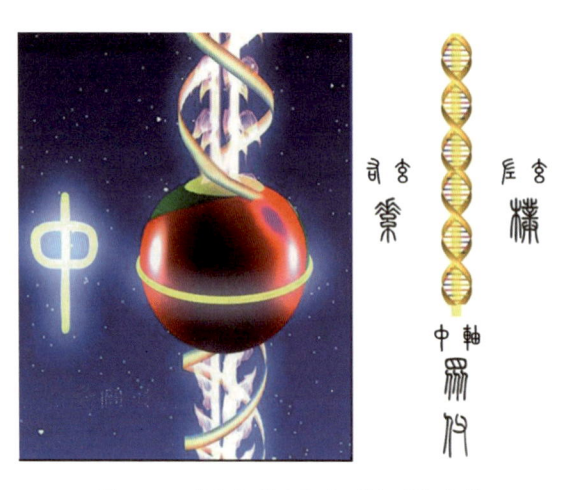

图1-15 "玄之有玄"与"众父"之轴

立 春

  如果对于"圣人之治"的教育思想[1]和"得一"教育方法[2]有一定的学习基础，再来读《内景图》中的这首诗，就基本上能够解读清楚了。特别是"若向此玄玄会得"这句，对于"一"的"朴"之玄、"素"之玄这个"玄之有玄"以及里面中央的"众父"之轴[3]，都进行了能量运动变化的清晰表述。现代科技已经模拟制作出太阳系在银河系中进行运动的动画视频演示[4]，从中可以看到，宇宙万物的运动变化形式，就是由明显而巨大的"众父"能量中轴与左玄（旋）及右玄（旋）共同构成"玄之有玄，众眇之门"的结构形态。所以，掌握了《内景图》中的这一段话，就可以在意识形态上建立起"为学者日益"的色象观[5]，将"得一"的修身实践和丹道的修身实践全部囊括于其中。因为丹道的实践就是诞生于"得一"实践法，从《内景图》就可以回归"得一法"，实践"守一法"。

---

1 圣人之治的教育思想，通篇体现于老子《德道经》之中，其核心是《德道经·安民》章所提出的："是以圣人之治也，虚其心，实其腹，弱其志，强其骨。""虚其心"，指让自己的心处于清虚空明的状态；"实其腹"，指要内观自己的下丹田，使里面的能量充实；"弱其志"，"志"是指忧、思、悲、恐、惊这五种自我干扰的"情志"。"弱其志"，就是要减弱情志对五臓的不良影响；"强其骨"，是通过强化性的形体运动，"动以炼精，静以养气"，提升先天肾炁，提高命体的健康水平。总之，圣人之治的教育思想，也是一种修身治理思想，是将尊道贵德的理念在每个人的生命体内进行完整实践，从而升华个体和群体品格、素质以及能量的根本性的思想。

2 "得一"教育方法，原理来自于老子《德道经》第二章《得一》。万物都是道生德养。德的能量结构保持稳定性和完整性时称为"德一"；"德一"一旦分解为五，就需要通过教育和修身治理使之复归于"一"的状态，是为"得一"。得一教育的对象，是以人为本，进入每个人内在的天（心）、地（阴蹻）、神（体元）、浴（肉体）、侯王（意识）系统，通过不离心身内外，贵德为用，以贱为本，以下为基的教育方法，进行净化补充，涤阴增阳，使阴转阳，从而将其中的质元能量、阴阳物元以及阴阳体元聚合，整体地综整归一，使受教育者的内天地完整地实现清、宁、灵、盈、正的目标。最终实现《德道经·得一》章中的论点："得一以为天下正。"

3 老子《德道经》是一部生命科学的百科全书，老子在两千五百年前，就已经将DNA双螺旋结构的两个链条分别命名为素和朴："见素抱朴，少私而寡欲，绝学无忧。"并且将DNA双链条中央的一个现代科学尚未发现的质象能量轴命名为"众父"："其名不去，以顺众父。"双螺旋与众父轴，共同构成的形构，从正面观之就是一个竖起来的汉字"一"。这个一就是万物内在的自主式能量发动机的中轴，也就是产生所谓第一推动力的地方。

4 http://v.youku.com/v_show/id_XNDk2NTIzNjg0.html。

5 道德根文化根据人类眼识所观察到的事物特点，将物质世界分为欲相境、色象境和无色境三个层级。所谓欲相境，是指阴阳分离的有相之境，特点是物相、质象混淆，生物光与色质缺失；所谓色象境，是指无相而有象之境，特点是有色、具有质性而没有物相，需要通过眼识用中、光色想象进入；所谓无色境，是指真象呈现之境，特点是无色透明，需要通过色象境而进入。

·治事养生篇·

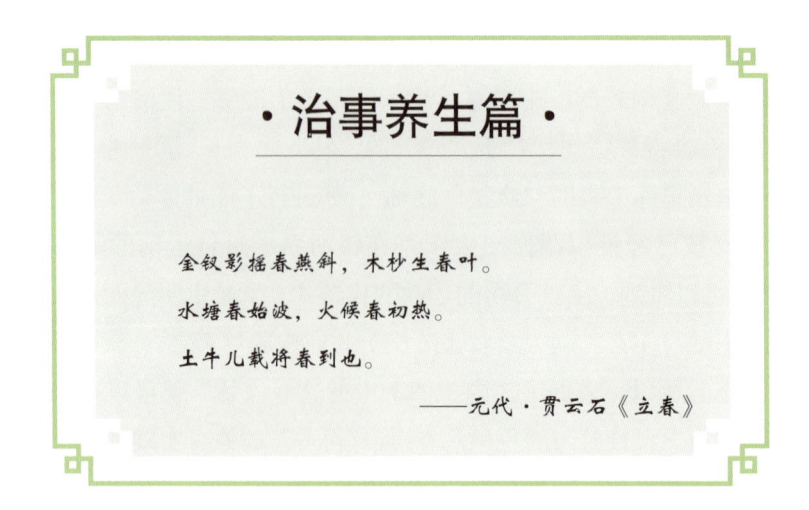

金钗影摇春燕斜,木杪生春叶。

水塘春始波,火候春初热。

土牛儿载将春到也。

——元代·贯云石《立春》

一、立春运气与治事

图 1-16　明代文伯仁《云山图》

（一）运气古籍

《易通卦验》:"立春条风至。宋均注曰:条风者,条达万物之风。"

立 春

《淮南子·天文训》："何谓八风？距日冬至四十五日，条风至。"

冬至日以后四十五天的时候，开始刮条风。

《淮南子·天文训》："淮南元年冬，太一在丙子，冬至甲午，立春丙子。二阴一阳成气二，二阳一阴成气三，合气而为音，合阴而为阳，合阳而为律，故曰五音六律。音自倍而为日，律自倍而为辰，故日十而辰十二。"

这段话是说：淮南王元年冬，太岁在丙子方位，甲午日为冬至，丙子日为立春。二阴一阳成阴气二，二阳一阴成阳气三。阴气二阳气三合成五行之气（水、火、木、金、土）而为宫、商、角、徵、羽五音，二阴合一阳为三（阳数），合两个阳数（三）便得六而为六律，所以统称为五音六律。五音的倍数是十，形成十日干数；六律的倍数是十二，形成十二地支数，所以天干是十而地支是十二（辰）。

（二）立春全息兆象

立春，是年周期律中的兆始，可以通过这一天，调查研究一年诸事的兆象和人体内的兆象，也可以调查家庭、社会的兆象以及天地的全息信息。立春正月节观风察向定年景，是古代常用的方法。

《逸周书·时训解·第五十二》："风不解冻，号令不行，蛰虫不振，阴气奸阳，鱼不上冰，甲胄私藏。"

如果风内携带的天阳能量不足，不仅难以释解冰冻，而且会因为正能量不足，干扰人们意识的正确判断，使社会治理的号令难以推行贯彻。"阴气奸阳"，即天阳不足而阴气能量偏盛，就会克制阳气的主导性，产生一系列的不良反应或者异常现象。"甲胄私藏"，是说天阳正能量不足时，对人们的意识可能产生的负面影响和作用力，是一种意识误判和行为错误，民间私藏武器和管制刀具的违法现象就会比较突出。这些记载提示我们，要站在"德一"质元能量的高度，"执一以为天下牧"[1]，"执一，明三，定二"[2]。

---

1 《德道经·执一》："是以圣人，执一以为天下牧。"
2 《黄帝四经·论》："天执一，明三，定二。"

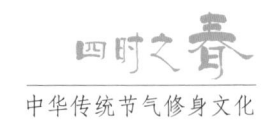

顺天应人，就要同时把握住质象与物相这一对阴阳；分析万事万物，应当高度关注自然与治事之相，了解其中具有相互内在质象能量联系的特征。

《开元占经·卷九十三》："立春正月节，其日晴明少云，岁熟；阴则旱，虫伤禾豆。风从乾来，暴霜杀物，谷猝贵；坎来，冬大寒，胡兵内扰；艮来，五谷熟；震来，气泄，物不成；巽来，多风、虫；离来，旱伤物；坤来，春寒，六月水，人多愁土功；兑来，旱、霜、兵起。"风，是自然质象能量的载体之一，不同方位、方向的来风，所携带的能量属性并不相同，也不一定相宜于时令需求，因而会产生不同的物相结果。

"其日晴明少云，岁熟"：立春这一天如果是云淡风轻的大晴天，其物相背后的质象能量，就相宜于植物生物链和人类生物链的正常生理活动，这一年就会有好年景，而且较少发生恶事、坏事以及疾病。

"阴则旱，虫伤禾豆"：如果这一天是阴天，其物相的背后必定是天阳质象能量不足，气化不力，而地炁阴水难以化为气而流动，那么这一地区肯定会有干旱发生，而且各种害虫会大量繁殖，使粮食的收成减少，甚至疾病也容易传染和流行。

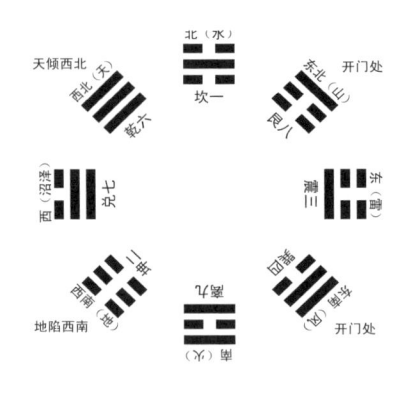

图 1-17 后天八卦方位图

"风从乾来，暴霜杀物，谷猝贵"：不同方向刮来的物相之风，其中所乘载的是属性不同的质象能量。这种质象能量如果不符合度、数、信的法则，就是异常质象能量，对植物生物链和人类生物链的正常生理就成为干扰破坏因素，能够诱发病理性改变。如果风是从乾方刮来的，就会引发"暴

立 春

霜杀物，谷猝贵"的现象，粮食可能会严重减产而闹饥荒，那就是"洛阳米贵"，而不是"洛阳纸贵"了。

"坎来，冬大寒，胡兵内扰"：如果风是从坎卦方位刮来的，不仅到了春耕的时候天气会特别冷，而且还可能会有外部侵略的战事发生。

"艮来，五谷熟"：如果风从艮卦方位刮来，则粮食丰收不成问题。

"震来，气泄，物不成"：如果风从震卦方位刮过来，则气容易泄，而且劳动成果不保，方方面面都会受到这种震方来气的泄动。

"巽来，多风、虫"：如果风从巽卦方位刮过来，表明这一年可能风灾多，与风相关的动态，比如人遭受风寒、庄稼遭受虫灾，都会比较多地发生。

"离来，旱伤物"：如果风是从南方的离卦方位刮过来的，那么就会有干旱发生，从而伤害人的身体和物命。

"坤来，春寒，六月水，人多愁土功"：如果风是从坤卦方位刮来的，那么春天就容易发生"倒春寒"现象，六月多水，人多愁，因为土地会欠功力，收成难保。

"兑来，旱、霜，兵起"：如果风是从兑卦方位刮来的，就会发生干旱和霜冻，而且容易起兵祸乱象。

汉代对于天象与人事、治世之间的关系，有很多经典的著述，我们应当尊重这些经典。古人在慧识失落以后的智识期，的确是很主动地运用前辈的慧识文化经验，尽量使自己的智识接近于慧识的原则，来观察事物，记录各种"其未兆也，易谋也"[1]的征候、真相。有些著作虽然当时没有获得官方意识形态的重视，但还是被民间保存了下来，其中诸多天人合一观念的记载分析，仍然存在着较高的研究价值。

（三）立春治事

修身谋动在复临，治事之计在于春；内取诸身重复临，外应诸事在立

---

[1] 《德道经·辅物》："其安也，易持也。其未兆也，易谋也。"

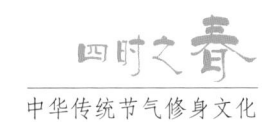

春。在立春的治事方面，掌握好这两条原则，就能与祖先们的认知相吻合了。

内取诸身，外证诸物。明人文，观天文，察地理，整体把握，才能更好地把握各个节气。

天、地、人三才合一体地认识万物，居道用德，信守天地法则的秩序，这样才能够民不有疾，而修身有所成就乃至成功。

1. 惜命爱生

中国古代有很多关于春季养生的论述，其中最重要的是《黄帝内经》中的相关论述，指出了春季顺时应节修身养生的规范，研究参考的价值很高。《黄帝内经·素问·四气调神大论篇》："春三月，此谓发陈，天地俱生，万物以荣，夜卧早起，广步于庭，被发缓形，以使志生，生而勿杀，予而勿夺，赏而勿罚，此春气之应，养生之道也。逆之则伤肝，夏为寒变，奉长者少。"

这段话告诉我们，春天的三个月里，天地能量周期性地又一轮复临生成，从而促生万物的生机，称之为"天地俱生"。俱生，并非是说天地本身又生出一重天地来，而是指天地能量促生万物。在立春以后，应该早睡早起，适当地运动身体，非疲劳式漫步于庭院之间，将筋骨皮活动舒展开来。

《黄帝内经》所描述的这些养生之道，揭示了一个真理，在一些古村落或者少数民族地区，目前还保留着这些认知，那就是"生而勿杀"，整个春季里禁猎，不允许捕杀任何野生动物。春天是动植物新一轮的繁殖期，这个时候倘若杀生，便是一杀杀一家、杀一窝、杀一群。这时候养生的首要一条，就是爱惜生命和物命，不生杀心。如果在春天违背了这一要求，后果会极其严重，"逆之则伤肝"。在现代社会，春天是肝病的高发期，传染性的肝炎，包括甲肝、乙肝、丙肝等等，在春天很容易发作与流行，这都与人的滥捕乱伐、乱杀妄杀密切相关。人们为了满足口欲而杀伐物命，破坏的是生态平衡，干扰的是春时万物繁衍生殖的炁运。不明天地运气的总趋势，不论是杀伐还是食用，直接反馈的后果就是严重损伤自己的肝脏，使自己罹患肝病，致使"夏为寒变"。

立　春

2. 治人事天

《春秋繁露·治水五行》:"日冬至,七十二日木用事,其气燥浊而青。七十二日火用事,其气惨阳而赤。七十二日土用事,其气湿浊而黄。七十二日金用事,其气惨淡而白。七十二日水用事,其气清寒而黑。七十二日复得木。木用事,则行柔惠,挺群禁。至于立春,出轻击,去稽留,除桎梏,开门阖,存幼孤,矜寡独,无伐木。"

这一段记载介绍了五气的输布规律和特点,以及立春时节顺应仁德木炁输布的治事要求,对于什么是立春时该做的,什么是不能做的;什么应该大力提倡,什么适宜个人内在治理等等,都提供了重要的原则。在年度周期律中,从冬至开始,五运六炁(气)中的木运能量开始主事,作用和主宰地球上万物的生机。一年的木运一共有七十二天时间,在这七十二天内,木炁仁德能量的输布处于主导地位,木炁仁德能量燥浊而且色质为青,物相色则是绿色。天道的仁德木炁输布天下万物时,万物都应当尊道贵德而顺应仁德木炁能量的特性。忠信土的承载,明智水的滋养,光明礼火的照耀,是木炁仁德能量顺利展开的前提和必备条件。人的行为要同步于木德能量的仁慈柔容,爱惜物命施惠于动物和植物,提倡和执行禁止杀伐行为的政策。特别是在立春时节以及其后,外出的行为动作要轻,敲打声音要小,避免惊扰动物与植物的繁衍和生长。要清理打扫环境,清除垃圾污垢,注意卫生。放宽刑法惩戒,开放门窗城门,顺应木炁喜疏达之性。要加强人文关怀和社会福利,对幼稚儿童及孤儿要特别关照。要关爱孤寡独身以及病残者,同时禁止砍伐树木。

《论衡·寒温》:"春温夏暑,秋凉冬寒,人君无事,四时自然。夫四时非政所为,而谓寒温独应政治。正月之始,正月之后,立春之际,百刑皆断,囹圄空虚,然而一寒一温。当其寒也,何刑所断?当其温也,何赏所施?由此言之,寒温、天地节气,非人所为,明矣。"

《论衡·寒温》中的这一段话说明,春温夏暑,秋凉冬寒,四时气候的变化都接受着大道和天地五运六炁(气)的调控,天地的运气是无为而治的,人力无法抗拒,而只宜顺四时之度调适。人间社会的君主虽然拥有极高的权力,但在天地自然法则秩序面前,其实却并非至高无上,也必须

要顺天应人，无为而治地顺应天地变化、四时替换。年度周期律的四时交替变换，并不是社会国家的政治行为所造成，相反，四时中的冬寒三个月和春温三个月，却都与国家政治的治理密切相关。正月是国家新一年治理的开始，国家的治理同样需要顺四时之度。国家治理中运用刑罚，对积压当判和决断的刑事案件都已经在上年的秋后处理了，正月之后进入立春之际，牢房使用率下降，开始空荡起来。但是，四时交替中的冬寒和春温并没有受到国家治理的影响，冬寒的刑断，春温的奖赏，都是国家治理顺应天时之举，而不是天时因人事产生变化，这是由治人事天、顺天应人，顺应五运六炁（气）规律的必然性所决定的。局部服从整体，人道服从天道，治理才能顺遂安宁。

《吕氏春秋·孟春纪》：

"孟春之月：日在营室，昏参中，旦尾中。其日甲乙。其帝太皞。其神句芒。其虫鳞。其音角。律中太蔟。其数八。其味酸，其臭膻。其祀户，祭先脾。东风解冻。蛰虫始振。鱼上冰。獭祭鱼。候雁北。天子居青阳左个，乘鸾辂，驾苍龙，载青旂，衣青衣，服青玉，食麦与羊。其器疏以达。

是月也，以立春。先立春三日，太史谒之天子曰：'某日立春，盛德在木。'天子乃斋。立春之日，天子亲率三公、九卿、诸侯、大夫以迎春于东郊。还，乃赏公卿诸侯大夫于朝。命相布德和令，行庆施惠，下及兆民。庆赐遂行，无有不当。乃命太史，守典奉法，司天日月星辰之行，宿离不忒，无失经纪，以初为常。"

译文：

孟春之月，太阳运行在营室宿的位置。黄昏时分，参宿出现在南方中天。拂晓时分，尾宿出现在南方中天。孟春这一段日子，在天干中排序为甲乙，主宰的治理者为太皞，主木之神为句芒，应时的动物是鳞虫（鳞虫之王是龙）。孟春节气，天地间五运六炁（气）能量韵动的代表性音波为五音当中的角音，音律与太蔟相应。这月的数字是八，味道是酸味，气味是膻气，要祭祀的是五神之中的户神，祭品以动物的脾脏为先。东风吹拂，大地解冻，蛰伏的动物开始苏醒活动。鱼儿从深水向上游到冰层下；水獭捕到鱼后，要先把它们摆在岸边祭天。候鸟大雁开始从南往北飞行。天子

立　春

居住在东向明堂的左侧室，乘坐车辕横木上装饰有青凤图案的车子，车前驾着青色的马，车上插着绘有龙纹的青色旗帜。天子穿的是青色的衣服，佩戴青色的饰玉，吃的食物是麦子和羊，使用的器物纹理空疏而通达。

本月有立春节气。在立春前三天，太史便向天子禀告说："某日立春，大德在于木。"天子于是进行斋戒，准备迎春。立春这天，天子亲自率领三公、九卿、诸侯、大夫到国都的东郊去迎春。礼毕归来，就在朝中赏赐公卿、诸侯、大夫，并命令相国宣布德政举措，发布禁令，实行褒奖，施行惠民政策，惠及所有百姓。褒奖赏赐之事，政令通达，没有不当之处。还命令太史遵奉《周礼》中记载的六典八法，主管推算日月星辰的运动，不论是日月到达的位置还是运行的轨迹，都要吻合其自然的度、数、信，计算得没有一点差错和失误。制定历法仍以冬至点在牵牛初度为准则。

二、立春的正善治养生

养生，是古代修身文化中摄生方法的一个分支系统。《说文解字》："摄，引持也。""摄"具有执与持之义，亦有辅助、佐助、代理、兼理之义。例如，治理、治事、理事的摄事，收敛心神的摄心、摄意、摄念，聚集的摄敛，聚精会神的摄想思念；又如摄护，即保护。摄养则具有保养、养生的含义。《韩非子·解老》："动无死地，而谓之善摄生。"违背天地自然法则的动，必然会动生害而入死地。摄生的根本，在于将前六识，特别是将意识、口识、身识的一切活动，规范在符合天道自然动态法则的度、数、信标准之中，摄归于度、数、信，执一守德。因此，要想正确养生，必需将养生的目标上升至摄生的层面之中。

> 养而不摄养难真，
> 摄养并重动守信；
> 修摄养生为一体，
> 动生害敝远离身。

对于每一个生命个体而言，年周期律中的四时之度，携数守信而周

流全身，对于其中的规律秩序，修身养生治身者应当明了于胸。《黄帝内经·灵枢·九针论》中有一段岐伯与黄帝交流时的对话："岐伯曰：'请言身形之应九野也，左足应立春，其日戊寅己丑'。"在立春节气，以及戊寅和己丑这两天，静下心来关注自己左足的掌、背、脚趾以及左足踝关节以下部分，敏感的人常常会感受到左脚与右脚的温度是不太一样的，这就是天人合一的能量变化的同步感应。特别是在立春这个节点，尤其要注意准确把握五运六炁（气）对应我们身体的这种作用力。

一年有四立，立春、立夏为天德地炁能量开启之时，立秋、立冬为天德地炁能量收敛闭藏之时，都是修身养生的重要时间节点。如果立春及立夏时节我们能够把握时机，遵循"居善地，心善潚，予善信，正善治，事善能，踵善时"[1]六大治理法则，不仅有事半功倍之效，而且有时还会收到数倍或数十倍的功效。

春季是人体肝阳亢盛之时，所以人的情绪容易急躁。初春气压低，天气多变，常使人的情绪产生较大波动。春季要防躁动，应避免过度疲劳，保证充足的睡眠时间，尤应重视心理保健养生，使心胸开阔，性格开朗，情绪豁达，心态平和。应注意提高心理承受能力，在风和日丽的天气里，不妨呼朋唤友到大自然中去呼吸新鲜空气，舒展筋骨，畅达情志。

《尚书大传》曰："东方为春，春者，出也，万物之所出也。"《淮南子》曰："春为规，规者，所以圜万物也。规度不失，万物乃理。"春天里，生命开始又一轮的推陈出新，萌发出生机活力。需要符合仁德木炁的规范，度、数、信相符，生机活力才能正而善，并且旺盛。《汉书·律历志》："少阳者，东方。东，动也，阳气动物，于时为春。"所以《遵生八笺》中说："故君子当审时气，节宣调摄，以卫其生。凡愤怒、悲思、恐惧，皆伤元气。"

《黄帝内经·灵枢·岁露论》："虚邪入客于骨而不发于外，至其立春，阳气大发，腠理开，因立春之日，风从西方来，万民又皆中于虚风，此两

---

[1] 《德道经·治水》："上善治水。水善利万物而有静。居善地，心善潚，予善信，正善治，事善能，踵善时。夫唯不争，故无尤。"

立 春

邪相搏，经气结代者矣。"

外感成疾，内伤成病，外感内伤合发则为疾病。秋冬外感的虚邪进入人体没有清除时，常常寄附在骨骼和关节内，难以透发于体表而排出。拖到立春时节以后，天地间的阳气开始旺盛起来，人体的皮肤舒展，毛孔扩张，如果立春这一天刚好风从西方金地刮过来，西方金气能量乘风而克制东方木炁能量，民众就会被这种虚风能量所袭扰。内邪未清而表邪又感，两邪交织相搏在人体中，经气的传输必然会出现凝结阻滞而运行缓慢，身体则会产生疾病的变化。

图1-18 明代边景昭《雪梅双鹤图》

《太清服气口诀》："天乃五行顺序，地乃五岳安镇，人乃五藏保和，神乃五灵运御。是故性亏五德，凶恶顺焉。"

古人很早就对五行运气的变化进行了全面的揭示，对天地能量的输布规律、法则、秩序进行了阐释。人类生存在天地之间，必定被天德地炁的五运所主宰和制约。人体的肉身存在着五臟，臟中又分为五灵，全都与天道五行的法则相对应，能量的需求性离不开天道能量中的五德能量供应。保持健康和运御灵应，全都依靠着天地阴阳五运六炁（气）的总法则。因此，做人修身治事，五德的品格绝不能亏缺，五德的品质不可匮乏，五德的品行不能违背，人类生命的健康和命运的顺遂，全都与五德的修养持守密切相关。人凶天不凶，人恶天无恶，顺者昌，逆者亡，修身养生绝不能亏缺五德。五德修身养生给我们提出了非常全面的要求及方法，也指出了如果五德缺损会带来的弊端和祸害，因此，《云笈七签》中介绍的"真人存用五气法"，实际上就是五德能量的摄入方法。这一方法应用效果的优劣不在于方法本身，而是取决于应用者自身五德品格的打造和形成。因为"真人存用五气法"是对品质进行改变的一种应用，离不开应用者五德品

格的具备。只有品格具备了，才能承载五德品质的变化和提升：

"真人存用五气法，先当勿食荤血之物，勿履淹污，绝除欲念，检身口意，三业清净，别造一室，沐浴盛洁。"

首先，要清净心灵与肉体。饮食要忌口，不食荤血之物，也就是要主动进入素食状态，成为素食主义者。素食是为了净化肉体和精神系统，如果心身不清净，则难以与五德能量产生相应的运动频率，无法使五德能量顺利进入生命之中。其次，要讲究身识的卫生，衣服鞋袜整洁，经常洗澡；智识与意识要做到少私寡欲，经常自检自查反省身口意，省己迁善，清因化业，以大道和天地的法则自律，恪守五运六炁（气）规律的度、数、信。在此前提下，"居善地"，安排一个清静的房子或者静室，在里面进行修身实践。每次在开始运用这一方法之前，还要注意沐浴洗盥，保持清洁。

五德能量的摄入方法，应当从立春之日开始实践，在二十四个节气里都可以按此方法依次顺行。

"以立春日鸡鸣时，面月建寅方，平旦坐，调气瞑目，叩齿三十六通，叩齿欲深而微缓，漱咽津液，釜目，左右各三，握固，临目，都忘万虑，放乎太空，无起无绝。良久觉身中通暖，当摇动肢体，运吐浊气。即又调息，当抱守气海，朝太渊北极丹田真宫，稍用力，深满其太渊，则觉百关气归朝其内也。如此数过，复冥心太空，若东方洞然，无有隔碍，徐鼻引气使极，存见五臟，觉东方青帝真气从肝中周回，内外一体，念身中三万六千神，与青帝真气合。又调息咽液。良久，起立，再拜，事竟。"

立春时节，鸡叫的时候就要起床，朝向寅方，调气瞑目，叩齿三十六通。叩齿时，自己的意识一定要同步，把每一次振动的音都传达到自己的脾胃和大脑，去捕捉细微的叩动之音。不能只为了完成次数而叩齿。只有在心意上下功夫，才能取得较快的进步。

叩齿的注意事项，即"欲深而微缓"，然后将口水鼓漱，再将眼睛周匝转动，先顺时针转三圈，再逆时针转三圈。握固，就是双手大拇指点住子纹握拳。瞑目，即垂帘之意思。"都忘万虑，放乎太空，无起无绝"，此时，两脚和身中慢慢地暖和了，就要摇动肢体，任其吐纳浊气；随即调息，抱元守一，内观气朝太渊北极丹田真宫，呼吸要稍微增加一些力度。

立 春

"深满其太渊，则觉百关气归朝其内也"，这是气机内敛的描述。"如此数过，复冥太空，若东方洞然，无有隔碍"，当感觉到整个身心了了，化为无，与东方天木德之气能量场完全融汇沟通，鼻子徐徐引气达到极致的时候，"存见五臟"，要用自己的想象力去观察东方青帝真气从肝中循环，内外一体的状态。而且，要调集身内的所有体元和隐形的生命，都来接受青帝木德的能量，与之合为一体。之后，调息咽液，再起立，感恩。

"如此，日日勿阙，至惊蛰面卯也，尽卯节。至清明日面辰，存黄气，从脾中周回，内外洞彻也。至立夏日面巳，存赤气，从心中周回内外也。芒种日面午也。小暑面未，存黄气，从脾中周回内外也。至立秋日面申，存白气，从肺中出，周回内外也。至白露日面酉、至寒露面戌，存黄气，从脾中出周回内外也。至立冬日面亥，存黑气，从肾中出，周回内外也。至大雪面子，至小寒日面丑，存黄气，从脾中出，周回内外也。此一周年，五气备全矣。"

每天都应当坚持实践这一方法而不懈怠，存想的气和颜色，都按照五德五行能量之色来变化。至古雨水（今惊蛰）时面向卯方；古谷雨（今清明）时则面辰，存想黄气从脾中周回一圈，内外洞彻。至立夏日面巳，存想赤气从心中周回，洞彻内外；芒种时，朝向午方；小暑时，面向未方；大雪时，面朝子方；小寒时，面朝丑方，这样把握二十四个节气，主动与天相应，与各方的五德能量相应，一年下来刚好转了一圈。周而复始，年复一年，至诚认真地去做，就能够使五方灵气进入到自己的生命之中，帮助我们完成生命的进化、提升以及再造。

千学万学，学做真人。真人存用五气法，用现代语境解析，就是学习天人合一做真人，顺四时之度的自然规律性，应用五德能量主动摄入方法，进行提升道德品质的训练。

（一）立春养生要点

1. 沐浴涤尘

立春时抢占最佳时空点，使用五种草药煎水沐浴，可以使草药中的五气借助立春天地阳气发动、互动的强大力量，对我们的身识进行推动、温

熙、清理，促进"缘督"修身，达到清静身心、健康身心的效果。

古代典籍《云笈七签·卷四十一杂法部》中记载："《黄气阳精三道顺行经》云：上学之士，服日月皇华金精飞根黄气之道，当以立春之日清朝，煮白芷、桃皮、青木香三种，东向沐浴。

《沐浴身心经》云：沐浴内净者，虚心无垢；外净者，身垢尽除。存念真一，离诸色染，证入无为，进品圣阶，诸天纪善，调汤之人功德无量。天真皇人复白。天尊未审五种香汤，获七福因，何者为是？何所修行？有何胜业？愿更开晓。天尊答曰：五香者，一者白芷，能去三尸[1]；二者桃皮，能辟邪气；三者柏叶，能降真仙；四者零陵，能集灵圣；五者青木香，能消秽召真。此之五香，有斯五德。"

上面的两种记载中，《沐浴身心经》的阐释更加详细，提到了五种香料。"沐浴内净者"，就是要求保持心内的清净和身国内的清净。采用这几种香料，"一者白芷，能去三尸"，白芷的能量能够直接渗透至三尸所居之处，将其清理出体；"二者桃皮，能辟邪气"，桃树的皮具有祛邪气的功效，桃符也具有驱邪辟邪的功用；"三者柏叶，能降真仙"，柏树叶的香炁能量有助于通达质象境内；"四者零陵，能集灵圣"，零陵香具有促进在质象内召集体元的功效；"五者青木香，能消秽召真。此之五香，有斯五德"，青木香的质象性功能，主要是清除各种污秽的能量，促进质象的清洁与清静，有益于物相与质象间的交流互动。这五种香料在历史上曾经被修身求真界和中医中药界广泛采用。掌握这些历史记载，进行适当运用，有助于我们更为全面正确地修身和养生。

2. 根治寒湿之病

《黄帝内经·灵枢·岁露论》曰："其以昼至者，万民懈惰而皆中于虚风，故万民多病。虚邪入客于骨而不发于外，至其立春，阳气大发，腠理开，因立春之日，风从西方来，万民又皆中于虚风，此两邪相搏，经气结代者

---

[1] 三尸九虫，是人体内存在的阴性体元，它们对修身和人的健康都有影响力和作用力，需要转化和清除。

矣。"这一段前面已经引述，在此仍有必要引用而不再解析。

对于医生或者养生爱好者，如果能够把握好立春这一天，则会有非常好的疗效。凡是存在湿邪侵入到体内关节骨骼和肌肉情况的，例如关节炎、肌肉痛、腰肌劳损、肩周炎等病症，经历了秋天和冬天以后，治疗的难度会比较大。特别是立秋或立冬以后受寒的，即使经过治疗，骨节寒痛表面看起来好像是治好了，其实湿邪仍难以完全透发于外，里面仍然会残留晦气。所以，应当把握好立春这一天，运用相应的方法，祛除体内的寒气，例如温泉泡浴、药袋浸浴、桑拿药蒸等。

3. 防风邪致病

朱自清的散文中形容春风说："吹面不寒杨柳风。"春风怡人，但是也多变，在多风的春天，需要注意防止风邪致病。人体的正气不足、抵抗力下降时，风、寒、暑、湿、燥、火会乘虚而入，导致人体发生疾病，这种情况下的六气是不正之气，所以又称为"六邪"。

传导、辐射、对流是各种能量相互作用的主要方式，而风是其中最强大的媒介。《黄帝内经·素问·生气通天论》曰："故风者，百病之始也，清静则肉腠闭拒，虽有大风苛毒，弗之能害，此因时之序也。"风邪是多种疾病的诱发因素，而其他五邪（寒、暑、湿、燥、火）往往是依附于风邪来袭击人体的。

尤其是在立春节气，风邪能通过侵犯体表，使毛孔打开而进入人体，特别容易攻击人体阳气聚集的部位，如背部、头部、上肢等。如果风邪窜到人体表面，会引起荨麻疹、皮疹、皮肤瘙痒等问题；如果窜到头部，就会使人头痛，整天发困；如果窜到关节上，会引发关节疼痛；如果窜到肌肉里，就会导致肌肉酸痛，等等。所以，很多人在春季里容易感觉到腿重、乏力。

防风邪致病，平日要注意防风避风，适时增减衣物，夜间一定要关好门窗；通过修身和养生的实践，主动提升体表的卫气，是最佳的防治方法。再者，要适当增加蛋白质和维生素的摄入量，以增强人体抵抗力。沐浴或者泡脚后，要及时穿好衣服，避免被风邪袭击。

4. 夜卧早起

立春以后，就可以比在冬季时睡得晚一点。如果在冬季时晚上九、十

点就睡，那么到春季可以到十点、十点半再睡，睡觉前最好坚持调息静养一段时间，最晚也要在晚上十一点之前上床睡觉。早晨可以比冬季时起得早一些，六点钟起床，到户外去散散步，并做一些体能锻炼。

有一部分人一到春天，经常会睡到半夜就醒来，好半天睡不着，到了早上反倒困得起不来床。造成这种情况的原因很简单，就是肝脏气血不足。到了春天，人的阳气与气血都是从里往外调动，阳气白天行于外，晚上归于内，如果肝血充盈，到了晚上阳气容易蛰伏起来，人的睡眠就会比较好；如果肝脏的气血不足，气的推动力弱而造成血不归经，那么阳气就找不到藏身之处，到了晚上人就会睡不着觉，或是睡着了也容易醒。而到了清晨五点左右肺经当令的时候，血液推陈出新，人就又能再小睡一会儿了。肝喜润不喜燥，水生木，肾水智德能量的强弱，肾水能否滋养肝木，决定着人在春天里是否焦燥不安和失眠，所以，解决春天不易入睡或是睡着易醒的问题，关键是要滋补肝肾。

5. 经常运动

一年之中，人体内的气血在五运六炁（气）的强大作用力下，经历了冬季的收敛藏伏，而进入生发的春季。伴随着一阳来复，二阳降临，以及三阳开泰的天地自然运气，人体内的活力重新萌发，春季也就是进行运动养生的最佳时机。一天之中，清晨又是阳气始生之时，最适合运动。太极修身、经络韵拍操、太极拳、体操、慢跑、散步、郊游、登山及骑脚踏车等，都可以给我们的身心带来活力。从立春至春分，人体的经气分别运行于肝胆脾胃，如果以上臓腑素有旧疾，则可能在春季复发，所以立春期间的保健运动格外重要。春季运动调养到位，气血充沛而且活跃，全年就会很少罹患呼吸系统疾病，对传染病的抵抗力也会增强。

6. 春捂秋冻

"春捂秋冻"是妇孺皆知的养生保健常识。初春时节，乍暖还寒，寒邪容易乘风袭人成疾，因而不要过早地减少衣物，要以保暖防止风寒侵袭为预防。通常来说，当气温低于15℃时，都要注意"春捂"，等温度超过这一临界值后，再考虑穿薄一些的衣服。

《摄生消息》中说："天气寒暄不一，不可顿去锦衣。老人气弱，骨疏

立 春

体怯,风冷易伤腠里,时备夹衣,遇暖易之,一重渐减一重,不可暴去。"初春时候,天气寒暖不一致,不适合立刻减衣服;特别是一些老人,气虚血弱,骨头疏松,身体怯弱而很容易受风寒。"不可令背寒,寒即伤肺,令鼻塞咳嗽。身觉热甚。少去上衣,稍冷莫强忍,即便加服。肺腧五臟之表,胃腧经络之长,二处不可失寒热之节,谚云'避风如避箭,避色如避乱。加减逐时衣,少餐申后饭'是也。"人的背部很容易受寒,用背心、夹衣、小棉袄将后背保护好,否则容易招致寒气伤肺。

现在有的年轻女子为了赶时髦,刚开春就穿上裙子和薄丝袜,觉得自己特别美,实际却为了满足一点虚荣心而在不知不觉当中戕害了自己的健康。所以,我们要引导自己的孩子、父母,千万不要违背节气特点,而去做伤损身体的傻事。

(二)身识养生

《摄生消息》:"春日融和,当眺园林亭阁虚敞之处,用摅滞怀,以畅生气,不可兀坐以生他郁。"春天风和日丽之时,应当主动登高望远,用外环境调适肝木喜疏达的需求,舒畅体内的生气,使其活跃而生机盎然。肝开窍于目,应主动开阔视野,多视空旷之地,并且关注疏肝理气,主动吸收天地间的生气,使木德能量进入到自己体内。穿着应当选择宽松的衣服,不要为了爱美而穿得束腰紧带的,那样将会影响生气的生发和运动。而且不可以久坐,影响体内气机的运行。所谓"生气"就是一种动态的能量,《黄帝四经》中说"动有害",要想动而不生害,就需像老子所说的"正善治",进行正确的有为而治的动,才能与自然界的信度数高度吻合。

1.肝臟导引法(正、二月、三月行之)

《遵生八笺》:"治肝以两手相重,按肩上,徐徐缓捩身,左右各三遍。又可正坐,两手相叉,翻覆向胸三五遍。此能去肝家积聚风邪毒气,不令病作。一春早暮,须念念为之,不可懈惰,使一曝十寒,方有成效。"

2.《灵剑子》导引法(补肝臟三势春用之)

"一势。以两手掩口,取热汗及津液摩面,上下三五十遍。食后为之,令人华润。又以两手摩拭面,使极热,令人光泽不皱。行之三年,色如少

女，兼明目，散诸故疾。从肝藏中出肩背，然引元和，补肝臟入下元。行导引之法，皆闭气为之。先使血脉通流，从徧身中出，百病皆痊。慎勿开口，舒气为之。用力之际，勿以外邪气所入于臟腑中，返招祸害，慎护之。

二势。平身正坐，两手相叉，争力为之。治肝中风，掩项后，使面仰视之。使项与手争力，去热毒、肩疼痛、目视不明。积聚风气，不散元和，心气焚之，令出散。然调冲和之气补肝，下气海，添内珠尔。

三势。以两手相重，按陛拔去左右，极力去腰间风毒之气及胸膈，补肝兼能明目。"

3. 陈希夷二十四气导引坐功图势——立春

图 1-19 立春坐功图势

运：主厥阴初气。

时：配手少阳三焦相火。

坐功：宜每日子、丑时，叠手按髀，转身拗颈，左右耸引，各三五度，叩齿，吐纳，漱咽三次。

即：每天 23 时至凌晨 3 时之间，盘坐。两手相叠按左大腿上。上体连

立 春

头向右转。目视右后上方。呈耸引势，略停几秒钟，再缓缓转向左方，动作如右。左右各十五次。然后上下牙齿相叩，即叩齿三十六次，漱津数次，待津液满口分三次咽下，观想把津液送至下丹田。如此漱津三次，一呼一吸为一息，三十六息而止。

主治：风气积滞，顶痛、耳后痛、肩臑痛、背痛、肘臂痛，诸痛悉治。

（三）口识养生

1. 立春宜食

我国幅员辽阔，由于地域气候差异很大，使得各地出产的应时新鲜果蔬也有很大差异。例如，在内蒙古，传统上在冬季和早春时节，只有土豆、大白菜、萝卜等冬储菜，水果也是冬储的苹果和梨子等。人们把大蒜种在花盆里，或者放在盘子里浸上水，生一些蒜苗；或者用黄豆、绿豆生些豆芽，就是最新鲜的绿色蔬菜了。而到了南方，立春时节不仅能种植一些新鲜蔬菜，而且还有一些应季的水果，如在台湾地区，立春就是吃草莓的好时节。

饮食养生讲究食用当季果蔬，南方的果蔬可以通过交通运输而运到北方，在选择时，也可以选择这一类的果蔬，如此才符合养生之道。香菇、木耳之类的干货，则另当别论，只要是在当季进行晒干加工贮存并且是在保质期内的，也可以作为养生食材。

从传统文化养生的角度而言，春季饮食，以保肝护肝为要，应顺应天时吃一些养肝益肾、疏肝理气的草药和食物。春季阳气开始升发，还适宜吃一些具有辛甘发散性质的食物。

具有辛甘发散性质的适宜蔬菜，有油菜、香菜、白菜、菠菜、芥菜、白萝卜、大头菜、蕨菜、竹笋、黄花菜、韭菜、洋葱等。

适宜的调味食物，有胡椒、豆豉、香菜、生姜、葱、大蒜等。

适宜吃的甘味食物，如大枣、百合、荸荠、梨、桂圆、银耳、花生等。

图 1-20 白萝卜

适宜食用的药材，有枸杞、郁金、丹参、元胡、砂仁、桂皮等。

自古以来我国各地就有吃"春盘"的习俗，所谓春盘就是将春饼与春菜同放在一个盘子里，赠送亲友或者自家食用。春盘里最佳的蔬菜是豆芽，取其生发之性；最不适宜的食材是肉类，因为春天的重

图 1-21　枸杞

要任务是消化一冬积攒下的能量，不能再使劲儿吃肉加重肝与胆的工作负担了。宋代诗人朱淑贞用诗句形象地描述了春盘的吃法："生菜乍挑宜卷饼，罗幡旋剪称联钗。"

立春节，民间还习惯吃萝卜、姜、葱、面饼，称为"咬春"，有的地方也叫做"啃春"。老北京有一句俗语"大红门的萝卜叫京城"，说的是过去在立春时节，小贩常常挑着萝卜串胡同叫卖，待人们挑好萝卜后，一些小贩还会用小刀把萝卜雕成一朵盛开的牡丹花，用来装饰春盘。这时的传统美食还有炸春卷，古时候常用香椿芽做馅料，现代人多以豆芽、韭黄替代，外焦里鲜。

《千金方》中记载，春季七十二日，少吃酸的食物，多吃甜的食品，可以调养脾脏之气。《荆楚岁时记》说，正月初一这天喝桃仁汤，可压服各种邪气。

立春时要注意少吃生冷粘杂、过于辛辣以及油炸烧烤的食物，以防伤及脾胃。酸味入肝，具收敛之性，不利于阳气的生发和肝气的疏泄，所以不适宜食用。具有酸收性质的食物，有柑、橙子、橘、柚、杏、山楂、橄榄、柠檬、石榴、乌梅等。

2. 养生食谱

唐代孙思邈《千金月令》："正月宜食粥……一曰地黄粥，以补肾。二曰防风粥，用以祛四肢之风。取防风一份，煎汤去汁煮粥。三曰紫苏

立 春

粥……"制作春季药膳粥品,可以帮助我们养护身心。

图 1-22 正月食粥

枸杞党参粳米粥:

食材:枸杞子 15 克,党参 15 克,粳米 120 克。

做法:将党参洗净切末,枸杞子洗净,与淘洗干净的粳米一同放入砂锅,加水适量,共煮成粥即可。

功效:补肝健脾益肾。

地黄粥:

食材:鲜地黄 150 克,粳米 60 克,冰糖适量。

做法:将鲜地黄泡软切碎,捣汁备用;粳米洗净,冰糖适量,同入锅中加适量水,煮成粥后,将鲜地黄汁倒入粥内,文火煮 20 分钟即好。

功效:滋阴补肾。

防风粥:

食材:防风 50 克,粳米 70 克。

做法:将防风用水洗干净,浸泡软以后,与粳米同煮成粥。

功效:祛除四肢、骨头、肌肉、关节、肌腱内的寒风。

紫苏粥:

食材：紫苏 160 克。

做法：将紫苏在锅里焙炒到微黄，略有香气时，煎汁煮粥。

功效：降血脂，抗衰老。

三、立春治事养生宜忌

（一）治事养生之宜

《养生论》载："春季三月，每天早晨梳头一二百下。到晚上睡觉时，用热水加盐少许，洗脚至膝，洗后就寝，可以泄风毒脚气。"

《云笈七签》载，春季的正月、二月，宜晚睡早起，三月份宜早睡早起。

图 1-23 梅韵桃花

正月初一名为"鸡日"，初二为"犬日"，初三为"猪日"，初四为"羊日"，初五为"牛日"，初六为"马日"，初七为"人日"，初八为"谷日"。这些日子中，如果某一天天气晴朗，说明在这一年中，这一日所对应的人畜就会平安康泰，否则就会疾病衰弱。

《灵宝》说，正月天道由北向南，出行向南为宜。正月初一应设"续命斋"，不宜杀生。初七称为"三会日"，应设"延神斋"，才会吉祥。正月十五日五更时，应用红枣祭奠"五瘟"，全家人都进食一些红枣，也会提升身心的正能量。

《四时纂要》说，正月初四 3 ~ 5 点，适合"拔白"。甲子日拔白，三十日服"井花水"，可以须发不白。

《肘后方》说，正月初一到十五，用女青草（雀瓢）末放入丝袋，挂帐中可以避瘟疫。

正月初一，凌晨 3 ~ 5 点饮屠苏酒，吃马齿苋，可消除一年不正之气。

正月修养法：正月是春季第一个月，天地生气开始复苏，称之为"发

立 春

阳"。天气复苏，万物生发，君子应当固守精气，不要妄自泄漏。在八卦中，正值泰卦，是孕育的时候，坐及睡眠的方向都应该向东方。《孙真人摄生论》[1]说，正月肾气受病，肺气会显得微弱，适宜少吃咸、酸，增食辛辣，这样可以助肾补肺，安养胃气。既不要去冒风寒，也不要太过温暖。应当早睡早起，以舒缓自己的形体和精神。

《内丹秘要》说，阳气从地下发起，喻示人身之三阳开始上升，应当利用北方的正气以炼自身之气。

《活人心书》说，肝臟疾病宜于用"嘘"字法治疗，效果奇特。

《四时幽赏录》中说，上元日造面玺，以官位帖子置其中，熟而食之，以得高下相胜为戏笑。荆土人日采七种菜，作羹汤以食之。《月令》："元日进椒柏酒。"椒是玉衡星精，柏是仙药，二物酿酒。是早自幼起进长。

《荆楚岁时记》曰："洛阳人家，正月元日造丝鸡腊燕粉荔枝。十五日造火鹅儿，食玉梁糕。又曰：长安风俗，元日以后，递以酒食相邀，为之传坐。"

（二）治事养生之忌

《四时养生》："正月朔，忌北风，主人民多病；忌大雾，主多瘟灾；忌雨雹，主多疮疥之疾。忌月内发电，主人民多殃。七日，忌风雨，主民灾。忌行秋令，令主多疫。"

《云笈七签》："正月勿食兔肉，令人神魂不安。"

《梅师方》说，正月初一不要吃梨，是避免新人离别之意。

《千金方》说，在正月内，吃虎、豹、狐、狸的肉，会使人伤神，折损寿命。又说，这个月也不能吃生葱，也不要吃冬眠动物。

《本草》说，这个月不要吃老鼠接触的食物，会使人生瘘管。

《心镜》说，正月应少食五辛，以避猛烈之气，五辛是蒜、葱、韭、姜、

---

[1] 唐·孙思邈所撰《孙真人摄养论》，又名《孙真人摄生论》。底本出于《正统道藏》洞神部方法类。

蕹。

《孙真人摄生论》说，正月八日适宜洗澡沐头，但这一天不宜出远门。

《杨公忌》说，正月十三日，不宜看病问候。正月初一是天腊日，十一日是上元日，这两天夫妇不宜同房。

《金匮要略》："正月勿食生葱，令人面生游风。春不可食肝，伤人魂。"

立春时辰不可久卧，伴随阳气的升起，应该站立或坐着迎接这一美好时刻。

立春之日，也不要做口舌之争，不口出污秽言语。和和气气，欢度节日。忌讳吵架、骂人、看病、理发、搬迁等事情。

拴心猿，锁意马，闭六根，束身心，应当贯穿全年的每一天。尤其在立春这天，要高度注意身识、口识、意识的修养自律，立正以祛邪，以仁德的慈爱孝悌规范心身言行，直到古清明。如此才能有效地保护好肝木和脾土，少疾病，远祸殃。

四、立春采药与制药

作为修身与摄生养生实践者，应当主动学习一些中草药的采制和配制使用知识。中草药的采与制，要尊重慧识悊学文化中的质象与物相并重的原理，以质象能量性为主体，把握五行五德能量的增质，兼顾物相的品质，才能掌握好中药学的内核。不能片面地以西解中为用，这是医家大忌。

药物与其他物相的五行五德增质，以在质象境内实现为最佳，其中又分为被动增质、主动增质以及强量增质。这些执术方法，大都是依照承传和修为在内部使用。能量的增质加工，目前还暂时无法用科技方法揭示其原理，只能从效果中进行分析判断。

（一）采药

1. 葳蕤

立春

葳蕤，别名尾参、玉参、萎蕤、铃铛菜。为百合科。立春后采，以根入药。性平、味甘。具有养阴清热、生津止咳等功效。医学上用作滋补药品，主治热病伤阴、虚热燥咳、心臟病、糖尿病、结核病等症，并可作高级滋补食品、佳肴和饮料。

《本草纲目·草一·萎蕤》："按黄公绍《古今韵会》云：'葳蕤，草木叶垂之貌。'此草根长多须，如冠缨下垂之緌而有威仪，故以名之。凡羽盖旌旗之缨緌，皆像葳蕤，是矣。"

《图经衍义本草》："味甘，平，无毒。主中风暴热，不能动摇，跌筋结肉，诸不足，心腹结气，虚热湿毒，腰痛，茎中寒及目痛眦烂泪出。久服去面黑，好颜色，润泽，轻身不老。一名荧，一名地节，一名玉竹，一名马薰。生太山山谷及丘陵。立春后采，阴干。畏卤咸。"

图1-24 葳蕤

《图经》曰："郭璞注云：药草也。亦无女萎之别名，疑别是一物，且《本经》中品，又别有女萎条。苏恭云：即此女萎，今《本经》朱书是女萎能效，黑字是萎蕤之功，观古方书所用则似差别。"

2. 通草

通草，正月采，阴干。《千金翼方》："清湿利水；通乳。主淋症涩痛；小便不利；水肿；黄疸；湿温病；小便短赤；产后乳少；经闭；带下。用于湿温尿赤，淋病涩痛，水肿尿少，乳汁不下。"

图1-25 通草

3. 霜容草

《蓬莱山西灶丹歌》："俗为天涯，书为白微，性与上同。出刻南道，生甲壬，死戊癸，引蔓三花，应夏至节，立春后采之。歌曰：远树攀崖上，三花叶对峰。拈来埋乙地（依东尾法），还入癸

壬中。"

4. 毛章

《蓬莱山西灶丹歌》："俗为大成，书云林芝。性冷。出河南道。形如萋菊。治风疸。

歌曰：此朴彫成花拥节，毳毛笼里子分枝。可怜此物人间有，惆怅人间识是谁。

右已前八味，生甲壬，死乙癸，应冬至节，立春后才采用。"

5. 赤萝藤

《蓬莱山西灶丹歌》："俗呼赤苹草，书为地心。性冷，味苦。形如桐叶，色紫赤。出新罗国。治逆疮。生戊壬，死丁癸，应小寒节，立春后采之。

歌曰：叶如绯榜遶栏生，亦在山头亦在庭。欲谢但知投九水，水中自识紫芝灵。"

6. 绿重重

《蓬莱山西灶丹歌》："俗为重台草，书为茨影子。性温。出陇右。叶小大重叠。生丙丁，死庚己。治恶疮。应芒种节，立春后采。

歌曰：叶中有果最多功，天上人间一样同。采摘之时须净洁，易中将用应屯蒙。"

7. 吟鹤枝

《蓬莱山西灶丹歌》："俗为石叶，书为问卢。出代州。一枝数叶，生石上。治一切风冷。

歌曰：龙芝凤蘂出奇山，时居月碛傍崖巅。空生柳坻明絮后，和汞一处用盐煎。

右已前性温热。生甲壬，死乙癸。应冬至节，立春后采之。"

（二）制药

1. 升麻散

《黄庭内景五臟六腑补泻图》："肝病，脐左有动气，按之牢若痛，支满淋溲，大小便难，好转筋。肝有病，则昏昏饶睡，眼膜视物不明，飞蝇上下，

立 春

胬肉漫睛，或生晕映，冷泪下，两角赤痒，当服升麻散。"

升麻散（方一）：

升麻八分　黄芩八分　茺蔚子八分　栀子十分　决明子十分　车前子十分　干姜十分　苦瓠五分　龙胆五分

右捣筛为末，食上暖浆水下方寸匕，日再服。

升麻子散（方二）：

肝有病，即目赤，眼中生胬肉晕膜，视物不明，宜服升麻子散。

升麻黄蓍各八分　山栀七分　黄连七分　决明子车前子各一钱　干姜七分　龙胆草茺蔚子各五分

共为末，空心服二三钱，白汤下。

一方加苦瓠五分，去黄连、龙胆草。

2. 黄帝制春季所服奇方

《遵生八笺·四时调摄笺》："黄帝曰：'春三月服何药？'岐伯曰：'男子有患五劳七伤，阴囊消缩，囊下生疮，腰背疼痛，不得俯仰，筋脉痹冷，或时热痒，或时浮肿，难以步行，因风泪出，远视茫然，咳逆上冲，身体痿黄，气胀脐痛，膀胱挛急，小便出血，茎管阴子疼痛，或淋漓赤黄污衣，或梦寐多惊，口干舌强，皆犯七伤，此药主之。'

茯苓【五钱，食不消加一钱】菖蒲【五钱，患耳加一钱】栝蒌【四钱，热渴加五钱】

牛膝【五钱，腰疼加一钱】山茱萸【五钱，身痒加一钱】菟丝子【五钱，阴痿加一钱】

巴戟天【四钱，阴痿加五分】细辛【四钱，视茫加五分】续断【五钱，有疮加一钱】

防风【五钱，风邪加一钱】山药【五钱，阴湿痒加一钱】天雄【三钱，风痒加五分】

蛇床子【四钱，气促加五分】柏子仁【五钱，气力不足加一钱】远志【五钱，惊悸加一钱】

石斛【五钱，身皮痛加一钱】杜仲【五钱，腰痛加一钱】苁蓉【四钱，阴痿加一钱】

右一十八味,各依法制度,捣为细末,炼蜜为丸,如蚕豆大。每服三丸,加至五、七丸,三餐食前服之。服至一月,百病消灭,体气平复,神妙无比。"

3. 神效散

老人春时,多偏正头风。

旋覆花【一两,焙】白僵蚕【微炒去丝,六钱】石膏【五分】

用葱捣,同药末杵为丸,桐子大。每用葱茶汤下二丸即效。

4. 延年散

老人春时宜服,进食顺气。

广陈皮【四两,浸洗去里白衣】甘草【二两,为末】盐【二两半,炒燥】

上三味,先用热汤洗去苦水五六遍,微焙。次将甘草末并盐蘸上,两面焙干,细嚼三二片,以通滞气。

5. 温芜菁葅汁

《伤寒类要》:"神仙教子法:立春后有庚子日,温芜菁汁,合家大小并服,不限多少,可理时疾。"

《孙真人备急千金要方》:"治温,病不相染方:神仙教人立春后有庚子日,温芜菁葅汁,合家大小并服,不限多少。"

·民俗篇·

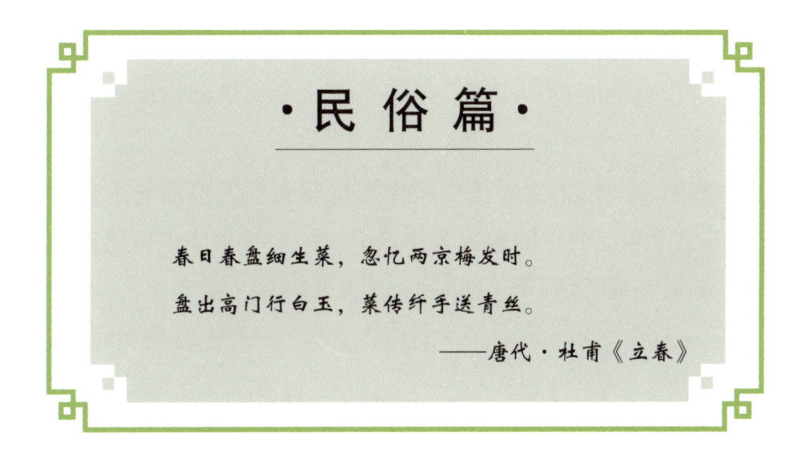

春日春盘细生菜，忽忆两京梅发时。
盘出高门行白玉，菜传纤手送青丝。

——唐代·杜甫《立春》

一、立春的民俗文化

（一）立春文化历史与民俗演变

周代，是我国历史上慧识悊学文化转换为智识哲学文化应用的巅峰时期，周公作为代表人物之一，对慧识悊学文化的继承以智识哲学文化为记载，进行了全面的治事应用转化。

立春节气最初的文字记载形成于周代。立春之日是一年四时之始，这一天的节、气、候，与这一年的气运有着密切的关系。立春是古代重要的祭祀节日，也是劝农备耕的重要时节，后逐渐演变为流传千古的各种民俗形式，如演春、迎春、打春、咬春等。

诞生于慧识悊学文化而应用于智识哲学文化时期的文献记录中，都充满了敬天爱地、治人事天的正确有为（正有）而治的哲理。正有才能顺应无为，响应天地的无为治理，同步于圣信度数的年周期律。古籍记载中大量透发着古人对自然大道宇宙天地运气能量规律的敬畏和顺应。这些记载告诉我们，顺天应人，应阴阳生杀变化之机，以文武刑德的方式，外用于治国政令所涉及的各个领域，内用于个人生命修身养生处事应世的方方面面之中，方能实现家国和身国内的风调雨顺、中气和流。今天，我们在了解和掌握这些信息的时候，应当立足于对于质象能量和物相变化的全面把握。

涉及立春时令节气的主要历史著作，比较有参考价值的，首推《黄帝内经》。另外，道学经典里的相关著作，记载的要领和原理也比较清晰。其他如《史记·天官书》《管子·四时训》《吕氏春秋·孟春纪》《逸周书·月令解》《礼记·月令》和《淮南子·时则训》等，都有比较典型的参考价值。

（二）感恩祭祀

立春日迎春，是古人们一项重要的祭祀活动。《礼记·月令》记载："是月也，以立春。先立春三日，太史谒之天子曰：某日立春，盛德在木。天子乃斋。立春之日，天子亲帅三公、九卿、诸侯、大夫，以迎春于东郊。还反，赏公卿、诸侯、大夫于朝。"立春前三日，天子开始斋戒，到了立春日，亲率三公九卿诸侯大夫去东方八里之郊迎春，祈求丰收；回来之后，赏赐群臣，布德和令以施惠兆民。这种活动，后来成为世代相传的全民迎春仪式。《礼记·月令》在当时起到了行为规范的作用，是西汉时期的郊

图 1-26　[意大利] 郎世宁《仙萼长春图》局部

立 春

祀礼形成的基础。

迎春是立春的重要活动,事先必须做好准备,进行预演,俗称演春。迎春在立春前一日进行,目的是把春天和句芒神接回来。到东郊迎春,是因为迎春活动所祭拜的句芒神就居住在东方天际时空中。汉代蔡邕《独断》卷之上曰:"东方之神,其帝太昊,其神句芒。"祭句芒由来已久,在周代就有设东堂迎春之事。句芒为春神,即木神。其形象是人面鸟身,执规矩,主春事。

早期的迎春礼因为承袭着慧识悊学时期人们对春"天"色象境中体元和物元的敬畏和尊重,因而在迎春礼的祭祀仪轨中保持着致诚礼敬、庄重肃穆的氛围,以推动欲相境的事物与色象境的质元、物元、体元达成更良好的信息互动。在当时,人们的慧识能力虽然已经开始退化,但对色象境的体元、物元、质元这三元还存在着共识,所以,从天子到庶民都要参加。当意识哲学文化形成以后,立春中的精神内核逐渐被扭曲和淡化,形式主义开始生成。东汉时期,正式产生了立春迎春礼俗,并出现了有关立春饮食和服饰的民间习俗。在东汉的文献中,如王充的《论衡》、蔡邕的《月令章句》和高诱的《吕氏春秋》注中,均出现了迎春礼仪的事实记述。这

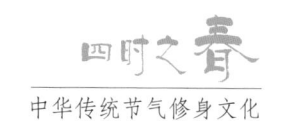

是社会在完全堕入意识哲学文化时期后，非完整性与"有之以为利"而用的继承与篡改。重形式，用外在，行于表而未将五德能量型之于内用。

东汉时期，根据《礼记·月令》的记载和规范，在四立之时以及立秋前十八日（长夏），要在京城洛阳举行迎接新季节到来的仪式，即"迎时气"。当时的迎春礼俗有两种形态，一为在东郊举行的迎春礼；一为在城门外举行的树立土牛、耕人的仪式。《后汉书·祭祀志》明确记述了《礼记·月令》和其他礼书在迎气礼产生过程中所起的作用："迎时气"是"因采元始中故事，兆五郊于洛阳四方"。这种国家官令的推行，用以祈福、驱邪、敬重农耕，是教化施政的方式，也是敬天畏地爱民思想的具体体现。

东汉以降直至唐宋，迎春礼仪基本一脉相承。《魏书·礼志》记载："立春之日，遣有司迎春于东郊，祭用酒、脯、枣、栗、无牲币。"此时迎春礼仪的级别虽不是大祀，但同样是与天进行主动的信息沟通。这期间，隋朝承袭了后齐的迎春礼仪，并且分别在东郊八里、南郊七里、中兆五里、西郊九里和北郊六里设立祭坛迎气，以符合五行数字"八七五九六"及其规则。

迎春祭祀的活动，在唐代达到了鼎盛。唐代重视传统文化的复兴和应用，对礼仪制度也较为重视。从太宗到玄宗约一百年间，先后制定了《贞观礼》《显庆礼》和《开元礼》。迎春礼仪从唐初开始每年举行，《旧唐书·礼仪志》记载："武德、贞观之制，神祇大享之外，每岁立春之日，祀青帝于东郊。"唐代礼制中分大、中、小祀三种级别，迎春礼仪属于大祀的一种，场面浩大。皇帝和官司都要斋戒、散祭、致斋，为文武百官设置座次、设置乐器等。之后的历朝历代，无论是迎春祭祀的活动规模还是重视程度，都未能超越唐代。宋代立春不再读时令，只举行迎气礼，但仍为大祀。唐宋时期，迎春的民间习俗得到了巨大发展；到了明清时期，民间立春意识文化形式日渐繁荣，现代全国各地也多有此民俗遗风。

（三）民俗活动

清末的《点石斋画报》，曾经发表过"龟子报春"、"铜鼓驱疫"等反映当时立春民俗活动的画作。民间的迎春礼俗活动丰富多彩，比较有代表性的有鞭春、吃"春盘"等。

立 春

鞭春：

根据中国古代历史传说，古代东夷族首领少皞氏的儿子句芒在立春到来之际，领着族人一起用泥土捏制成牛的形状，然后挥舞鞭子对之抽打，以惊醒沉浸在冬眠甜睡中老牛，使其下地耕作，由此留下了"鞭打春牛"的民俗活动。到了周代，随着农业经济的普遍开展，迎春鞭牛活动正式列为国家典礼。这一活动一直流传下来。宋代《梦粱录》中记载，"临安府进春牛于禁庭。立春前一日，以镇鼓锣吹伎乐迎春牛，往府衙前迎春馆内。至日侵晨，郡守率僚佐以彩仗鞭春，如方州仪。太史局例于禁中殿陛下，奏律管吹灰，应阳春之象。街市以花装栏，坐乘小春牛，及春幡、春胜，各相献遗于贵家宅舍，示丰稔之兆。"据明代刘侗《帝京景物略》记载，官方在举行"祈年"仪式前，要预先用泥土塑造春牛像和芒神像放置在东郊。官员们都要手执彩杖，三击春牛并作揖，再由礼官引导至芒神前再作揖。"鞭打春牛"，又称"打春"、"抢春"。像山东民间要把土牛打碎，人人争抢春牛土，谓之"抢春"。浙江境内迎春牛时，依次向春牛叩头，拜完，百姓将春牛打碎，将抢得的春牛泥带回家，撒在牛栏内。

将"鞭打春牛"结合体内修身中的"铁牛耕地种金钱，刻石童儿把贯串"来参悟，可以明白，肾水之炁能量的生发也就是把正在休息冬眠的耕牛打醒，让它振作精神，在"一年之计在于春"的时节，好好地耕种体内的"丹田"土地。

迎春礼俗中还吸收了先秦时期"傩"和"出土牛"的习俗。"傩"或称"大傩"。三国时期蜀汉学者谯周所著《论语注》中说："傩，却之也。"大傩的主要目的在于驱逐瘟疫。因此，"鞭春"的寓意，除了祈求风调雨顺、农

图1-27 浙江九华立春节鞭春牛[1]

---

1 图片来源于人民网。

牧丰收之外，还有希望平安兴旺，驱傩辟邪之意。春牛本身也成为吉祥物。

春牛图：

春牛图是中国古时一种用来预知当年天气、降雨量、干支、五行、农作收成等资料的图鉴，上面画有春牛和句芒神。清代富察敦崇《燕京岁时记》记载："立春先一日，顺天府官员，在东直门外一里春场迎春。立春日，礼部呈进春山宝座，顺天府呈进春牛图，礼毕回署，引春牛而击之，曰打春。"《春牛图》最初为皇家所独有，在清朝时期，掌管天文和历法事务的钦天监每年都要印制《春牛芒神图》，最初的目的就是为各级地方官府举行迎春之礼所需的春牛和芒神的塑像提供制作依据。在十八世纪初，著名的泉州历学家洪潮和从钦天监退隐回到泉州，也将《春牛芒神图》的制作方法传入民间。为了方便民众使用，还将载有每日宜忌、天干地支、日神等的"通书"也刊印在"春牛图"的下方，形成了"上图片、下通书"的基本形式，深受普通民众的喜爱。[1]

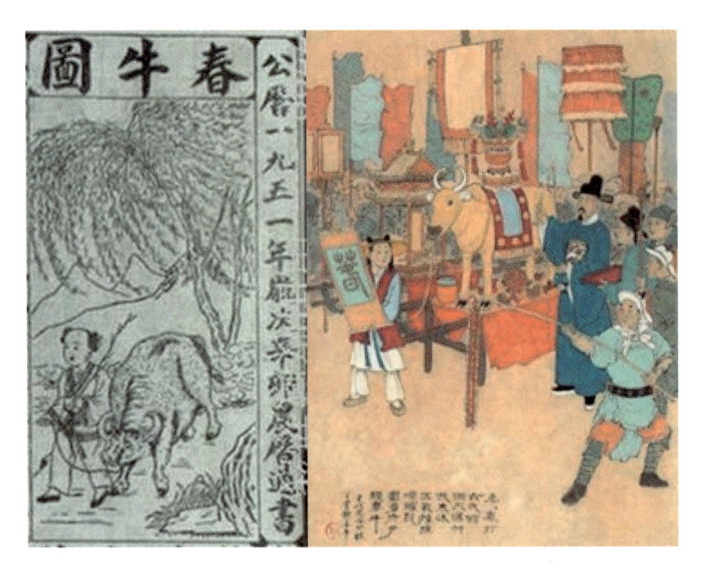

图 1-28 春牛图

---

[1] 详见《泉州晚报·海外版》2010 年 3 月 16 日《〈春牛图〉背后的故事》。

立 春

对《春牛图》的理解和认知，也可以结合"铁牛耕地种金钱，刻石童儿把贯串"进行参悟。在《春牛图》中，句芒神由人面鸟身的春神变成了春天骑牛、头有双髻、手执柳鞭的牧童（亦称芒童），这也意味着传统文化在世间的失落。

吃"春盘"：

立春迎春节，赐花赏酒，官民同乐，是迎春礼俗的又一个重要主题。长期以来，上行下效，相沿成俗，民间逐渐形成了作春盘、饮春酒、簪春花等立春节日习俗。

古代立春时吃"春盘"。明代王三聘《古今事物考》卷一云："立春日，春饼生菜相馈食，号春盘，唐以前有之。"明代冯应京《月令广义》卷五注："晋李鄂于立春日，以芦菔、芹芽为菜盘相馈。齐人春日食生菜簇春盘，取迎新之意。……唐人立春日食春饼、生菜，号'春盘'。今江南俗春日犹然"。春盘也叫"辛盘"。《荆楚岁时记》记载："正月一日，……下五辛盘。"五辛盘即五种辛荤蔬菜，以供人们在春日食用后发五脏之气。《本草纲目》曰："五荤即五辛，谓其辛臭昏神伐性也。练形家以小蒜、大蒜、韭、芸苔、胡荽为五荤，道家以韭、薤、蒜、芸苔、胡荽为五荤，佛家以大蒜、小蒜、兴渠、慈葱、葱为五荤。"又在饼与生菜外兼食萝卜，据传能去春困，称为"咬春"。

总之，立春时节的各种习俗，如鞭春、抢春、咬春、吃春盘、春饼、春卷，以及防病、保健等活动，既有长期积淀形成的民众心理，也是修身文化的自然传承。主要目的是让人尊重春季养生的自然规律，力戒暴怒，忌忧郁，疏导情志，开阔心胸，保持乐观恬愉、积极向上的好心态；充分利用、珍惜春季大自然"发陈"之时，借阳气上升、万物萌生、人体肝脏新陈代谢旺盛之机，通过适当的调摄，使春阳之气得以宣达，代谢机能得以正常运行，以此引领一年的健康顺遂。

图 1-29　咬春图

二、立春农谚

与天象气候有关的：

立春热过劲，转冷雪纷纷。

立春寒，一春暖；立春暖，一春寒。（桂）

立春寒，阴雨连绵四十天。（桂）

立春晴，一春晴。

打春下大雪，百日还大雨。

立春一声雷，一月不见天。

立春北风雨水多。

立春东风回暖早，立春西风回暖迟。

立春没断霜，插柳正相当。

与人事物候有关的：

一年之计在于春，一日之计在于晨。

春打五九尾，家家吃白米；春打六九头，家家买黄牛。（鲁、豫）

立春一日，百草回芽。

春雪水化一丈，打的麦子无处放。

立春天气晴，必定好收成。

立春暖，是丰年。

立春不逢九，五谷般般有。

附录：

立春古籍参考

（一）立春治事

《礼记·月令》："孟春之月，日在营室，昏参中，旦尾中。其日甲乙。其帝大皞，其神句芒。其虫鳞。其音角，律中太蔟。其数八。其味酸，其

立 春

臭膻。其祀户，祭先脾。

东风解冻，蛰虫始振，鱼上冰，獭祭鱼，鸿雁来。

天子居青阳左个。乘鸾路，驾仓龙，载青旗，衣青衣，服青玉，食麦与羊，其器疏以达。

是月也，以立春。先立春三日，太史谒之天子曰：某日立春，盛德在木。天子乃斋。立春之日，天子亲帅三公、九卿、诸侯、大夫以迎春于东郊。还反，赏公卿、诸侯、大夫于朝。命相布德和令，行庆施惠，下及兆民。庆赐遂行，毋有不当。乃命太史守典奉法，司天日月星辰之行，宿离不贷，毋失经纪，以初为常。

是月也，天子乃以元日祈谷于上帝。乃择元辰，天子亲载耒耜，措之参保介之御间，帅三公、九卿、诸侯、大夫，躬耕帝藉。天子三推，三公五推，卿诸侯九推。反，执爵于大寝，三公、九卿、诸侯、大夫皆御，命曰：劳酒。

是月也，天气下降，地气上腾，天地和同，草木萌动。王命布农事，命田舍东郊，皆修封疆，审端经术。善相丘陵阪险原隰土地所宜，五谷所殖，以教道民，必躬亲之。田事既饬，先定准直，农乃不惑。

是月也，命乐正入学习舞。乃修祭典。命祀山林川泽，牺牲毋用牝。禁止伐木。毋覆巢，毋杀孩虫、胎、夭、飞鸟。毋麑，毋卵。毋聚大众，毋置城郭。掩骼埋胔。

是月也，不可以称兵，称兵必天殃。兵戎不起，不可从我始。毋变天之道，毋绝地之理，毋乱人之纪。

孟春行夏令，则雨水不时，草木蚤落，国时有恐。行秋令则其民大疫，猋风暴雨总至，藜莠蓬蒿并兴。行冬令则水潦为败，雪霜大挚，首种不入。"

《后汉书·祭祀中》："立春之日，迎春于东郊，祭青帝句芒。车旗服饰皆青。歌青阳，八佾舞云翘之舞。及因赐文官太傅、司徒以下缣各有差。"

《后汉书·祭祀下》："立春之日，皆青幡帻，迎春于东郭外。令一童男冒青巾，衣青衣，先在东郭外野中。迎春至者，自野中出，则迎者拜之而还，弗祭。三时不迎。"

《论衡·乱龙》："立春东耕，为土象人，男女各二人，秉耒把锄；或立

土牛。未必能耕也。顺气应时,示率下也。今设土龙,虽知不能致雨,亦当夏时,以类应变,与立土人、土牛¹同。一义也。"

《论衡·难岁》:"立春,艮王、震相、巽胎、离没、坤死、兑囚、乾废、坎休。王之冲死,相之冲囚,王、相冲位,有死、囚之气。乾坤六子,天下正道,伏羲、文王象以治世。文为经所载,道为圣所信,明审于太岁矣。人或以立春东北徙,抵艮之下,不被凶害。太岁立于子,彼东北徙,坤卦近于午,犹艮以坤,徙触子位,何故独凶?正月建于寅,破于申,从寅、申徙,相之如者,无有凶害。太岁不指午,而空曰岁破;午实无凶祸,而虚禁南北,岂不妄哉?"

《蔡中郎集卷七·答丞相可斋议》:"月日,诏召尚书问,立春当斋,迎气东郊,尚书左丞冯方殴杀指挥使于尚书西祠,可斋不,得无不宜,具对。"

《摄生消息论》:"春三月,此谓发陈,天地俱生,万物以荣。夜卧早起,广步于庭,披发缓行,以使志生。生而勿杀,与而勿夺,赏而勿罚,此春气之应,养生之道也。逆之则伤肝。肝木味酸,木能胜土,土属脾主甘,当春之时,食味宜减酸益甘,以养脾气。春阳初生,万物发萌,正二月间,乍寒乍热,高年之人,多有宿疾,春气所攻,则精神昏倦,宿病发动。又兼去冬以来,拥炉薰衣,啖炙炊爆,成积至春,因而发泄,致体热头昏,壅隔涎嗽,四肢倦怠,腰脚无力,皆冬所蓄之疾。常当体候,若稍觉发动,不可便行疏利之药,恐伤臟腑,别生余疾。惟用消风和气,凉膈化痰之剂,或选食治方中性稍凉利,饮食调停以治,自然通畅。若无疾状,不可吃药。春日融和,当眺园林亭阁虚敞之处,用摅滞怀,以畅生气,不可兀坐以生他郁。饮酒不可过多,人家自造米面团饼,多伤脾胃,最难消化,老人切不可以饥腹多食,以快一时之口,致生不测。天气寒暄不一,不可顿去锦衣。老人气弱,骨疏体怯,风冷易伤腠理,时备夹衣,遇暖易之。一重渐减一重,不可暴去。

刘处士云:春来之病,多自冬至后夜半一阳生。阳气吐,阴气纳,心

---

1 土牛,指确立智德和信德。

立 春

膈宿热，与阳气相冲，两虎相逢，狭道必斗矣。至于春夏之交，遂使伤寒虚热时行之患，良由冬月焙火食炙，心膈宿痰流入四肢之故也。当服祛痰之药以导之，使不为疾。不可令背寒，寒即伤肺，令鼻塞咳嗽。身觉热甚，少去上衣，稍冷莫强忍，即便加服。肺俞五脏之表，胃俞经络之长，二处不可失寒热之节。谚云：'避风如避箭，避色如避乱。加减逐时衣，少餐申后饭'是也。

春三月，六气十八候皆正发生之令，毋覆巢杀母破卵，毋伐林木。"

（二）古代丹经中的立春

《至真子龙虎大丹诗》："上玄下玄天机密，大道须明三五一。冬后阳生乾卦中，立春仲遇坤爻毕（到仲春这个时候，坤爻就变化完毕）。龙分金水杀庚辛，夏至火林从甲乙。"

"诀得还丹妙更微，自然放荡心舒逸。鍊丹仔细辨阴阳，一箇壶中二物昌。识药之时明鼎器，下功至日选炉方。"

"三才得胜乾坤主，四象归从天地王。服却龙精和虎汞，自然有位霸仙乡。乌兔奔腾下玉虚，河车搬运向琼壶。"

"鍊丹须按三才鼎，养药令安四象炉。铅汞烹为流液质，虎龙锻作降真酥。轩皇昔日青云路，留得踪由许丈夫。"

启 蛰
Qi zhe

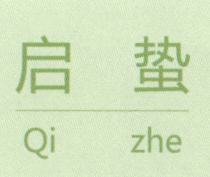

蔼蔼复悠悠，春归十二楼。最明云里阙，先满日边州。
色媚青门外，光摇紫陌头。上林荣旧树，太液镜新流。
暖带祥烟起，清添瑞景浮。阳和如启蛰，从此事芳游。

——唐代·薛能《春色满皇州》

由于历史的原因，启蛰与雨水的位置发生了变动。古启蛰（现雨水），在每年的2月18日到20日之间，太阳位于黄经330度时开始进入。启蛰前，天气相对来说比较寒冷；启蛰后，人们则能明显感受到春回大地、春满人间的气氛。

·文化篇·

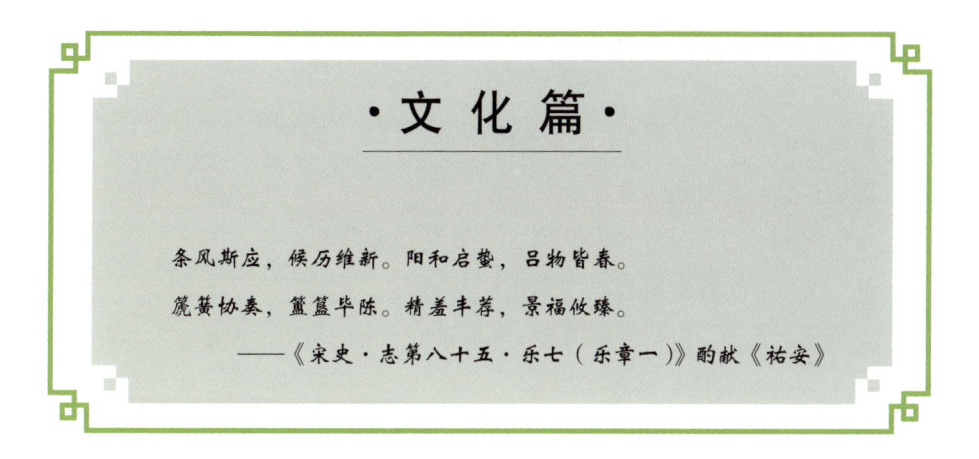

条风斯应,候历维新。阳和启蛰,品物皆春。
麓簧协奏,簠簋毕陈。精羞丰荐,景福攸臻。

——《宋史·志第八十五·乐七(乐章一)》酌献《祐安》

一、启蛰简述

(一)启蛰的时与度

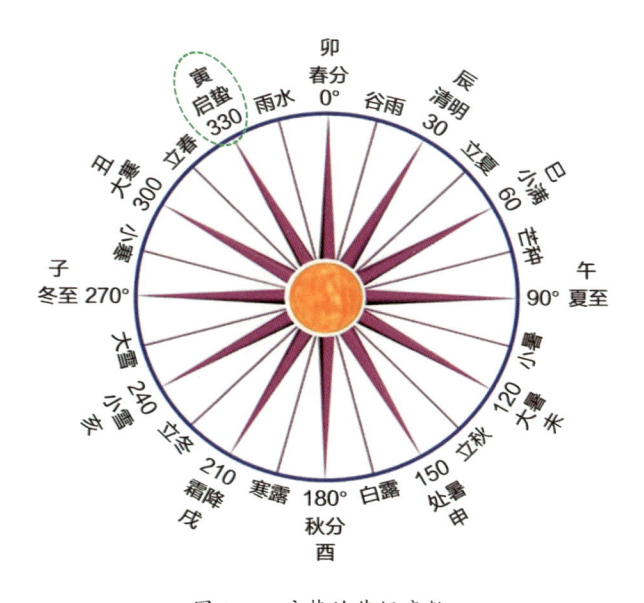

图 2-1 启蛰的黄经度数

启蛰度数信：以正月中为周期律中的空间之度和时间之数，以木德能量之气依时而至为信

阳历时间：每年2月18日~20日

黄道位置：太阳到达黄经330度

节气序列：二十四节气中的第2个节气，实为第5个

前后节气：立春，启蛰，古雨水

立春木炁渐开，启蛰（今雨水）木炁渐旺，古雨水（今惊蛰）木炁旺极，这是一个渐进的规律，体现了时数的刻度性。明代陈三谟在《岁序总考全集》中记载："自上而下曰雨，北风冻而为雪，东风解而为冰，立春之初，三阳初交，而阳气未透，至此时中气，已至阴阳之气方和。"这个时候，冰雪不再凝冻，启蛰而龙腾，龙行雨施，雨泽而水，是谓雨水，启蛰乃正月之中气也。

特别值得一提的是，2015年的启蛰刚好是正月初一，中华民族之龙恰逢正月初一而启蛰，因此这一天在修身治事上都具有非常重要的意义。

（二）启蛰天气气候

启蛰节气，北方阴寒未尽，气温变化大，虽然不像寒冬腊月那样冷冽，但由于人体皮肤腠理已变得相对疏松，对风寒之邪的抵抗力会有所减弱，因而容易感邪而致病，所以此时还应注意"春捂"。

图2-2 近代陈之佛《春江水暖》

启　蛰

在地球上，因为区域不同，有的地区春来早，有的地区春来晚。在启蛰节气的十五天里，我们从"七九"的第六天走到"九九"的第二天，"七九河开，八九燕来，九九加一九，耕牛遍地走"，这意味着除了西北、东北、西南高原的大部分地区仍处在寒冬之中外，其他许多地区正在进行或已经完成了由冬转春的过渡。华北地区的平均气温都已经升到0℃以上，甚至白天极端最高气温可达到20多度。在春风的催促下，广大农村开始呈现出一派春耕的繁忙景象。云南南部地区已是春色满园，西南、江南的大多数地方都是一幅早春的景象，日光温暖，早晚湿寒，田野青青，春江水暖。华南地区则是春意盎然，百花盛开。

二、启蛰的寻根探源

从大量的史料中可以看出，原来立春之后这个节气的命名并不是"惊蛰"，而是"启蛰"。启蛰之后才是雨水。从改"启"为"惊"的历史缘由中，我们可以了解到，将"启蛰"的形名更改为"惊蛰"，而且变更了启蛰与雨水的序列位置，这都是汉代所为。

汉武帝的祖父汉文帝（名刘恒，前179年~前157年）时期，为了避刘恒之"恒"字名讳，将老子五千言中"道，可道也，非恒道也；名，可名也，非恒名也"的"恒"字，强行篡改为"常"字。这在五千言的通行本《道德经》里面一直延用至今，从未有人为它正名。无独有偶，汉武帝的父亲名刘启（前156年~前141年），汉武帝为了避开他父亲的名讳，就将二十四节气中"启蛰"之"启"篡改成了"惊"字，从此"启蛰"就变成了"惊蛰"，逐渐丢失了节气名称的原义。

后代学者在研究节气的时候，因为不知原委，也就想当然、牵强附会地美化这个"惊"字与春雷之间的关系，人为性地让节序名称和顺序去符合自然规律，既迷惑了自己，也成功地迷惑了后代。但是，从自然界的气运变化上，从五运六炁（气）的变化层级而言，启蛰绝对不能运用到雨水之后，因为龙行才能雨施。

当代《殷虚卜辞研究—科学技术篇》指出:"龙,又是东方天东宫苍龙的龙宿星宿","启,乃节气之称,即后世之启蛰。""有启龙者,谓时届启蛰,龙宿见于东方也。"这说明启蛰形名的确定,与天文中的星宿运动密切相关。组成龙宿星座的星星,在每年的启蛰时会出现在东方的地平线上。商代甲骨文之中,就有正月龙见的记录:"癸卯卜,囗贞,有启龙,王比,受有又";"贞:有启龙,王勿比。"启龙是启蛰的启龙。在天文学中,龙宿星见于东方天际,在身内则见于腰椎一(L1)上的能量变化。修身实践者以及对自己体内变化比较敏感者,在每一个节与气的转换变化之日、之时,如果能够同步入静而内观其身,就常常能发现和体悟出相应的脊椎体会出现类似于温差一样的变化,甚至会发现轻微的震动或者跳动现象。

《黄帝阴符经》:"天发杀机,移星易宿;地发杀机,龙蛇起陆;人发杀机,天地反覆;天人合德,万变定基。"天、地、人三才都应该合德而守一,而不能擅自产生突变;仁、义、礼、智、信五德的形态、品质、品格以及动态都要与自然法则秩序相吻合,才能够实现万变定基。古代常常把"龙蛇起陆"作为先导和征候,通过对它们在陆地上的正常表现和异常表现详细地加以分析,来把握自然的变化。

在古六历当中,"惊蛰"节气的名称皆为"启蛰"。当代姜涛《"历居阳而治阴"——略论二十四气入历及其在清代以来的变革》一文中,总结了二十四节气中前六气在历代历法中的变动:

表 2-1　二十四节气中前六气的变动

正月		二月		三月		行用或调整起始时间
节气	中气	节气	中气	节气	中气	
立春	惊蛰	雨水	春分	谷雨	清明	西汉太初元年(前104)
立春	雨水	惊蛰	春分	清明	谷雨	东汉元和二年(公元85)
立春	雨水	启蛰	春分	清明	谷雨	隋开皇十七年(597)
立春	启蛰	雨水	春分	清明	谷雨	唐武德二年(619)
立春	雨水	惊蛰	春分	清明	谷雨	唐开元十七年(729)

启 蛰

从表2-1中可以看到，西汉太初元年，改启蛰为惊蛰；东汉元和二年，更改了节气的次序，将雨水移到惊蛰之前，清明移到谷雨前面。隋开皇十七年，将惊蛰恢复为启蛰。唐武德二年，恢复启蛰在前、雨水在后的次序。唐开元十七年，又改雨水在立春后，并且将启蛰改为惊蛰，沿用到现在。

由此可见，将启蛰改为惊蛰，是汉武帝时期避讳的产物；而后世屡次将惊蛰的次序颠倒至雨水的后面，则是丢失慧识文化所赋予的节气本义，将"惊"字与自然现象进行附会的结果。若依据物应性来定位，启蛰就当在雨水之前。因此，对于"启"和"惊"，我们应当正确地把握，惊蛰绝对不能运用到正月，只能是二月启蛰然后听惊雷。

《郁离子·论乐》："是故雷不鸣于启蛰，而鸣于日至[1]，则天道变（天上打雷的时间如果不是发生在启蛰的时令区间内，而是拖到夏至时令区间才发生，或者提前冬至时令区间内发生，都不吉祥，表明天道会有变化）；鸡不鸣于向晨，而鸣于宵中，则人听惑。"公鸡不在清晨的时候叫，而半夜叫，那么社会就会由于信德丧失，出现谣言惑众的现象，各种迷信就会风起。

我们给启蛰正名，不仅要在位置上进行正名，而且在名号上也要进行重新定名。黄帝的学说中对于形名学非常重视，如果名定错了，就没有对应和呼应。而在民间应用中，实际上也应该高度重视按照慧识悊学诞生的历法和定名，把握好形名来进行治事养生以及修身实践，去体悟黄帝所揭示的"形名已定则无所逃迹匿正"[2]的规律。"无所逃迹匿正"，是指形和迹都无法逃遁。其欲相、色象的相和象，都容易被我们所把握。

---

[1] 日至，指夏至或冬至。夏至日照最长，称长至；冬至日照最短，称短至。《左传·庄公二十九年》："凡土功……日至而毕。"杨伯峻注："日至，冬至。"《孟子·告子上》："今夫麰麦，播种而耰之……浡然而生，至於日至之时，皆熟矣。"杨伯峻注："日至，此指夏至。"

[2] 《黄帝四经·道法》："刑名已立，声号已建，则无所逃迹匿正矣。"

（一）"启"的字源与字义

表 2-2　启的字形演变

甲骨文	篆体	楷体
启	启	启

启，开也。《说文解字》："启，教也。从攴，启声。"《论语》："不愤不启。"《玉篇》："书曰启明，本亦作启。"《尔雅·释天》："明星谓之启明。"东晋郭璞对此注道："太白星也，晨见东方为启明，昏见西方为太白。"晨见东方那颗非常明亮的星星就是启明星，而黄昏在西方天边所能看到的那颗星就是太白星。这两个名称，其实说的是同一颗星。启，还有主动、从容之义。

"启蛰候虫犹自闭"[1]，在启蛰的时候，那些尊天敬地、无为而治的应候之虫，顺四时之度令而冬眠的虫类，还没有真正完全苏醒，但是已经开始进入苏醒的开启、启始状态中。

（二）"惊"的字源与字义

表 2-3　惊的字形演变

篆体	楷体
驚	惊

《说文解字》："惊（驚），马骇也。"《玉篇》："惊，骇也。"《周易·震卦》："震惊百里。"《诗经·大雅》："震惊徐方。"惊，还有慌乱、恐惧之义，要

---

[1] 南宋曹彦约《惊蛰后雪作未已阴之湖庄》："甲拆多应满药栏，跨缧心已拂轻鞍。正疑阴因仍飞雪，岂有春中却沍寒。启蛰候虫犹自闭，向阳梅子自能酸。误成严冷非天意，说与人心作好看。"

启 蛰

么是马四蹄掀踏不安,要么是马撒开四蹄狂奔,甚至是马拉着车横冲直撞,都是非常危险的。因此用惊字替代启,并不符合天道自然无为治理法则和秩序的特点。

(三)"蛰"的字源与字义

"蛰"的本义,指动物冬眠潜藏起来,既不进食也不活动的一种休眠生理状态,是候虫类顺四时之度而进入冬眠的一种深度休息状态。

表 2-4 蛰的字形演变

篆体	楷体
蛰	蛰

《说文解字》:"蛰,藏也。"《尔雅·释诂》:"蛰,静也。"《十三经注疏》[1]:"藏伏静处也。"藏和静这两者之间并不矛盾,藏固然就需要保持安静。

《周易·系辞》指出:"尺蠖之屈,以求信也。龙蛇之蛰,以存身也。"孔颖达注疏:"蛟蛇初蛰,是静也。以此存身,是后动也。"这说明蛟龙和百蛇都存在着冬眠的生理现象。质象领域隐有龙之蛰藏,物相领域显有蛇之蛰伏,都是一类的属性。

"蛰",有时候也用于形容人,描述一个人独处一室,就像我们现在形容某些宅男和宅女一样,是一种蛰居状态。只不过现代的宅男宅女是蛰而不静,蛰而难静,只是形式上的独居而处。这种蛰居也有独处、潜藏的意思,是本义的一种延伸。某些地方方言中的宅(ze)男宅(ze)女,发音与这个"蛰"的音也挺相近。

---

1 自汉以来,释经之书,有传、经、解、学等名目,通谓之注。唐太宗诏孔颖达与诸儒,择定五经义疏,敷畅传疏,谓之正义,后通谓之疏。南宋以前,经疏皆各单行,至绍熙开始有合刊本,合称注疏。清代由阮元主持校刻的《十三经注疏》,号称善本。目前通行本为上海古籍出版社、中华书局、浙江古籍出版社的缩印本。

三、启蛰的天文内涵

（一）天文古籍

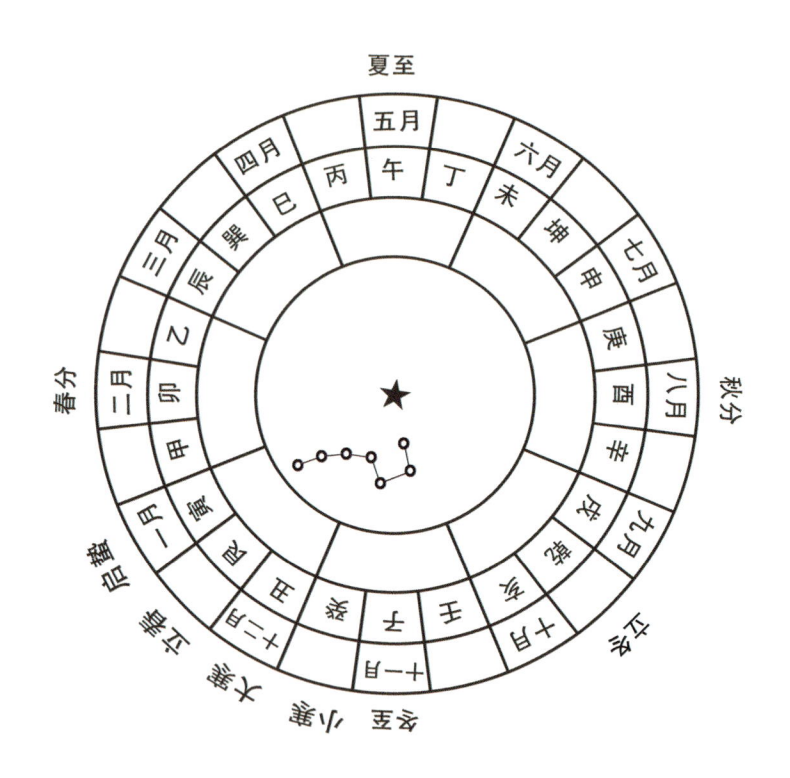

图 2-3　启蛰斗柄方位图

《大戴礼记·夏小正·第四十七》："正月启蛰。雁北乡。雉震呴。鱼陟负冰。农纬厥耒。初岁祭耒始用。囿有见韭。时有俊风。寒日涤冻涂。田鼠出。农率均田。獭献鱼。鹰则为鸠。农及雪泽。初服于公田。采芸。鞠则见。初昏参中。斗柄县在下。柳稊。梅杏杝桃则华。缇缟。鸡桴粥。"

这一段话，记载了启蛰期间常见的自然现象。

（二）启蛰物候

1. 启蛰三候

启 蛰

启蛰三候:一候獭祭鱼,二候候雁北,三候草木萌动。

图 2-4 水獭(獭祭鱼),候雁北,草木萌动

一候獭祭鱼:泰卦,六四。《周易·泰卦》:"翩翩,不富以其邻,不戒以孚。《象》:翩翩不富,皆失实也;不戒以孚,中心愿也。"《象说卦气七十二候图》:"四爻动,变卦大壮。兑为泽,獭为水兽,故兑为獭。本卦互震为祭。兑为鱼。"《月令七十二候集解》:"所谓豺獭知报本。岁始而鱼上游,则獭初取以祭。徐氏曰,獭祭,圆铺圆者,水象也;豺祭,方铺方者,金象也。"

獭,又名为水狗贼或食鱼。祭鱼,即用鱼祭天。启蛰时节,冰开始融化,水獭在水里面很容易将冰打破。每到这个时候。水獭都会把自己从水里面捕到的鱼摆放在树木之上,围着自己摆成一圈,而自己就将两只前爪拱在身前,像祷告祭奠天地、感恩自然一样,在圈里面转上一圈。

二候候雁北:泰卦,六五。《周易·泰卦》:"帝乙归妹,以祉元吉。《象》:以祉元吉,中以行愿也。"《汉书》作"鸿雁北"。《象说卦气七十二候图》:"互震为雁,坤为岁,故曰候。五爻动,坤变为坎,坎为北。"《月令七十二候集解》:"雁,知时之鸟,热归塞北,寒来江南,沙漠乃其居也。孟春阳气既达,候雁自彭蠡而北矣。"

二候时,南方的大雁又开始向原来在北方的驻地飞返。

三候草木萌动:泰卦,上六。《周易·泰卦》:"城复于隍,勿用师。自邑告命,贞吝。《象》:城复于隍,其命乱也。"《象说卦气七十二候图》:"上爻动,坤变为艮,艮为山林,故为草木。艮覆卦为震,震为萌动。"《月令七十二候集解》:"天地之气交而为泰,故草木萌生发动矣。"

我们仔细观察自然,就可以发现此时花草树木开始含苞,或已是半苞了。

2. 启蛰花信

图 2-5　菜花,杏花,李花

《荆楚岁时记》:"启蛰三信:菜花、杏花、李花。"花开准时为三候报信。菜花,也就是油菜花,在我国种植非常广泛,每年从 1 月到 8 月,随着太阳直射点的移动,油菜花的花期从南到北,次第展开,在大地上用绚丽的金黄色描绘出一幅阳光照射中国大地的年度升降图。而传统文化中以油菜花作为花信的时间点,则是按照"用中"的原则,根据中原地区的物候特点来确定的。

> ·修身篇·
>
> 东风启蛰，地脉奋然。苍龙挂角，烨烨天田。民命惟食，创物有先。圜钟既奏，有降斯筵。
>
> ——《明史·志第三十八·乐二》洪武二年享先农乐章。迎神，《永和之曲》

一、启蛰修身顺四时

能量卦象对应：泰卦开始生成期

天时能量对应：正月

地支时能量对应：寅时【3～5时】

月度周期律对应：初五日

天象所座星宿对应：箕宿，尾宿

臟腑能量对应：肝

经络能量循环对应：肺经

天地能量主运：木炁仁德能量峰值期

六气能量主气对应：厥阴风木

八风能量对应：条风

四季五行对应：五行阴阳属性是阳木

五音能量对应：角音波

人体脊椎对应：第1腰椎 [L1]

色象境对应：青绿

轮值体元：青帝

（一）启蛰的能量卦象

启蛰应泰卦

身国龙事中启蛰期的变化特点，需要运用十二消息卦，对体内的五德能量进行全面分析。年度周期律中天地阴阳能量的变化，月度周期律中日月躔度的运动能量，经历了坤、复、临卦而来到了泰卦。对应于这些卦象的能量变化，身内能量的变化应当也能够借天地、日月能量的变换，把握住同步的增长，真实不虚地在腹腔里面形成泰卦的三阳开泰，将身国内蛰龙复苏需要的各种条件准备完整。人们在成年以后能否进行标准的同步变化，关键是要看身内先天元炁能量的储备状态。如果体内逢遇启蛰的天时却仍然处于坤卦能量状态，或者复卦能量状态，那么也就很难实现真实的同步变化；即使顺四之度而摄生与养生，或者修身，也无法完全同步。

图 2-6 启蛰的能量卦象

人体内三阳开泰的准备具有一个硬性的量化指标，那就是腹腔特别是小腹腔是否处于自然发热而不凉，以及不畏凉寒的状态。如果小腹腔冰凉怕冷，甚至凉风一吹就腹泻，就说明三阳开泰在身体里面并没有真实出现。修身者、养生者必须要完成人法地这项巨大工程，才可能具备泰卦能量级的指标，法天才会真实地具有同步响应性。一定要使自己的小腹腔里面出现三阳开泰，温暖如春，而且经久不变，这是一项非常严格且必须实现的命体变化工程。否则，就不能说条件准备好了，也就不足以迎接春天的来临而生发更高阶段、更深层次的生命变化。

《内丹秘要》："阳出于地，喻身中三阳上升，当急驾河车，搬回鼎内。"
身内的阳气充足，是因为实践人法地的成功，先天肾水的元炁储备从

启 蛰

亏缺状态重新修复到泰卦能量储备状态，身体内的元炁能量指标重新回到了十六岁或者十五岁之前的状态。这时身中的泰卦能量才会应天道的变化而在腹腔内自然上升，当这股能量发动的时候，就应当及时地用抽添河车方法配合，将能量收聚于质象的丹鼎埚内。

《岘泉集卷之一·玄问》："自八月观卦以后，至正月泰卦，阳用少二十八策，阴用老二十四策。"

《渔庄邂逅录·草衣子火候诀》："正月泰卦，九三，君子进德，可与几也。"

《指迷诗》曰："沐浴之功不在它，全凭乳母养无差。五行和合阴阳顺，同坐同行共一家。无名子曰：阳气到天地之中，阴阳相半，不寒不热而温，故为泰卦，不进火候，谓之沐浴。阴气降天地之中，阴阳相半，不热不寒而凉，故为否卦，不进阴符，亦云沐浴也。"

《周易参同契》："仰以成泰，刚柔并隆。阴阳交接，小往大来。辐辏于寅，进而趋时。渐历大壮，侠列卯门。"

"仰以成泰，刚柔并隆。阴阳交接，小往大来"：整个泰卦，下面三道阳爻，上面三道阴爻，又称之为"地天泰"。"仰以成泰"，这个"仰"有多重意思，是天阳索于地阴，地承接天阳形成了仰态。天施而地受则为仰，从而能够变化成为泰卦形构的能量之象。"刚柔并隆，阴阳交结"，是在下丹田产生交结。"小往大来"，天阳和地阴的往来，是地炁的少量上升，迎来了天德能量的大量下降，这的确是一种小往大来，能量很快就转成了阳和的春气，温暖降临内身国。当然这还要看每位实践者的天索于地和地应于天中的变化是否已经做得到位了。

"辐辏于寅，进而趋时。渐历大壮，侠列卯门"：辐辏是指车轮的转动，在寅月寅时当中进而趋时，在阴阳交接、变换、替换的时候是最佳的。

古代丹经《悟真篇》中有一首诗《西江月》描写得非常精准："天地才交否泰，朝昏好识屯蒙。辐来辏毂水朝东，妙在抽添运用。"的确，宇宙天道的能量不论是处于秋季的否卦期还是春天的泰卦期，阳气与阴气都是处在各自一半的形构态势中，阴阳和而不静，必然存在着进退。外天地之间的能量动态是如此；如果修身明德实践者已经具备条件而法天，实践天

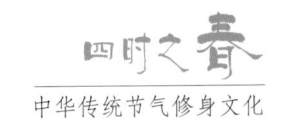

人合一，那么这个时候就要开始把握住动态的趋势，一鼓作气地进行抽和添了。因为阴阳泰半，阳阴否半，两个天时中的能量都处于彼此争夺主导权的活跃状态中了，修身实践者在天地的巨大能量场中，泰卦期时是生机盎然，否卦期时则是收获在望，需要我们将肾水之炁和心火之液同时牢牢把握。"妙在抽添运用"，及时抓住抽肾水之炁与添心火之液的功夫，那也就是顺应了四时之度，变化就会自然产生。

人体从第五腰椎到第一腰椎，这五级可以说是一个梯子的第一步，到第一腰椎这里就要进入一个新的起点了。第二腰椎对应的色象境是苍极，而第一腰椎在天梯上已经到了青缘境，属于东方木，青龙星宿所对应，恰逢其时的龙炁需要在这里复苏、苏醒，开始进入活动的状态，这样看来，启蛰这个定名在这里就是非用不可的。而且，它一动，立刻就进入胸椎十二重天境之中，是一个飞跃和提升性的变化。

这个提升，必须用泰卦的状态，才具有足够的能量释能来推动完成。虽然绝大部分人是没有这个能力主动推上去的，但是天道慈悲，那些能量级别并不具备的人，体内那点气若柔丝、似雾似霭的淡淡的能量，还是极有可能会被天地的契机能量所带动，被动地推上去。

（二）启蛰农事与龙事修身

1. 启蛰农事

在以道德修身文化外用而治事的领域中，进入启蛰节气，全国大部分地区严寒多雪之时已过，气温回暖，有利于越冬作物返青或生长，因而要抓紧越冬作物田间管理，做好选种、春耕、施肥等春耕、春播准备工作，以期实现"春种一粒粟，秋收万颗籽"[1]。就大田来看，启蛰前后，油菜、冬小麦普遍返青生长，对水分的需求相对较多。华北、西北以及黄淮地区，此时降水量一般较少，不能满足农作物的需求。若早春少雨，启蛰前后应及时组织春灌。对那些没有秋翻的土地，特别是谷茬、糜茬等硬茬子地，

---

1 唐代李绅《悯农》。

启 蛰

要趁着有冻未化的时机，抓紧把茬子地拖一遍，或用碾子压一压，把茬子拖倒压碎，使之转化成为农机肥，既能保证播种质量，又能达到抗旱保墒的效果。淮河以南地区，此时一般雨水较多，应做好农田清沟沥水和中耕除草，预防湿害烂根等现象发生。具体而言，以下两种农事活动较为关键：

（1）早稻育秧苗

华南双季稻和早稻育秧苗工作已经开始，为防忽冷忽热、乍寒还暖的天气对秧苗的危害，应注意抓住"冷尾暖头"天气，抢晴播种，力争一播保苗。

（2）管理好三种苗

在南方，启蛰前后一定要管理好番茄苗、茄子苗和辣椒苗，加强防冻保暖，适当控制肥、水，防止秧苗徒长，并且将苗床和营养钵所用的垃圾泥、栏肥、人粪等进行充分腐熟，以避免病虫害，或发热烧苗根。

在春风大、降雨少、土壤墒情差或十年九旱的地区，要做到一次播种保全苗、齐苗和壮苗，主要应采取如下措施：抓住时机进行顶凌整地，选用发芽率高的种子，播前要做好种子处理，适期进行早播，改进播种方法，顶浆打垄种或刨墒坐水种，防止化肥烧种烧苗，深种重压，以利提墒保苗，建立育苗田块。

2. 龙事修身

相对于自然界的大地，我们身体的体质也存在着一个个不同层级的地和地域。在启蛰来临的时候，是否能在能量这个层级来改变自己，在这方面人类具有自身优势，与大地之必须完全顺着自然界而变化相比，更具有灵活性与可塑性。但是，不进行养生、摄生、修身实践的人，则无法与地球相对比，体内的能量只会被天地所反夺，违时而消耗的状态无法避免和逃脱。

修身者、养生者应当对应启蛰以后的气候特点，同步把握好身内气血的变化。气行则血行，伴随着寒转温与乍寒乍暖的波状变化，更要通过阳气胜阴气而强化卫气的调适能力。要重视的是主动在实践中去顺应自然环境天道阴阳能量的消长变化，以及日月运动中能量的动态变化，把握住天索于地的阳气下降过程，那才是真正的"内炁候"。这个时候已经进入天阳三索于地，是借外力促成体内泰卦真实圆满形成的阶段。修身者的"内炁候"，要高度

注意肾炁和心液的同步变化，促成三阳开泰品格与品质的同步形成。

内在的肾水转炁，并且肾炁与心火离析出的心液相结合，这个变化是我们的人法地和地法天工程都要同时把握住的关键所在。否则，仅仅只是实践人法地，那就只是个练气士，而不是一个修身者。将肾水之炁和心火之液同步把握住，就是把握住了人法地和地法天在体内的同步实践。

对应于农事来说，我们经过一个冬天的储备而播种在下丹田之"麦"（肾中之炁的凝聚），到了现在，恰逢三阳开泰的自然环境降临，正是类似于越冬小麦的水中之炁开始更为活跃的时间段。如何把握住肾水之炁在下丹田的活跃，以及心火之液在中丹田之中的活跃，使这一地一天双重能量在身内同时进入一种活跃状态，就显得格外重要。而我们的肾水之炁和心火之液这两种内药能量的积累与质性变化，就是使内在温暖如春，与自然界同步管理和治理好自己身国内境的重要指标。当然，它们出现的前提，是需要我们在冬天坤卦期就开始着手准备。如果没有准备充足而临阵磨枪，在这个时候也就难以抵御生活和工作中的各种繁忙情况，可能又会错过一

图 2-7　天地相合

启 蛰

年，难以收获体内肾水之炁升华的果实。因此，治理好自己的意识之土，从而更进一步治理好内在的下丹田，将内在麦苗种植的管理与治理，以及中丹田内心火之液"秧苗"的治理同时进行全面把握，遵守度、数、信而科学地运用"进阳火、退阴符"以及"抽"与"添"的技术方法，就是需要我们在启蛰修身中同步重点把握的内容。

二、身国内的启蛰修身

启蛰期间，身国内的修身养生，以及在下丹田与中丹田内的耕耘，一方面，是物元系统的蛰龙复苏；另一方面，是肾水之炁和心火之液这两种内药的量性积累与质性变化。启蛰既至，二月二龙抬头就为期不远，体内之龙能不能苏醒过来，能不能及时而至地抬好头，就需要我们全面认真地给予关注，主动提供能量。体内温暖如春，那就是能量的支撑。只要我们体内能量充足，与天地相应，蛰龙就会从冬眠中苏醒，并且还可能进入活动的状态。

进入启蛰期以后，生命的活力在质象层面，在年度周期律中，是一次新的焕发和生成。在这一时间段中整个能量动态完全形成了，龙苏醒后就必然要开始全面地活动，从而激活身体的各项机能，全部进入一个新的阶段和状态之中。

（一）潜龙启蛰顺天时

《周易·乾卦》："初九，潜龙勿用。"蛰龙与潜龙近义，启蛰则为潜龙将动，眠龙苏醒。启蛰期间的修身与治事，皆应当顺应此四时之度，把握其中的火候调节以及意识与行为的运用。

马融曰："物莫大于龙，以喻天之阳气也。初九，建子之月，阳气始动于黄泉，既未萌芽，犹是潜伏，故曰潜龙也。"

古诗《忆江南》，从十三个领域画龙点睛，揭示了修身的要点：

"淮南法，秋石最堪夸。位应乾坤白露节，象移寅卯紫河车。子午结朝霞。

王阳术，得秘是黄芽。万蕊初生将此类，黄钟应律始归家。十月定君夸。
黄帝术，玄妙美金花。玉液初凝红粉见，乾坤覆载暗交加。龙虎变成砂。
长生术，玄要补泥丸。彭祖得之年八百，世人因此转伤残。谁是识阴丹。
阴丹诀，三五合玄图。二八应机堪采运，玉琼回首免荣枯。颜貌胜凡姝。
长生术，初九秘潜龙。慎勿从高宜作客，丹田流注气交通。耆老反婴童。
修身客，莫误入迷津。气术金丹传在世，象天象地象人身。不用问东邻。
还丹诀，九九最幽玄。三性本同一体内，要烧灵药切寻铅。寻得是神仙。
长生药，不用问他人。八卦九宫看掌上，五行四象在人身。明了自通神。
学道客，修养莫迟迟。光景斯须如梦里，还丹粟粒变金姿。死去莫回归。
治生客，审细察微言。百岁梦中看即过，劝君修炼保尊年。不久是神仙。
瑶池上，瑞雾霭群仙。素练金童铿凤板，青衣玉女啸鸾弦。身在大罗天。
沉醉处，缥渺玉京山。唱彻步虚清燕罢，不知今夕是何年。海水又桑田。"

以上内容告诉我们，天地四时之度，人气不从之，则心难静，意难澄，疾患不断，智慧难以圆融通达。人气从之，就是依顺四时之度，用五、建八正、行七法，而进行生活工作、养生治事及修身内求。

无论人类是否承认，人类和其他一切生命体，在天地之间气交之春中的度、数、信，以及人体内的能量，都会被大势所趋，被强迫着不得不从之。如果不从之，耗散的是精气神，毁坏的是骨血肉。

（二）响应身国之龙的苏醒

> 正月启蛰观腰一，气交中和进寅机；
> 启蛰阳和龙复苏，青缘境中待飞厶[1]；
> 臟腑对应经流注，脊柱洞天证全息。

启龙，就是唤醒体内龙炁、脊柱之龙。启蛰时响应身国之龙的苏醒，其实就是要让身国之龙在启蛰之日，响应启蛰在天德地炁的运行规律，及时配合而发动起来。

---

1 厶，读作 miǎo，张口之义。

启 蛰

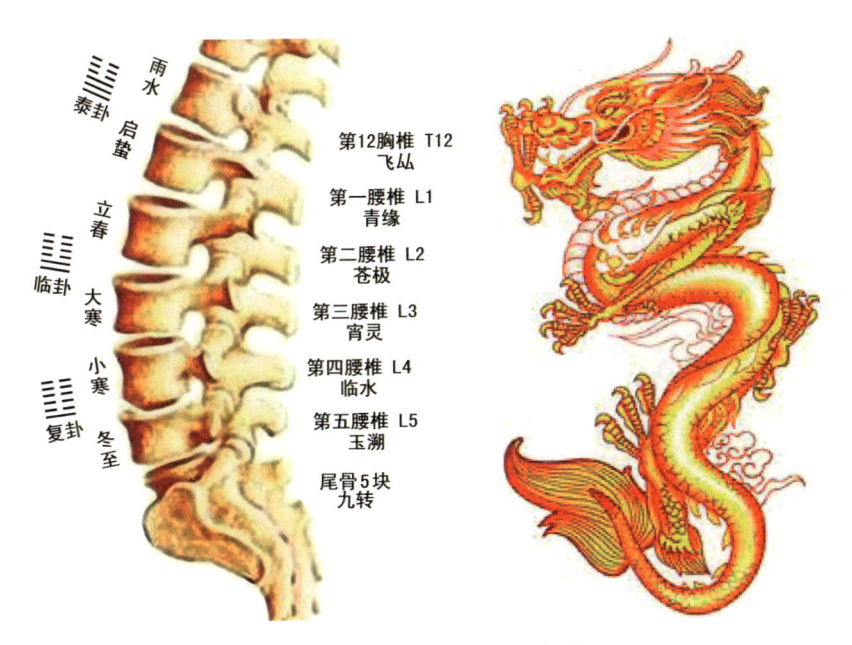

图 2-8　启蛰阳和龙复苏

古籍中说："龙，阳物也。升飞在天，吟而云起，得泽而济万物。在象为青龙，在方为甲乙，在物为木，在时为春，在道为仁，在卦为震，在人身五臟之内为肝。"这里提示我们在春季的修身实践中，应当将青龙作为一个起步的关键来进行实证。

修身明德要把握的，也就是了解龙的蛰藏规律，启动龙的云行雨施。神龙见首不见尾，龙的活动规律和过程，实际上也就反映了"德一"能量是如何综整和运行的，因此，我们在修身中要努力使我们体内脊椎之龙变化得名副其实，使每一节脊柱所对应的色象境都名副其实。

"正月启蛰观腰一，气交中和进寅机"，在正月这一个月当中，在立春启蛰以后，就要开始高度重视地运用想象力与图象思维力内观第一腰椎，要把青缘境的这只木龙、青龙真正唤醒，促使青缘显龙宫，宫内质象苍龙苏醒而恢复活力。

此时，自然界外环境中的天地之气进入到了一种中和状态，年周期律中阳和之炁的能量，即泰卦的能量状态开始出现和形成，天德阳炁能量的下降与地炁能量相呼应而生升，这两者一阳一阴，真正开始互动升降。正

月见寅，是指年度周期律中的寅月。历法的规定是将十二地支中的寅，定位于正月，从而排序全年的十二地支。而在日度周期律中，则将天将亮之前的3点至5点的区间度、数，定名为寅时。在北方的冬时春时，民间有"寅卯未天亮"之说。修身者要把握好年度与日度周期律中阳炁处于泰卦状态的这一天机，是因为此时的修身实践格外重要，需要我们重视并把握住木德之炁能量的获得与运转，脊柱的得一，以及体内的地升天降与中和。

图2-9为《云笈七签》卷二十七《洞天福地》所记载的天下第二洞天"委羽山洞"中的一处石碑，碑文为"委羽山洞 此洞通东海 青缘到龙宫"。这说明古圣先恝早就验证过脊椎上的青缘椎体与东方质象龙之间的关系。只是人体脊柱上的形名，从未有人揭示明指第一腰椎椎体在慧识悊学文化系统的定名就是"青缘"。21世纪，在东方西方文化的碰撞融合中，东方重质象的形名定位与西方重物相的形名定位，到了进入统一认知的时期，应当并重才能完整把握。

"启蛰阳和龙复苏，青缘境中待飞厶（miǎo）。"年度周期律与日度周期律中，不论是二月还是寅时，人体内的

图 2-9 委羽山洞中的一处石碑

阳气若能与天地能量相应而处于泰卦的能量活动状态，此能量就天然具备阳和之炁的特征。在以东方慧识悊学定义形名为青缘的第一腰椎椎体上，青缘常会应时出现温热感或者跳动感，这都是龙炁苏醒的证候。启龙一动，这股质元能量或者物元形态，立刻就会进入胸椎区间的十二重天境之中，也就是以进入第十二胸椎的飞厶境内为第一站台。只有腾飞运动才能跨越一个新的空间，飞厶的形名定义中，飞就象征着跨越飞跃层级的改变。

"臟腑对应经流注，脊柱洞天证全息。"启蛰到雨水之间，在臟腑上完整地对应着我们的肝臟，而在经络流注方面，恰好对应着肺经。将这两者

启 蛰

同时都把握好，对于在修身明德实践擒龙伏虎的阶段，完整地观察和把握"风从虎"和"云从龙"，就奠定了良好的基础。

因此，不识启蛰者，不足以自称为龙的传人。

（三）把握信、智、礼三本

启蛰是天地气交的转折，也是腰椎与胸椎的转折。如果信德脾土、智德肾水、礼德心火三品具备，能量充足；如果我们眼识的生理功能中还具有三维视觉或软焦点，就可以看到，图2-10中的图像是旋转式的，

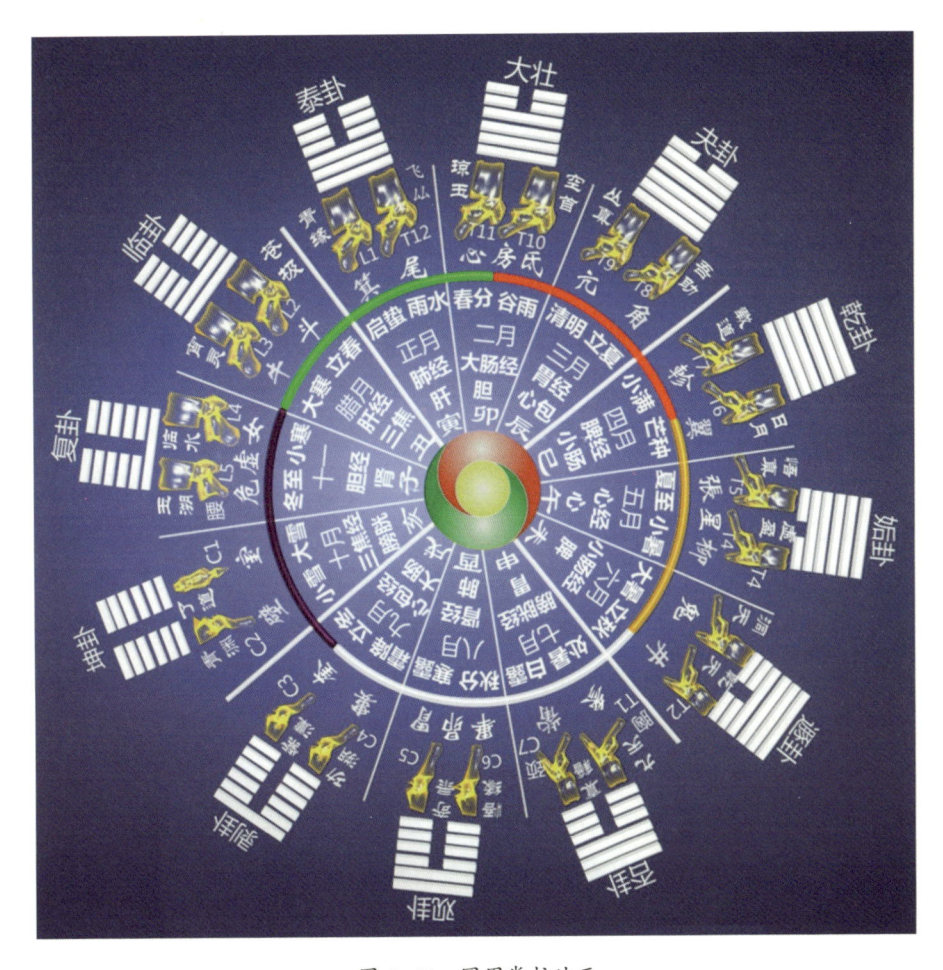

图2-10 圆周脊柱法天

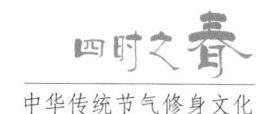

中央的旋极图在逆时针旋动，而外周全部都在顺时针转，形成了一个立体的宏观图像，易于使我们对十二消息卦以及中央的德与阴阳的平衡，进行整体把握和正确解读。

德、慧、智旋极逆旋玄，十二消息卦象顺旋玄，众眇之门在其中。在泰卦期，天地在一吸一呼之间，推动了万物的自然变化。所以，在四月份之前，我们一定要顺天应人、应时、应物，正确地进阳火，退阴符，把握住身国之龙的苏醒、腾飞和活动。

1. 天地人的"三本"

《黄帝内经·素问·六微旨大论》曾经指出："言天者求之本，言地者求之位，言人者求之气交"；"上下之位，气交之中，人之居也"。天之本，地之位，人之气交，我们用现代语言来加以注释，天之本就是万物之本，老子说"道生之，而德畜之"，这个生化与畜养，就是天之本。因此，尊道贵德，顺天应人，治人事天，就是一切的根本所在。求天之本，就要明白天之本在"德一"朴散为五以后，主要是运用信土、智水、礼火这三类元素生成万物的象与相。三元素在质象转物相之中，是信德能量化生星球之土或名为地而扶生承载；礼德质元能量化生太阳与其释放的热量和光明，朗照而产生适宜的温度；智德质元能量化生星球上之水，生命体内之水，而万物生长成就。

对于地球之本的象与相，地球之位里面同样需要将三元素把握住才是本。比如说，信德化生山川大地，接受阳光普照，热能照耀布输礼德光明，五分之三的海洋、江河、湖泊水气智德能量的滋养，而生万物。

对"言地者求之位"，需要明白这其中的度、数、信，掌握地球的三种动态。地球绕着太阳转的动态，是第一种；地球本身自转的动态，是第二种；地球的前后俯仰"S"形的摆动，是第三种。对这三种动态要全部掌握。这三种动态都融汇在礼德、信德和智德三德之中，火、土、水是构成地球本身信仪的重要元素。将天和地之本研究清楚以后，我们再来看人体之本的象与相，就容易理解和认知了。"言地者求之位"，对于个人命运而言，就是立命于地，而求证符合自然法则的天命之位，而不是个人私与欲之位。

启 蛰

三元素在生命内之大本，分别为心中礼德光明，生命后天之本的信德承载，生命先天之本的智德滋养支撑。若三本皆备而富足不亏缺，则仁德木能量和义德金能量就能够充沛而健康智慧，命运通达；如果修身精进，身内的运气符合天地规则秩序，就可能成就"长生久视"[1]结果。生命之大本、后天之本和先天之本，这三本与天地相通，局部服从整体，小从于大。只有符合天之本的自然法则和秩序，才能使生命身体内的"天长地久"[2]能够真实地出现。《黄帝四经》里指出的"明三"，就是需要我们将这三本牢牢地掌握在意识之中，成为后天意识的正善治之本，那么对于"阴阳在乎手"而定二之阴阳顺逆造化和变化，我们就会一览无余，永远能够把握和控制。

2. 启蛰修身的"三本"

黄老修身文化中的修身养生内求实践，原则就是治人事天，顺天应人，以天道自然法则秩序为一切意识活动和行为举止的规范，用信德的度、数、信这个信仪作为恪守的原则，浓缩为一句话就是"顺四时之度而民不有疾"。

把握住启蛰时期这个时间与空间的度、数、信的节点，顺应天地间泰卦能量的大格局，从而在身内充分地清除脾胃的阴土而见阳土，使信德诚信、忠信；对于肾臟，则需要积极地清除阴水而增强阳水，脱离愚昧而开智；在心中借春天之木，泰卦能量之炁，用好肝木仁德青龙以及角音，还有这个相关时空点中一切有助于阳性能量提升的德性能量，心中的礼火就会光明。如此才能够积蓄我们的信德、智德、礼德以及木德的能量，使义德能量亦充沛而行为正确。基础条件具备者，甚至可以顺天道立人行而全面地在身内启动攒簇五行、和合四象，实现龙吟虎啸、夫唱妇随的内在变化。启蛰时期的龙行雨施，龙行云从，有利于全面启动信智礼能量，从而实践新一层级和次第的实质性提升和转变。

---

1 《德道经·长生》："是谓深根固柢，长生久视之道也。"
2 《德道经·无私》："天长地久。天地之所以能长且久者，以其不自生也，故能长生。"

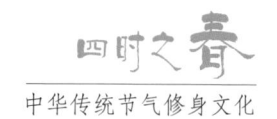

肝藏龙兮肺藏虎，全凭仁义下功夫；

若缺脾信为承载，肾水礼火亦无功；

信仪度数全齐备，圣信行内三本同。

总之，把握好人体内的三本与天地的三本，使天的三本和地球的三本同频共运，就是修身者把握启蛰的关键所在。度、数、信，决定着我们修身精进是否有成；信德、智德、礼德是否完整，是生命再造工程的三个根本。

·治事养生篇·

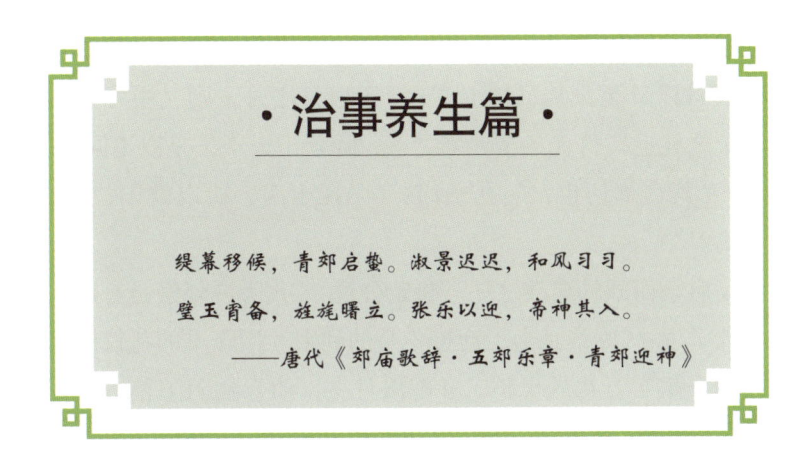

缇幕移候,青郊启蛰。淑景迟迟,和风习习。
璧玉宵备,旌旄曙立。张乐以迎,帝神其入。

——唐代《郊庙歌辞·五郊乐章·青郊迎神》

一、启蛰运气与治事

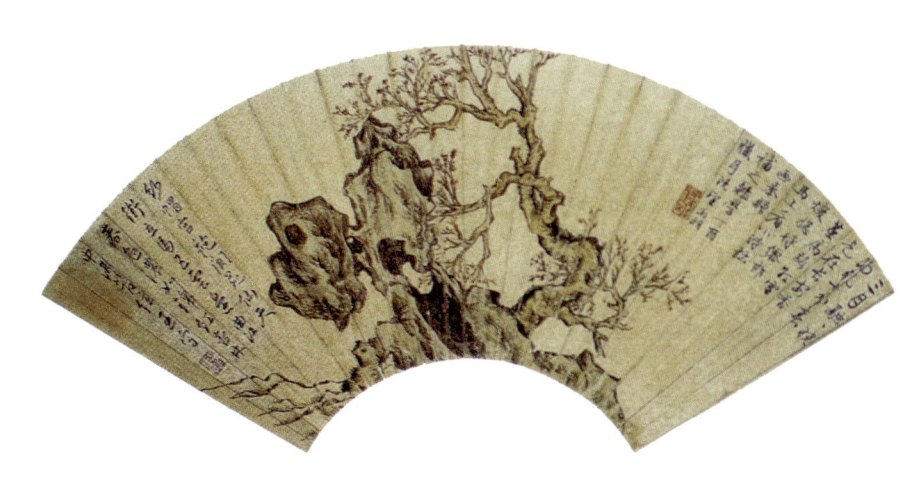

图 2-11 明代文徵明《红杏湖石图》

（一）运气古籍

《孔子家语·卷七·郊问第二十九》："公曰：'寡人闻郊而莫同，何

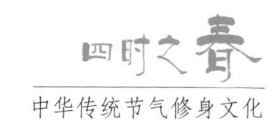

也？'孔子曰：'郊之祭也，迎长日之至也。大报天而主日，配以月，故周之始郊，其月以日至，其日用上辛；至于启蛰之月，则又祈谷于上帝。此二者，天子之礼也。鲁无冬至大郊之事，降杀于天子，是以不同也。'

公曰：'其言郊何也？'孔子曰：'兆丘于南，所以就阳位也，于郊，故谓之郊焉。'"

这就是启蛰而郊的典故之一。鲁定公说："我听说郊祭是有区别的，为什么？"孔子说："郊祭是为了迎接冬至的到来。用隆重的礼仪回报上天赐予人类太阳，主宰万物的生长，并配以月亮，使万物阴阳相济。所以，周王第一次举行郊祭时，是在冬至之月的第一个辛日。而到了启蛰所在之月，则又要向上帝祈求农事。这两项都是天子要行的大礼。鲁国没有冬至进行郊祭的职责，在礼仪上比天子要递减，所以有所不同。"

鲁定公问："所说的郊，是指什么呢？"孔子说："祈求兆象的祭坛建在都城的南面，是为了坐落在阳位上。因为建在城外，所以称为郊。"

《春秋左传·桓公》："启蛰而雩（yù）。""龙见而雩。启蛰、龙见。""雩"，是古代在年度周期律中顺应天时五运变化，而为春雨能够及时普降大地，促生植物顺利生发而举行的一种祭祀活动。雩这种祭祀礼仪有别于专项求雨的祭祀，是指在启蛰之日，古代会同时举行感恩而同时求雨的祭祀活动；雩这种礼仪，有时是在东方龙宿星出现时，人们及时举行迎接和同时求雨的祭祀活动，祈求东风化雨，天降甘霖，全年都风调雨顺。

（二）启蛰全息兆象

正月的启蛰，二月的雨水，天象应人事非常准确。异常物相出现时，应当依据物相的特征，透过物相而分析物相背后的质象，找出本质性的原因。天道的五运具有正常生理衍化的客观规律性，一旦有异常物相示现时，则是天道质象五运的正常生理出现了病理性异常变化，需要顺应和把握住治理的脉络，顺天应人而为。质象的天德地炁能量，天阳地阴能量升降的平衡与活力，居高临下地调控和影响着地球上万物的正常生理学稳定，决定着病理学现象生发的可能性。而人类所必需掌握的一门学问就是治理学。但是在面对自然天道的各种异常治理时，这一治理学唯一正确的原则是顺

启 蛰

天应人，治人事天，顺应变化而及时调适思想与行为，清除错误与愚昧，用正、善、德的思想与行为产生正能量，"执一以为天下牧"，全面把握植物生物链、动物生物链、人类生物链的各种信息反应，进行全方位的正与善的调适。这些信息反应既具有共性也具有链环中自身的特性，人与自然的和谐，执一用中才能正确分析和使用信息。用意识轻率否定各种信息，而不上升到智识层面或者慧识层面分析，顺应自然法则和规律调整人类自己，其实是对信息资源最大的浪费。

《逸周书·时训解》记载："惊（启）蛰之日，獭祭鱼。又五日，鸿雁来。又五日，草木萌动。獭不祭鱼，国多盗贼；鸿雁不来，远人不服。草木不萌动，果蔬不熟。

雨水之日，桃始华。又五日，仓庚鸣。又五日，鹰化为鸠。桃不始华，是谓阳否。仓庚不鸣，臣不服主。鹰不化鸠，寇戎数起。"

《逸周书》中的这段记载，先"惊（启）蛰"后"雨水"，时序是正确的。水獭若不应时节祭鱼，异常的质象能量将同样会影响人们的意识行为，而社会上盗与贼可能增多。鸿雁若不应时节向北回归，可能就会发生边地之民不服朝廷管制与节制的现象。草木不应时节萌动，水果蔬菜就难以成熟而获得好的收获。在知天象应人事方面，古人进行了准确的把握，知道天象的正确变化，气和运的充分引领，决定和影响着人事的治理。

天人物事相互感应，如同量子纠缠效应[1]，不同的场性能量异常变化，在各类物与事中都存在着共鸣性。我们探讨的生命内境具有同样的道理。

（三）启蛰治事

《孔子家语·弟子行第十二》："高柴自见孔子，出入于户，未尝越履。

---

[1] 量子纠缠是粒子在由两个或两个以上粒子组成的系统中相互影响的现象，虽然粒子在空间上可能分开。纠缠是关于量子力学理论最著名的预测。它描述了两个粒子互相纠缠，即使相距遥远，一个粒子的行为将会影响另一个的状态。当其中一颗被操作（例如量子测量）而状态发生变化，另一颗也会即刻发生相应的状态变化。

往来过之,足不履影。启蛰不杀,方长不折。执亲之丧,未尝见齿。是高柴之行也。孔子曰:'柴于丧,则难能也;启蛰不杀,则顺人道;方长不折,则恕仁也。成汤恭而以恕,是以日隮。'凡此诸子,赐之所亲睹者也。吾子有命而讯赐,固不足以知贤。"

启蛰养仁不杀,现代人在艺术作品中也有表达。

《丰子恺护生画集·人谱·启蛰不杀》:"曹武惠王性不喜杀。所居室坏,子孙请修葺。公曰:'时方大冬,墙壁瓦石之间,皆百虫所蛰,不可伤其生。'存心爱物如此。"

图 2-12 启蛰不杀

《丰子恺护生画集》中,描绘了北宋初年的曹武惠王悲天悯人的故事。曹武惠王,名叫曹彬,是一位战功彪炳的大将,为官清廉而谦恭,曾带领北宋军队与南唐作战,歼灭南唐及后蜀;亦曾出使吴越,一直官至枢密使,死后被追封为"武惠",所以又叫曹武惠王。他治军严谨,并以不滥杀著称。

启 蛰

他曾经说过:"我虽然作为将军,杀的人非常多,但是没有因为个人的喜怒胡乱枉杀任何一个人。"

有一年,家人在曹武惠王所居住的房舍墙壁间发现有虫蚁败坏腐朽之处,请其进行修缮,生性慈悲的曹武惠王权衡当时正在冬季,正是动物伏藏的时候,于是告诉子孙:"此天寒地冻时节,墙壁瓦石之间,必定有许多虫蚁等小动物蛰伏,藉此处冬眠,现在翻修房舍,必会伤害它们的性命。"

二、启蛰的正善治养生

启蛰期间变化无常的天气,容易引起人们的情绪波动,乃至心神不安,影响人的身心健康,对高血压、心臟病、哮喘患者更是不利。人的肝气旺盛,怒气伤肝,需要禁忌暴怒,因而应当采取积极的修身养生方法,陶冶性情,保持情绪稳定,清心寡欲,不妄劳作,以养元炁。经典诵读,具有良好的综合调整功效,坚持诵读老子的《德道经》有益于意识宁静,心肾气机平衡。

(一)身识养生

1. 增强抵抗力

在启蛰节气,寒冬渐尽,天气开始转暖,致病的细菌、病毒容易随风传播,故春季外感性的传染性疾病易暴发流行。随着冬天储存在地下水中的能量开始上升,人体的阳气开始应天时而动,天地间是三阳开泰,人体内却需要调动脾、肾、心三阳而扶生肝木。如果体内三阳不足,而是三阴过强,一些人的身体就会因为先天后天之本的根基不稳造成中焦空虚,导致疾与病的发生,小儿一般会表现出体虚的病症。此时,不论老幼,都应当注意锻炼身体,加强身识的有益活动,使质象的炁和物相的血都活跃起来,增强自身对疾病的抵抗力。

2. 适当运动

启蛰仍然是早春节气,特别是北方仍然较为寒冷,应当经常进行身识的各项运动,但运动的幅度不宜过于激烈,以便让肝气能够慢慢和缓地上升,

避免因为体内中气消耗太过而失去对肝气的控制，导致肝气向外调用太多而出现发热、上火等症状。应当注意坚持练习太极修身，主动与天地能量场相联通，吸收天德地炁的正阳泰卦能量，以外补内，减少体内调用的消耗。

3. 预防哮喘

在我国南方地区，启蛰正是踏春的好时节，但花粉及植物过敏者、哮喘患者应当避免去花园及植物园，以免诱发哮喘。对于这些人士来说，如果置身花粉飘散浓度较高的空间应戴上口罩，个人室内应常保温暖、干燥和洁净，注意通风透光，被褥、衣物要用热水勤洗并勤晒，最好不用地毯、毛毯等利于尘螨寄生的物品，并避免用毛皮及羽毛制品，以减少尘螨及霉菌孳生。

4. 常伸懒腰

人们在室内最简单的运动就是伸懒腰。启蛰时节，在清晨刚醒来或工作劳累时伸一伸懒腰，主动地活动躯干和上肢，对肝脏有很好的保健作用。

5. 陈希夷二十四气导引坐功图势——启蛰

图 2-13　启蛰坐功图势

启 蛰

运：主厥阴初气

时：配手少阳三焦相火

坐功：每日子、丑时，叠手按髀，拗颈转身，左右偏引各三五度，叩齿，吐纳漱咽。

即：每天23时~凌晨3时之间，盘坐。两手相叠按右大腿上。上体向左转，脖项向左扭转牵引，略停数秒钟，再以同样动作转向右。左右各15次。再叩齿、嗽津、吐纳，方法同前。

主治：三焦经络留滞邪毒，嗌干及肿、哕、喉痹、耳聋、汗出、目锐眦痛、颊痛，诸疾悉治。

（二）口识养生

1. 启蛰宜食

启蛰节气，饮食调养应侧重于调养脾胃和祛风除湿。古代名医李东垣曰："脾胃伤则元气衰，元气衰则人折寿。"又由于此时气候一般较阴冷，所以饮食宜吃热饭热菜，避免脾胃受凉，可以适当吃些较温性的甜食，以养脾胃；慎吃辣椒、白酒等性热的食物，少食油腻之品，少吃羊肉等温热之品，不要过多吃寒冷的食物或喝凉茶，注意调养后天之本的脾和先天之本的肾，以利于供应肝木的能量需求。

《遵生八笺》："高年之人，多有宿疾，春气所攻，则精神昏倦，宿病发动。又兼去冬以来，拥炉熏衣。啖多炊爆，成积至春，因而发泄，致体热头昏，壅隔涎嗽，四肢倦怠，腰脚无力，皆冬所蓄之疾。常当体候，若稍觉发动，不可便行疏利之药，恐伤臟腑，别生余疾。惟用消风和气，凉隔化痰之剂，或选食治方中性稍凉利，饮食调停以治，自然通畅。"

启蛰节气风邪渐增，常见口舌干燥现象，为此，宜多吃

图 2-14 菠菜

鲜蔬菜、多汁水果，可选择豌豆苗、茼蒿、荠菜、春笋、芋头、萝卜、荸荠、菠菜等，以补充人体水分；还可多食大枣、山药、蜂蜜、莲子、银耳、百合进补食品。

春养肝，肝开窍于目，肝血不足，不能上注于目而视物不清，或肝气郁结化热，上扰头目则头晕目眩。此时的食疗要点重在养肝清肝、滋养明目。而在众多的蔬菜之中，最适宜养肝的是菠菜。

中医认为，菠菜性甘凉，入肠、胃经，有补血止血、利五脏、通血脉、止渴润肠、滋阴平肝、助消化、清理肠胃热毒的功效，对肝气不舒并发胃病的辅助治疗常有良效。对春季里因为肝阴不足引起的高血压、头痛目眩和贫血等都有较好的治疗作用。

需要注意的是，菠菜含草酸较多，有碍肌体对钙的吸收，故吃菠菜时宜先用沸水烫软，捞出再炒。菠菜不宜与豆腐等含钙量较多的食品混合做菜，如菠菜煮豆腐等，因为草酸与钙反应生成草酸钙，草酸钙会影响人的肾功能，且可形成结晶物潴留于泌尿道，引起结石。

2. 养生食谱

北方人食疗多以粥为好，可做成莲子粥、山药粥、红枣粥等。

仙人粥：

食材：何首乌 30-50 克，粳米 100 克，红枣 3-5 枚。

做法：将首乌煎取浓汁，去渣，同粳米、红枣同入砂锅内，大火煮开后转小火，熬制成粥。

图 2-15　莲子

功效：补气血，益肝肾。

太阳糕：

食材：江米面 250 克，豆沙馅 250 克，黑芝麻 80 克，青红丝 60 克。

做法：江米面用水和匀，上蒸笼蒸熟后取出，晾凉。待冷却之后，将江米面揉成面团，揪成 25 个小剂子。每个剂子擀成小圆饼，圆饼上抹上一层豆沙馅，每 5 张叠在一起。将黑芝麻炒熟后，与青红丝一起，摆放在

启 蛰

圆饼上做成小鸡的形状。

功效：太阳糕是老北京旧俗二月初一和春分祭日的传统食品。江米补中益气，健脾养胃；黑芝麻护肝保肝，利于红细胞生长。若配以红豆沙，则有清热解毒、健脾益胃、利尿消肿、通气除烦、补血生乳等多种功效。

原味菠菜：

食材：新鲜菠菜400克，银耳50克，大枣6-7枚，花生油50克。

做法：新鲜菠菜洗净捞出（沾水与菠菜一起放入锅中），切成两段，梗叶分开；银耳泡软；大枣洗净备用。

花生油烧至六、七成开，先放菠菜梗、梗上放菠菜叶，叶上放银耳红枣，盖上锅盖，烧至有热气从锅盖冒出，即开锅盖，调咸盐，出锅盛盘。

功效：调养脾胃、祛风除湿，防治口舌干燥。菠菜翠绿娇艳、烂滑、营养全且原味，老少咸宜。

图2-16 原味菠菜原料及成品

香蘑茼蒿：

食材：新鲜茼蒿400克，蘑菇50克，豆腐皮（或豆腐干）50克，花生油50克。

做法：新鲜茼蒿洗净沾水捞出，切成两段，梗叶分开；蘑菇50克，水焯备用。

花生油烧至六、七成开，放入蘑菇、豆腐皮，炒出蘑菇香，再置入茼蒿梗、梗上放茼蒿叶，盖上锅盖，烧至有热气从锅盖冒出，即开锅盖，调咸盐，出锅盛盘。

功效：茼蒿性温，味甘涩；入肝、肾经；香菇具有和胃、健脾、补气益肾的功效；香菇加豆腐可以健脾养胃，增加食欲。整体起到调养脾胃、祛风除湿、防治口舌干燥等作用。茼蒿菜色嫩、烂滑、营养全且蘑菇香，老少适宜。

图 2-17 香蘑茼蒿原料及成品

清炒四季豆：

食材：四季豆 250 克，豆腐 200 克，花椒 5 克，食用油适量。

做法：豆腐切半寸宽、一寸长的薄片备用；四季豆用开水焯熟后捞出备用。将食用油放入锅内，同步放入花椒，待花椒炸微焦后捞出，放入豆腐煸炒至两面焦黄后盛出。锅内放适量食用油，烧热后放入四季豆炒熟，再放入豆腐，加适量盐和酱油，小火烧至入味，即可出锅。

功效：提高免疫力，促进新陈代谢，适宜慢性肝炎患者食用。

三、启蛰治事养生宜忌

（一）治事养生之宜

防虫蚁：孙思邈《千金月令》："惊（启）蛰日，取石灰糁门限外，可绝虫蚁。"在雨水之前的启蛰这一天，用生石灰沿着屋脚墙根，特别是大门的根部撒一撒，这一年就可以杜绝虫子蚂蚁等爬进房间。孙思邈是唐朝

启 蛰

人,他这里是指雨水前的启蛰这一天。[1]

但现在人们很多都是住在楼上,在楼房的门口撒生石灰,效果不见得太好,因为老鼠、虫子、蚂蚁可能会沿着窗户或者各种管道爬进家里。在古代,独家独院是可以用这种方法的。

制鼓:《周礼·冬官考工记第六·筑氏玉人》:"韗人为皋陶,长六尺有六寸,左右端广六寸,中尺,厚三寸,穹者三之一,上三正。鼓长八尺,鼓四尺,中围加三之一,谓之<卉鼓>。为皋鼓,长寻有四尺,鼓四尺,倨句磬折。凡冒鼓,必以启蛰之日,良鼓瑕如积环。鼓大而短,则其声疾而短闻;鼓小而长,则其声舒而远闻。"

这段记载是说,古代制作鼓的工匠,制作皋陶,长六尺六寸,构成鼓身的每片木板左右两端宽六寸,中段宽一尺,厚三寸,中段穹隆部分比两端鼓面直径高出三分之一,鼓框上的木板都折成平直的三段。鼓长八尺,鼓面直径四尺,鼓身中段围长比鼓面围长增加三分之一,叫做"轰鼓"。

制作皋鼓,鼓长一寻零四尺,鼓面直径四尺,鼓腰弯曲如磬。凡蒙鼓皮,必须在启蛰那天。好鼓鼓皮上的漆痕(一圈圈地)如同积环。鼓面大而鼓身短,发出的声音就急促而短暂;鼓面小而鼓身长,发出的声音就舒缓而持久。

由此可见古代艺人对于工艺性要求之高。在做大鼓时,他们常常先把料下好,非要等到启蛰这一天才将鼓皮蒙上去。在这一天蒙鼓皮,再刷上漆,鼓皮上的漆痕就会出现一圈圈的波纹,像积环一样。这样制作出来的鼓,不管是用在战争方面,还是用在大傩仪舞蹈推动上,产生的"音"更加纤细,产生的作用力更强。这与我们腌制腊八蒜一样,在腊八那天用醋泡上蒜,过几天蒜先是变绿,放上一年,经过五运六炁(气)的变化,特

---

[1] 孙思邈(581年~682年)为唐代著名道士,医药学家,被人尊称为"药王"。他生于隋开皇元年(公元581年,隋文帝年号),卒于唐永淳元年(公元682年,唐高宗年号),享年102岁。根据古籍记载可推知,孙思邈在世的大部分时间内,启蛰与雨水节气的排序恢复了古制。

别是气的作用，蒜的颜色就会经历由绿变黄再变红的规律性变化。

天道的大能量场，由于是质象性的存在而看不到摸不着，但是作用于万物，百姓日用而不知，作为黄老文化的研究者和实践者，却要既能"知"质象能量，又能很好地运用这个"知"质象而明物相。

《玉烛宝典》曰："以正月为端月，曰孟阳，曰献岁。岁朝一日为鸡，二日为犬，三日为豕，四日为羊，五日为牛，六日为马，七日为人，八日为谷。是日日色晴明温暖，则本事蕃息安泰。若值风雨阴寒，气象惨烈，则疾病衰灭。以各日验之，若人值否，思预防以摄生。"

《道藏经》曰："欲灭尸虫，春正上甲乙日，视岁星所在，焚香朝朝礼拜，诚心祝曰：臣愿东方明星君扶我魂、接我魄，使我寿命绵长如松柏。愿臣身中三尸九虫尽消灭。频频行之，吉。"

《肘后方》曰："辟禳瘟疫，正月上寅日，捣女青末，三角绛囊盛，系帐中，大吉。""正月七日，新布囊盛赤小豆置井中，三日取出，男吞七枚，女吞二七枚，竟年无病也。"

《四时纂要》曰："初七日，为上会日，可设斋醮，大吉。"

《云笈七签》曰："正月十日沐浴，令人齿坚。寅日烧白发，吉。"

（二）治事养生之忌

《摄生论》曰："八日，宜沐浴。其日不宜远行。"

《杨公忌》曰："十三日，不宜问疾。又曰：正月元日，天腊日，十五日为上元，二日戒夫妇入房。"

四、启蛰采药与制药

（一）采药

1.寒蝉叶

俗为美草，尽为温草。出巴蓬州。形如蝉叶，苗青赤不定。生戊丁，萎甲戌。治赤白带下，应雨水（古启蛰）节，立秋后采之。

启 蛰

《蓬莱山西灶还丹歌》歌曰:"叶如蝉翼带如绳,常在潭边映水澄。恰到用时合三五,八铢金粉汁三升。"

2. 飞廉

《名医别录》曰:"飞廉生河内川泽,正月采根,七月、八月采花,阴干。

【修治】曰:凡用根,先刮去粗皮,杵细,以苦酒拌一夜,漉出,日干细杵用。

【气味】苦,平,无毒。权曰:苦、咸,有毒。

【主治】骨节热,胫重酸疼。久服令人身轻(《本经》)。螫针刺,鱼子细起,热疮痈疽痔,湿痹,止风邪咳嗽,下乳汁。久服益气明目不老,可煮可干用(《别录》)。主留血(《甄权》)。疗痔蚀,杀虫(苏恭)。小儿疳痢,为散,浆水服,大效(萧炳)。治头风旋晕(时珍)。

【发明】时珍曰:葛洪《抱朴子》书,言飞廉单服可轻身延寿。又言服飞廉煎,可远涉疾行,力数倍于常。《本经》、《别录》所列亦是良药,而后人不知用,何哉?"

图2-18 飞廉

3. 女菀

《名医别录》曰:"女菀生汉中山谷或山阳。正月、二月采,阴干。"

4. 乌头

《名医别录》曰:"乌头、乌喙生朗陵山谷。正月、二月采,阴干。长三寸以上者为天雄。"

5. 桃枭

《名医别录》曰:"此是桃实着树经冬不落者,正月采之,中实者良。"

6. 辛夷

《本草纲目》:"弘景曰:今出丹阳近道。形如桃子,小时气味辛香。恭曰:此是树,花未开时收之。正月、二月好采。"

7. 本

《名医别录》曰："本，生崇山山谷。正月、二月采根曝干，三十日成。"

《本草纲目》曰："古人香料用之，呼为本香。《山海经》名芨。"

8. 茅香

《本草纲目》曰："今陕西、河东、汴东州郡亦有之，辽、泽州充贡。三月生苗，似大麦。五月开白花，亦有黄花者。有结实者，有无实者。并正月、二月采根，五月采花，八月采苗。"

（二）制药

1. 黄蓍散

《遵生八笺》之《四时调摄笺》春卷：治老人春时诸般眼疾发动，兼治口鼻生疮。

黄蓍[一两]　川芎[一两]　防风[一两]　甘草[五钱]　白蒺藜[一钱，去刺尖]　甘菊花[五分]

共为末，每服二钱，空心早服，米汤饮下，日午临睡三时服之。暴赤风毒，昏涩痛痒，并皆治之。外障久服方退。忌房室火毒之物。患眼切忌针烙出血，大损眼目。

2. 黍粘汤

《遵生八笺》之《四时调摄笺》春卷：治老人春时胸膈不快，痰涌气噎，咽喉诸疾。

黍粘子[三两，炒香为末]　甘草[半两，炙]

共为细末，每服一钱，食后、临卧服。

3. 预解痘毒

《体仁汇编》曰：预解痘毒：五六月取丝瓜蔓上卷须阴干，至正月初一日子时，用二两半煎汤（父母只令一人知），温浴小儿身面上下，以去胎毒，永不出痘，纵出亦少也。

·民俗篇·

缕彩成飞燕，迎和启蛰时。翠翘生玉指，绣羽拂文楣。
讵费衔泥力，无劳剪爪期。化工今在此，翻怪社来迟。

——唐代·徐铉《赋得彩燕》

一、启蛰的民俗文化

启蛰是立春之后的一个节气，与之相关的民俗主要有"补天穿"、"拉保保"、"送水接寿"。

天穿节：

天穿节，是历史遗留的感恩缅怀女娲补天的民间纪念日之一，也是古代人们期盼风调雨顺、万物欣荣、农业丰收和安乐和平的节日。具体时间在各地略有差异，正月初七、十九、二十、二十三日不定。女娲补天的传说在《淮南子·览冥训》有详细记载："往古之时，四极废，九州裂，天不兼覆，地不周载；火爁焱而不灭，水浩洋而不息；猛兽食颛民，鸷鸟攫老弱。于是女娲炼五色石以补苍天，断鳌足以立四极，杀黑龙以济冀州，积芦灰以止淫水。苍天补，四极正；淫水涸，冀州平；狡虫死，颛民生。背方州，抱圆天。"

《渊鉴类函》卷十三引《拾遗记》云："江东俗称正月二十日为天穿日，以红缕系煎饼饵置屋上，曰补天穿。女娲氏以是日补天故也。"明代陈继儒《珍珠船》记载："池阳以正月二十日为天穿，以红缕系饼饵掷之屋上，

谓之补天。"张岱《夜航船》亦记载:"正月二十日为天穿,以红彩系饼饵投屋上,谓之补天。"宋代李觏《正月二十日俗号天穿日以煎饼置屋上谓之补天感而为诗》云:"娲皇没有几多年,夏伏冬愆任自然。只有人间闲妇女,一枚煎饼补天穿。"天穿节这一民俗,其中即含修补心火礼德之义。

拉保保:

"正月十五闹元宵,正月十六拉保保。"拉保保是四川地区自古以来就盛行的民俗文化,亦称为"保保节"。在正月十六这天,年轻的父母要领着自己十岁以下的孩子到公园内选择一位踏青游春的人,作自己的孩子"保关煞",以保护小孩子度过童年时期的几道"关口",顺利长大成人。被拉之人若同意,便成为孩子的"保保",也就是"干爹",当干爹的就要给干儿子取一个包含美好祝愿的吉祥名字。

送节接寿:

在川西,古启蛰节的一个主要习俗是女婿去给岳父岳母送节,以表达感恩。送节的礼品通常是藤椅和"罐罐肉"。藤椅要有两把,上面缠着一丈二尺长的红带,称为"接寿";"罐罐肉",就是用砂锅炖好猪脚和雪山大豆、海带放入罐中,再用红纸、红绳封罐口。如果是新婚女婿送节,岳父岳母还要回赠雨伞,因为川西多雨,这个礼物既实用,又蕴含着祝愿女婿人生旅途顺利平安的美意。

图 2-19 婴戏

二、启蛰农谚

与天象气候有关的：

雨水（古启蛰）非降雨，还是降雪期。

雨水（古启蛰）要淋，清明要晴。

雨水（古启蛰）节，把树接。

春要暖，冬要冻，一年四季没病痛。

春雾雨，夏雾热，秋雾凉风，冬雾雪。

与人事物候有关的：

七九河开，八九雁来。

七九六十三，路上行人把衣宽。

七九八九雨水（古启蛰）节，种田老汉不能歇。

麦田返浆，抓紧松耪。

顶凌麦划耪，增温又保墒。

麦子洗洗脸，一垄添一碗。

麦润苗，桑润条。

蓄水如囤粮，水足粮满仓。

水是庄稼血，肥是庄稼粮。

会耕会耪，无粪不长。

雨水（古启蛰）甘蔗节节长，春分橄榄两头黄。

附录：

启蛰古籍参考

（一）天文古籍

《大戴礼记·夏小正·第四十七》："正月启蛰。雁北乡。雉震呴。鱼陟负冰。农纬厥耒。初岁祭耒始用。囿有见韭。时有俊风。寒日涤冻涂。田

鼠出。农率均田。獭献鱼。鹰则为鸠。农及雪泽。初服于公田。采芸。鞠则见。初昏参中。斗柄县在下。柳稊。梅杏杝桃则华。缇缟。鸡桴粥。"

《淮南子·天文训》："加十五日指报德之维，则越阴在地，故曰距日冬至四十六日而立春，阳气冻解，音比南吕。加十五日指寅，则雨水（古启蛰），音比夷则。"

《隋书·志第十二·律历中》："水：晨平见，在雨水后、立夏前者，应见不见。启蛰至雨水，去日十八度外、四十六度内，晨有木、火、土、金一星已上者，见；无者不见。"

《旧唐书·卷三十二·志第十二·历一》："辰星，晨平见：入冬至，均减四日。自入小寒，毕于大寒，依平。自入立春，毕启蛰，减三日。其在启蛰气内，去日一十八度外、四十度内，晨无木、土、金一星已上者，不见也。自入雨水，毕于立夏，应见不见。其在立夏气内，去日度如前，晨有木、火、土、金一星已上者，亦见之。自入小满，毕于寒露，依平。自入霜降，毕于立冬，加一日。自入小雪，毕于大雪十二日，依平。若在大雪十三日，即减一日。在十四日，减二日。在十五日，减三日。在十六日，减四日。"

《新唐书·志第十七下·历三下》："又上二百七十一年，至哀公十七年，岁在鹑火，《麟德历》初见在舆鬼二度。立冬九日，留星三度。明年启蛰十日，退至柳五度，犹不及鹑火。又上百七十八年，至僖公五年，岁星当在大火。"

（二）启蛰治事

《逸周书·月令解第五十三》："孟春之月，日在营室，昏参中，旦尾中。其日甲乙，其帝太昊，其神句芒，其虫鳞，其音角，律中太簇，其数八，其味酸，其臭膻，其祀户，祭先脾。

东风解冻，蛰虫始振，鱼上冰，獭祭鱼，候雁北。天子居青阳左个，乘鸾辂，驾苍龙，载青旂。衣青衣，服青玉，食麦与羊，其器疏以达。是月也，以立春。先立春三日，太史谒之天子，曰：某日立春，盛德在木。

天子乃齐立春之日，天子亲率三公九卿诸侯大夫以迎春于东郊，还乃赏公卿诸侯大夫于朝。命相布德、和令、行庆、施惠，下及兆民，庆赐遂行，无有不当。乃命太史守典奉法，司天日月星辰之行，宿离不忒，无失经纪以初为常。"

是月也，命乐正入学习舞。乃修祭典，命祀山林川泽，牺牲无用牝。禁止伐木，无覆巢，无杀孩虫胎夭飞鸟，无麛无卵，无聚大众，无置城郭，掩骼霾髊。

是月也，不可以称兵，称兵必有天殃。兵戎不起，不可以从我始。无变天之道，无绝地之理，无乱人之纪。

孟春行夏令，则风雨不时，草木早槁，国乃有恐。行秋令，则民大疫，疾风暴雨数至，藜莠蓬蒿并兴。行冬令，则水潦为败，霜雪大挚，首种不入。"

《春秋左传·襄公七年》："孟献子曰：吾乃今而后知有卜筮。夫郊，祀后稷以祈农事也。是故启蛰而郊，郊而后耕。今既耕而卜郊，宜其不从也。"

《春秋左传·桓公五年》："凡祀，启蛰而郊。疏：启蛰，言始发蛰也。注：启蛰，夏正建寅之月。"

《五经要义》："天子籍田千亩，以供上帝之粢盛。常孟春启蛰即郊之后，身率公卿大夫而亲耕焉。所以先百姓而致孝敬。"

《旧唐书·志第一·礼仪一》："然则启蛰郊天，自以祈谷，谓为感帝之祭，事甚不经。"

（三）正月事宜

《晋乐志》曰："正月建寅，寅者，津也，谓生物之津途也。"

《居家必用》曰："是月，将三年桃树身上，尖刀划破树皮，直长五七条，比他树结子更多。恐皮紧不长。又曰：是月上辰日，塞鼠穴，可绝鼠。"

《述见》曰："是月每早梳头一二百梳，甚益。"

《玄枢经》曰："春冰未泮，衣欲上薄下厚，养阳收阴，长生之术也。太薄则伤寒。"

《珠囊隐诀》曰："其月宜加绵袜以暖足，则无病。"

古雨水
Gu yu shui

> 好雨知时节,当春乃发生。随风潜入夜,润物细无声。野径云俱黑,江船火独明。晓看红湿处,花重锦官城。
> ——唐代·杜甫《春夜喜雨》

雨水,本在启蛰之后,时间在每年3月6日的前后,是干支历卯月的起始,太阳到达黄经345度。

在将"惊蛰"重新恢复为"启蛰"后,为了给换位后的节气准确地定位并且正名,区别于现代的雨水节气后的惊蛰,我们将归位后的雨水称之为"古雨水"。

·文化篇·

春雨有五色，洒来花旋成。欲留池上景，别染草中英。
画出看还欠，薰为插未轻。王孙多好事，携酒寄吟倾。

——唐代·李咸用《红薇》

一、古雨水简述

（一）古雨水的时与度

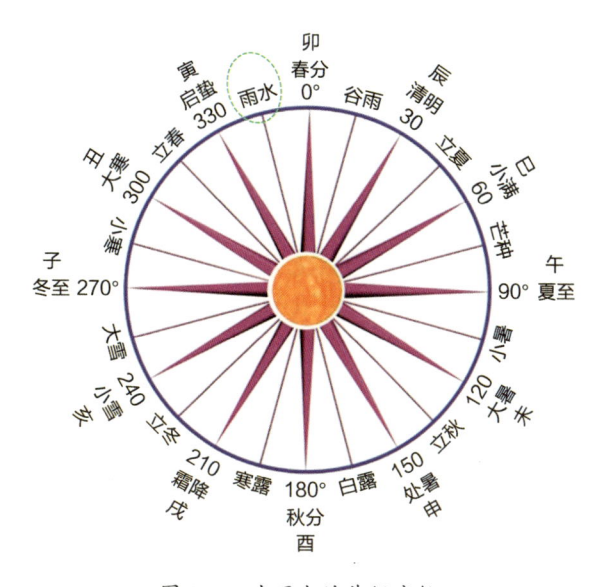

图 3-1 古雨水的黄经度数

古雨水度数信：以二月节为周期律中的空间之度和时间之数，以木德能量之气依时而至为信

阳历时间：每年3月5日~7日

黄道位置：太阳到达黄经345度

节气序列：二十四节气中的第3个节气，实为第6个

前后节气：启蛰，古雨水，春分

古"雨水"（现"惊蛰"），是反映自然物候现象的一个节气，启蛰龙腾，兴云施雨，启蛰后必然就是雨水节气。

《梦粱录·卷六》："十月孟冬，正小春之时，盖因天气融和，百花间有开一二朵者，似乎初春之意思，故曰'小春'。月中雨，谓之'液雨'，百虫饮此水而藏蛰；至来春惊蛰（古雨水），雷始发声之时，百虫方出蛰。"每年十月份的时候，月中有雨，此时之雨称之为"液雨"。十月的"液雨"非常珍贵，百虫饮此水后就蛰藏进入冬眠。至来春启蛰后的古雨水，雷始发声的时候，百虫方出蛰。此时，过冬的虫卵也会开始接受地炁和天德温阳之炁，而进入卵化新生阶段。

《孟子·尽心上》："有如时春风雨化之者。"化：化生和养育。春风化雨，指适宜于草木生长的风雨，也比喻良好的熏陶和教育。春风化雨，滋养草木生长；雨润心田，也正是运用传统文化修身养生治事的佳期。

（二）古雨水天气气候

古雨水时，气温上升，土地解冻，春雷始鸣，蛰伏过冬的动物纷纷醒来活动。《孝经纬》曰："周天七衡六间曰立春。后十五日，斗指寅为雨水（启蛰）。后十五日，斗指甲为惊蛰（古雨水）。《礼记正义·卷十五·月令第六》疏曰：汉初，惊蛰（启蛰）为正月中，雨水为二月节。"各地雨水渐多，很多地区已进入春耕阶段。

古雨水节气时的雷鸣最引人注意，"未过惊蛰（古雨水）先打雷，四十九天云不开"。如果在启蛰区间及时打雷，春雨会绵绵不歇地连下49天，如果在古雨水时节及时打雷，春雨的降水就会正常而有间歇性。此节气，正处乍寒乍暖之际，"冷惊蛰（古雨水），暖春分"，前人积累了丰富

古雨水

图3-2　早春

的经验，来根据冷暖预测后期天气。古雨水节的风，也可以作为预测后期天气的依据，如谚语中说："惊蛰（古雨水）刮北风，从头另过冬"，"惊蛰（古雨水）吹南风，秧苗迟下种"。

现代气象科学在物相范畴的研究表明，雨水前后之所以偶有雷声，是大地湿度渐高，促使近地面热气上升，或北上的湿热空气势力较强与活动频繁所致。从我国各地自然物候进程来看，由于南北跨度大，春雷始鸣的时间迟早不一。就多年平均而言，云南南部在1月底前后即可闻雷，而北京的初雷日却在4月下旬。"雨水始雷"的说法，现代学者认为仅与长江流域的气候规律相吻合。但是需要注意的是，四方取中，中驭四方，五行为用，以黄河流域中原地区的时令物候为基数分析全国总态势，这是古代分析全国物候信息的准则之一，所以，我们今天在研究和应用古代文化时，不能简单地以局部否定其"用中"而取得的信息数据。

"春雷响，万物长"，启蛰后的古雨水时节，正是大好的"九九"艳阳天，江南江北一派融融春光。对这些情况，我们既要看到全面的，也要看到局部的，分析判断的标准仍然是居中而驾驭四方。

二、古雨水的寻根探源

（一）"雨"的字源与字义

表 3-1　雨的字形演变

甲骨文	
金文	
篆体	
楷体	雨

"雨"的汉字，源于甲骨文、金文以及篆文。金文的"雨"、小篆的"雨"和楷体的"雨"，字型变化并不太大。

《说文解字》："水从云下也。一象天，冂象云，水霝其间也。"意即从天上云层中降向地面的水就称之为雨。

《大戴礼记》："天地之气和则雨。"

《大戴礼记》中的这一记载说明古人对成雨的现象观察得非常仔细，"天地之气和"，这个"气和"是指质象能量之和，地上的气与天上的气相交合、交汇，同时作用于物相的水，"气"与"氵"相结合而成"汽"，这"汽"的量级凝聚得比较多的时候，就会成云而雨，这与现代科学在物相层面的研究结果是相同的。但是，在物相背后客观存在的质象，近代科技还未能全面进入。而质象的德能量与炁能量，呈现着质象决定物相的特征，因此万物的质象面貌，才是人们应当关注和研究的重点。将物与质同步把握住进行研究，才能产生科技的全面突破与飞跃。

《释名》："雨，辅也。言辅时生养。"雨是与天时变化相伴随，辅佐天地能量变化的调节而生成，被赋予携带天德地炁能量而扶生长养万物的功能。

《周易·乾卦》："云行雨施，品物流形。"云，是天德地炁以水分子为载体，在天德下降、地炁生升过程中富集的结果；行，则是物相风的推动而出现运动变化，这也类似于生命中的呼吸调节。作为内部人法地的肾水化炁和地法天的心火化液，离不开调息中的体呼吸、胎息、真息的合理应用。《周易·小畜卦》的《象》辞中曰："既雨既处，德积载也。"解释下雨是天德地炁积累到一定程度的一个物化的过程，这是比较准确的，是隐显同观、质象与物相一体把握的一种描述。在这里的"明三"，是要做到明白天德、地炁、能量这三者，它们以水分子为载体构成云和行，以及转化成雨施予大地上万物，那么也就能将物相与质象同步式地掌握，认识云行雨施的成因。由于雨作为载体，携带着五运六炁（气）中的不同度、数、信的能量，也就决定着不同时间的雨，具有并不相同的结果，品物流行，表现出万物的或生、或长、或成、或藏等并不相同的结果。

图 3-3　龙行雨施

《尔雅·释天》对各种雨的形态、形象进行了一些特有的命名："暴雨谓之涷（dòng），小雨谓之霡霂，久雨谓之淫。"

陆佃云："疾雨曰骤，徐雨曰零，久雨曰苦，时雨曰澍（shù）。"

《管子·形势解》："雨，濡物者也。"

"雨"字本义，就是天德地炁在质象上呵气成团，转化成为物相之雨，这就是雨本身成形的一个过程。"雨"文，同样是象形表意于自然界与身

体内境。"雨"的慧识悊学文化的本义，是质象与物相兼备地象形表意。甲骨文、金文、篆文的"冂"既表象于天穹，同时亦表象于身内的横膈膜这个内天穹，同时还象喻修身实践中的水液下降。肾水转化为气上升，遇心火之热能，化为心液再下降，就是身内的"雨"。

社会丢失慧识悊学文化修身实践以后，只存留着物相的单一表述，文义被片面取用于物相。我们的耳濡目染，满眼的器物，可以说都是智识哲学文化期和意识哲学文化期的解析。如果不存留一灵独耀于身心之中，很可能就会把慧识悊学文化的本义完全丢失了。

（二）"水"的字源与字义

表 3-2 水的字形演变

甲骨文	
金文	
篆体	
楷体	水

水，即坎卦能量的物相表述。水字的字形，是从坎卦的卦形变化而来的。

我们从"水"的图像字形中可以看到，只要把坎卦卦象竖起来，就与甲骨文的水的字型形貌基本相似，在金文当中两者就更是完全相同的。在小篆文中，既有竖着的坎卦字形，也有横着的坎卦字形，或是用坎卦字型在上、下面是动态雨的形态进

图 3-4 坎卦

古雨水

行具体描述。当然，在汉字"水"当中，已经看不出来它与坎卦的直接联系了。

在慧识悊学文化时期，甲骨文"水"的本义是坎卦能量的象形表义，是质象转述物相的通用。在篆文中有数种文态，是上坎下水滴的形态，水文同时标示得比较直观。例如，《说卦》："坎为水。"《正义曰》："天一生水，地六成之。五行之体，水最微，为一。火渐着，为二。木形实，为三。金体固，为四。土质大，为五。"《书·洪范》："五行，一曰水。"《又》："水曰润下。"这些记载都是以质象论水为主体，而展开对水、坎的揭示和论证。

在社会进入智识哲学文化期以后，则是以物相学解析水为主体而展开。《说文解字》："水，准也。北方之行，象众水并流，中有微阳之气也。凡水之属皆从水。《徐铉》曰：'众屈为水，至柔，能攻坚，故一其内也。'《释名》：'水，准也，准平物也。'"智识与意识文化时期以后是这样命名的，因为平静的水面是最平的，所以就用"水准"一词来定位大地水平面或与之平行的面，后来进一步衍生出评判事物的标准等词义。

《礼记·曲礼》："凡祭宗庙之礼，水曰清涤。"即用水来洒扫，借水气能量净化环境，作为祭奠时的必用之物。世界各地在历史上都将水用作通神达灵时必用的重要物品而加以应用。例如圣杯洗礼用水，灌顶用水，符箓用水，等等，都是以水作为特殊能量的载体。

《汉书·律历志》："五声，羽为水。"五音中的羽音韵动波，与水的亲和力在五音中属于最强者，因而定义羽音的属性为水。

《左传·昭十七年》："共工氏以水纪，故为水师而水名。"此处之水为官名。

《周礼·秋官》："司烜氏掌以夫遂取明火于日，以鉴取明水于月，以共祭祀之明齍明烛共明水。（注：鉴，镜属，取水者。世谓之方诸）。"我们可以看到，古人对着太阳钻木取火，就叫明火；对着月亮制水，则称之为明水。在这样的情况下，明烛、明齍，再加明水，才能一起用于祭祀当中。

《白虎通》："水位在北方。北方者，阴气，在黄泉之下，任养万物。水

之为言濡也。"

《周易·乾卦》："水流湿。"

《管子·水地篇》："水者，地之血气，如筋脉之通流者也。"

《淮南子·天文训》："积阴之寒气为水。"

《周礼·天官》："浆人掌共王之六饮，水浆醴凉医酏。又《礼·玉藻》五饮：上水、浆、酒、醴、酏（注：上水，水为上，余次之）。"

张衡《灵宪》："水精为天汉。"

《河图括地象》："河精，上为天汉。"

《史记·扁鹊仓公列传》记载扁鹊"饮是以上池之水"，意示扁鹊因此而具备直接透视人体进行诊断的能力。什么是"上池之水"，却并未直接说明。这一记载在意识哲学文化时期则被错误地注解。例如，司马贞《史记索隐》中说："上池水，谓水未至地，盖承取露及竹木上水以和药。露为上池水。"上池之水，实质上是指修身实践中，在体内产生的"玉泉水"，以及脑腔内的"天池之水"。此水通过抽添应用激活松果腺体[1]而超越物相的肉眼视觉功能，产生质象视觉功能，也就是用于还精补脑的。此水饮到一定程度且饮用方法正确，才能够重新激活我们的慧识。

（三）古雨水的词义

从"雨"、"水"的甲骨文中不难理解"雨水"一词的本义。

祖先们通过对天地自然四时之度的把握，对日月躔度变化的观察，将天人合一的雨水修身内涵记载于典籍之中，告诉后代子孙们，外在雨水，春雷始鸣，布施雨水滋养万物，万物得此而萌发生机；内在天地亦要重视内在的雨水，与天地同频，龙行雨施，天德能量下降而地炁能量上升，如此五臟六腑皆得滋养而透显生机，完成三阳开泰的内天地变化。

---

[1] 松果腺的位置，在人的两耳尖连线与眉心和颅脑底部连线的交叉点上，只有一颗绿豆大小。在人生的早期，松果腺是透明的晶体，如果人的心能够不断为之供应心炁能量，它就不会发生钙化，从而保持住作为内文明工具的功能。

古雨水

三、古雨水的天文内涵

（一）天文古籍

《新唐书·志第十九·历五》："金、水先得夕见；其满晨见伏日及余秒去之，余为晨平见。求入常气，以取定见而推之。《麟德历》之启蛰，《正元历》之雨水；《麟德历》之雨水，《正元历》之惊蛰也。《麟德历》荧惑前、后疾变度率，初行入气差行，日益迟、疾一分，《正元历》则二分，亦度母不同也。"

这段话所提示的是：金星、水星先得夕见；减去满晨见伏日以及余秒，余下的就是晨平见。计算入常气，用取定见来推算。《麟德历》中的启蛰，是《正元历》中的雨水；《麟德历》中的雨水，是《正元历》中的惊蛰。《麟德历》中火星前疾、后疾变化的度率，初行入气差行，日加迟、疾变率一分，《正元历》中为二分，也是度母不同的缘故。

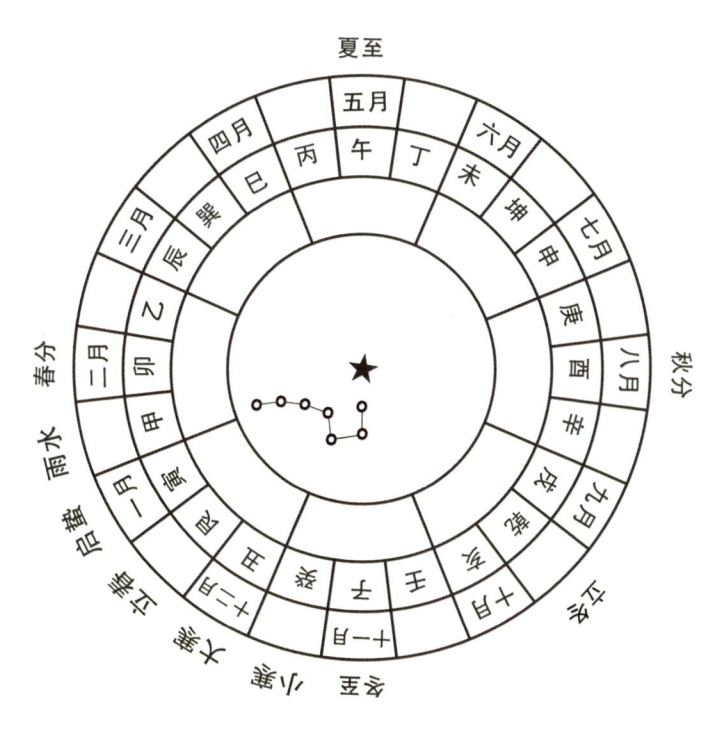

图 3-5　古雨水斗柄方位图

《旧唐书·志第十二·历一》："镇星，平见。入冬至，初日减四千八百一十四分，后日加七十九分，毕于气尽。自入小寒，毕于大寒。均减九日。入立春，均减八日。入启蛰，均减七日。入雨水，均减六日。"

意为：天文物相的星宿特征与度和数现象是：镇星，平见。到了冬至，初日减四千八百一十四分，后日加七十九分，终结于气完。从小寒开始，到大寒终结，都减九天。到了立春，都减八天。到了启蛰，都减七天。到了雨水，都减六天。

《汉书·律历志下》："诹訾，初危十六度，立春。中营室十四度，惊蛰（古启蛰）。终于奎四度。降娄，初奎五度，雨水。"

（二）古雨水物候

1. 古雨水三候

春雨贵如油。我国古代将启蛰后的雨水分为三候：一候桃始华，二候仓庚（黄鹂）鸣，三候鹰化为鸠。

图 3-6　桃始华，仓庚鸣，鹰（化为鸠）

一候桃始华：大壮卦，初九。《周易·大壮卦》："壮于趾，征凶，有孚。《象》：壮于趾，其孚穷也。"《象说卦气七十二候图》："乾为木果，故曰桃。初爻动，乾变为巽，巽伏震，震为华。"《月令七十二候集解》："桃始华。桃，果名，花色红，是月始开。"

二候仓庚鸣：大壮卦，九二。《周易·大壮卦》："贞吉。《象》："九二贞吉，以中也。"《象说卦气七十二候图》："二爻动，乾变为离。仓庚，黄离，

古雨水

即黄鹂也。变卦丰，互巽伏震，震为鸣。"《月令七十二候集解》："庚亦作鵙，黄鹂也。《诗》所谓有鸣仓庚是也。《章龟经》曰仓清也，庚新也，感春阳清新之气而初出，故名。其名最多。《诗》曰黄鸟，齐人谓之搏黍，又谓之黄袍僧，家谓之金衣公子。其色鵹黑而黄，又名鵹黄。谚曰：黄栗畱黄莺莺儿。皆一种也。"

黄鹂为著名食虫益鸟，羽色艳丽，鸣声悦耳动听。生活在阔叶林中，大多数为留鸟，少数种类有迁徙行为，迁徙时不集群。食昆虫、浆果等，胆小，很少到地面活动。飞行姿态呈直线型。关于黄鹂的最著名诗句，当属杜甫的《绝句》："两个黄鹂鸣翠柳，一行白鹭上青天。"在唐代诗人韦应物的《滁州西涧》中，黄鹂的鸣叫使整首诗声色并茂，动静相间，给人以身临其境的感受："独怜幽草涧边生，上有黄鹂深树鸣。春潮带雨晚来急，野渡无人舟自横。"

三候鹰化为鸠：大壮卦，九三。《周易·大壮卦》："九三。小人用壮，君子用罔，贞厉。羝羊触藩，羸其角。《象》：小人用壮，君子罔也。"《象说卦气七十二候图》："三爻动，乾变兑，兑伏艮为鹰为鸠。"《月令七十二候集解》："鹰，鸷鸟也，鹞鹯之属；鸠即今之布谷。章龟经曰，仲春之时，林木茂盛，口啄尚柔不能捕鸟，瞪目忍饥如痴而化，故名曰鸤鸠。《王制》曰，鸠化为鹰，秋时也，此言鹰化为鸠春时也。以生育肃杀气盛，故鸷鸟感之而变耳。孔氏曰：化者反归旧形之谓，故鹰化为鸠，鸠复化为鹰。如田鼠化为鴽，则鴽又化为田鼠。若腐草为萤鴽，为蜃爵，为蛤，皆不言化，是不再复本形者也。"

雨水之日桃始华，有的记载中是"桃李华"，总之是桃李开花了。又五日，黄莺鸟开始啼叫；再过五日，"鹰化为鸠"，在这之前，老鹰在天上不时发出鸣叫声，到这时候鹰就不叫了，相反布谷鸟的啼叫声开始响了起来。

2. 古雨水花信

《荆楚岁时记》："二十四番花信风：惊蛰（古雨水）三信：桃花、棣棠、蔷薇。"

图 3-7 桃花，棣棠，蔷薇

在中国的中部，看到这三种花开放时，就可以判定出是雨水节气来临了，节前节后不会相差过远。

桃花开放，是春日的盛景。从古至今，每到此时，人们都会结伴而行，观赏桃花，踏青游玩，古人还因此留下了"人面不知何处去，桃花依旧笑春风"的著名诗句。北京市平谷区是当今中国著名的大桃之乡，22万亩大桃林，堪称世界最大的桃园，每年春季的桃花节更是吸引了无数游人到此欢度春日。

棣棠，又名地棠、黄度梅、金棣棠、黄榆叶梅、清明花、金旦子花等，落叶灌木，柔枝垂条，叶似榆叶，花金黄色，原产中国云南到长江流域一直到秦岭山区的广大区域。晚唐诗人李商隐有诗曰："棠棣黄花发，忘忧碧叶齐。"除供观赏外，棣棠入药有消肿、止痛、止咳、助消化等作用。

"有情芍药含春泪，无力蔷薇卧晓枝。"蔷薇，从植物学角度言，是一个大的属系。蔷薇属的植物品种有200余种，其中40%多原产于中国，《群芳谱》《秘传花镜》《广群芳谱》等古籍中都有记载。蔷薇属植物生命力强健，花美气香，是世界著名的观赏植物，可谓四海为家，月季、玫瑰和蔷薇为其代表植物。其中的野蔷薇花多自然密集丛生于溪畔、路旁及地角等处，色泽娇艳，繁花满枝，给春光平添几分灿烂。

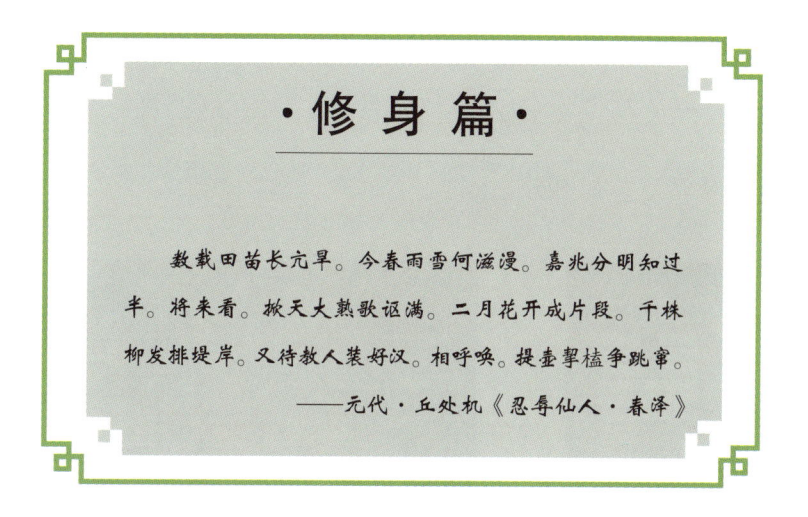

·修身篇·

数载田苗长亢旱。今春雨雪何滋漫。嘉兆分明知过半。将来看。掀天大熟歌讴满。二月花开成片段。千株柳发排堤岸。又待教人装好汉。相呼唤。提壶挈榼争跳窜。

——元代·丘处机《忍辱仙人·春泽》

一、古雨水修身顺四时

能量卦象对应：泰卦完全形成期

天时能量对应：正月

地支时能量对应：寅时【3～5时，更准确可以划分到4～5时】

月度周期律对应：初五日

天象所座星宿：箕宿，尾宿

臟腑能量对应：肝

经络能量循环对应：肺经

天地能量主运：木炁仁德能量峰值期（开始进入尾期）

六气能量主气对应：厥阴风木

八风能量对应：条风

四季五行对应：五行阴阳属性是阳木转阴木

五音能量对应：角音波

人体脊椎对应：第12胸椎[L12]（迈过第1腰椎，进入第12胸椎）

色象境对应：飞丛

轮值体元：夹钟

(一) 古雨水的能量卦象

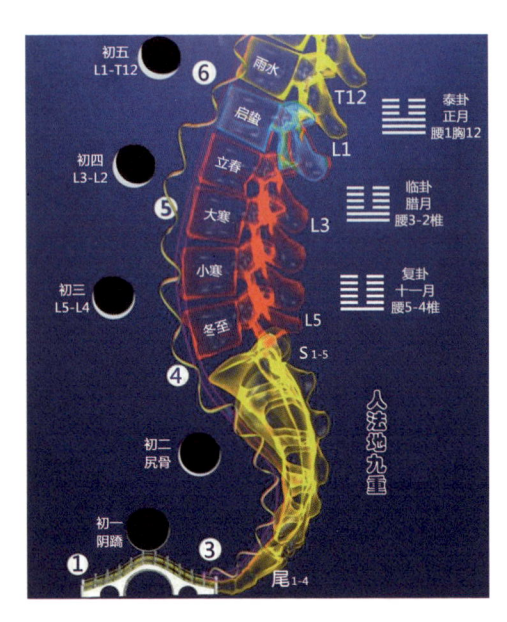

图 3-8　古雨水能量卦象　　图 3-9　古雨水人法地与地法天

雨水在修身学领域中的意义极为关键，是指天地阴阳两种能量，进入阴阳参半（上阴下阳）的阶段，水以雨的形态，在天以四时变化育化万物、畜养万物，而在地球上则是运用五行润养万物。雨水之水就是五行之一，既是先天之本，也是后天化生之源，因此在年度周期律中的开始，身内应当及时同步掌握和应用生命内在的质象之水和物相之水。更为关键的是，需要同步于天地间的水气能量变换，从而吸收天德地炁进入身内进行补充积累。古人在诗中描述："数载田苗长亢旱。今春雨雪何滋漫。嘉兆分明知过半。""数载田苗长亢旱。今春雨雪何滋漫"，就是指内在肾水不足的情况下，经历数年艰辛的努力，而实现了肾水的积累和增长。干旱的脾土获得阳水的滋润，并且有富余漫溢，呈现出"滋漫"之状。"嘉兆分明知过半"，一切吉兆体征都验证着肾水的库储量，已经超过了一半。不仅足够滋养脾

古雨水

土，而且还有富余满足身体的更多需求。

人体生命是宇宙的缩影，所以信息是全息综合性的。我们只有把道德修身文化牢牢地对应于自己生命体内的净化、提升、再造以及完全改变品质，正确地认识道德的价值观，才能够更好地将祖先们的发现应用在自己的生命体之内，加速生命体本质的变化。然而，当人们不能够修之身的时候，人体内的能量情况与天地的能量变化情况则难以等同，内外不完全一致。人体这个客体相对于天地而言只是一个小的个体，在启蛰和古雨水节气期间，人们需要顺天之道，治人事天，经过一番艰苦的努力，才可能达到与天地同步的泰卦状态。

雨水节气在我们身体上对应的是第十二胸椎，其色象境洞天之名就叫作飞丛。它对应的十二消息卦卦象是泰卦，而且还处在这个卦气能量非常旺盛的时期。在启蛰的时候，泰卦刚刚形成，能量还不足，但是到了雨水节气时，能量就非常充沛了，足以产生龙行雨生。在年度的周期律当中，雨水对应正月；在每个月的周期律当中，对应的是初五、初四、初五的月亮还是月牙形状。在每天的时序当中，对应寅时，其中的能量在经脉中的流动恰好在这个时间段流过我们的肺经，在臟腑对应我们的肝臟。

三阳开泰万物盈，阴阳和谐刚柔平。外环境的自然天地之间，进入泰卦能量形态期，正是阳炁为主位而阴炁为宾位，发展到阴阳能量均等持平的阶段。因为阴获阳而持平，万物的生长就出现每一年中最旺盛的时期。自然界是如此，那么人们的身内在自然界能量大趋势的作用下，如果与它的频率相接近，并且能够运用"正善治"的方法实践，也就必然因为具备合格的"资质"，而同步地产生真炁充盈、生机勃盛的良好变化。也就正是"辐来凑毂永朝宗，妙在抽添运用"的最佳时期。

1. 大道自然外天地能量卦象

（1）大道中，天阳能量三索地阴，地阴则三索天阳。天德能量从一阳来复的复卦，经过临卦，逐步发展至泰卦完全形成。

（2）太阳光对地球的照射，因为地球本身"S"玄曲韵动俯仰偏转的作用而逐渐增强。

（3）七曜之星球（包括金、木、水、火、土五个大的星球以及太阳

和月球），对地球的能量交互作用力的同步发挥，达到了年周期律的新阶段。

新的年度周期律全面展开，春回大地、万物复苏，万物焕发新一轮的生机，土信德、水智德和火礼德阳光的度、数、信周备，由木德仁炁能量重新输布而全面进入到新的焕发阶段。

2. 生命身中内天地能量卦象

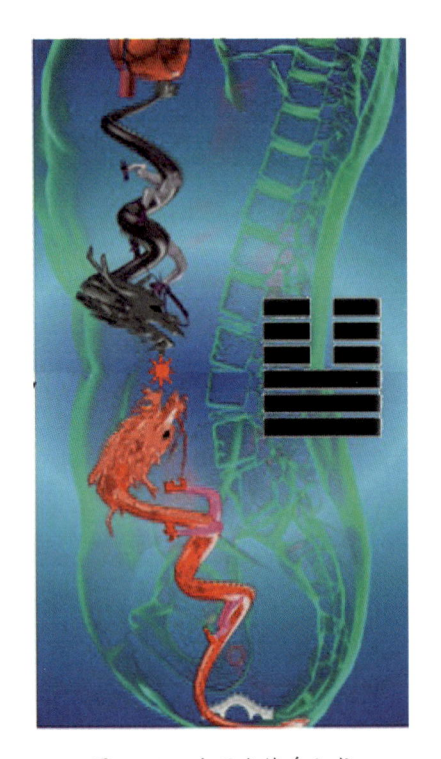

图 3-10　古雨水修身之龙

图 3-10 中，共有两条龙。我们从启蛰到古雨水期间体内的龙是否被唤醒，来分析心火的阴液和肾水当中的阳火。两条龙的求证，从质元角度来说，我们水中之炁是否能够上升至下丹田，心火中的心液之炁是否能下降到下丹田，这就决定着修身者在"人法地"及"人法天"实践中是否已经实现和达到了泰卦的能量状态。再进一步，才是下丹田的龙虎际会。

古雨水

分析身体内的能量状态，也有相应的鉴别指标。很多年龄大的人已经连一阳来复的状态都没有了。比如60岁以上的人，如果男性没有晨勃，那就说明进行一阳来复都没有资格，也就难以在雨水期同步于自然界而出现身体内的三阳开泰内景，小腹必定还是处在畏寒怕冷、不能受凉的状态中。

关于生命身中内天地能量卦象的以下三个要点，需要我们加以重视与掌握。

（1）受自然外天地大运气的作用与影响，内天穹中的天阳同样会出现三索地阴过程，内地肾阴会出现三索天阳过程，只是因人而异，产生强弱、量级、效果差异的悬殊，反应和效果也就明显不同。对于很多不修身的人而言，天阳索地阴和地阴索天阳这个过程可能完全是闭塞不通的，其强弱、量级、效果是被动消耗式的。不仅不能焕发生机，还可能会催化衰老、破坏、损伤等。

（2）心火之液与肾水之炁的升降、交换、互融，也只有修身者、养生者能够加以注意。对于常人而言，几乎根本都没有办法注意到这些奥秘。所以，对于泰卦的解密，以及如何生成体内的雨水，我们需要理通以后才能产生方法并且运用好这些方法。

（3）前六识的用中得一、恪守度、数、信，对内天地的影响也是不容忽视的。自然界各星球释放的能量，通过辐射、对流对前六识产生影响，并不仅仅只是太阳的作用力，或者月球的作用力，而是既有金星的，也有土星的，还有火星的。宇宙中的七曜星与人体的相应部位都客观地存在着对应，本系列书籍的《中华传统节气修身文化要略》中对此有详述。因此，前六识的眼、耳、鼻、舌、身、意，对于我们内天地的变化，同样会起着牵制作用和影响作用。所以，修身求真要真实地恪守用中得一，把握住度、数、信，才能对内天地施加正善治的影响。

中国的哲学观，就是天人合一的慧识悊学人文观。人体内天地，既是宇宙大天地的一部分，也是宇宙全息的缩影。人的个体处于天地大环境之中，必然被整体大环境所制约和左右，顺应自然大环境规律则吉，逆之则凶。无论每个生命体内仍然是处在坤卦状态，还是处于一阳来复状态，或

是二阳临卦状态，都必定会受到大道自然外天地的作用、影响以及推动。在这个节气中，每个生命体都需要调动自己的信德土能量、肾水智能量和心礼火能量来扶生木德能量。我们观察植物的生命过程就不难发现这些特征，植物是直接取用阳光火的热能、大地土的能量以及汲取水的能量而焕发生机。人的生命与植物生命的唯一不同处，只是不能像植物那样直接获取大地土的能量，故而人体又被形容为是一棵"无根树"。人身之土的脾土意识就必需发挥主体作用，主动调适自己符合大地的品格、品质、品行，也就是老子所告诫的，要进行"人法地"的全面修身实践，首先使脾土信德充足起来。否则木克土，木又会消耗大量的肾水，如果内在的信智礼三种能量储备不够充足，春天一来临就不敷使用或调用，此时肝胆与脾胃的疾病自然就比较多发与频发。从生命实相的生理学与病理学来分析，是因为人类是"无根树"，无法直接根植于大地吸收土的能量，而需要依靠脾土意识的正善治，具有善信、正信、真信来确保生命与大地频率相似与接近，才能通过对流、辐射而获得大地的土德能量，并不能像植物那样可能通过直接传导而获取大地的土德能量。这种情况下就对意识的调整、训练提出了更高的要求，十年炼己而修持意识的正善治，就是一个必然的过程。

（二）古雨水农事与龙事修身

1. 农事特点

在治事领域中，中国自古很重视启蛰后的雨水节气，把它视为春耕开始的日子。此时，华北冬小麦开始返青生长，土壤仍冻融交替，及时耙地是减少水分蒸发的重要措施。"雨水不耙地，好比蒸馍走了气"，这是当地人民防旱保墒的宝贵经验。

沿江江南小麦已经拔节，油菜也开始见花，对水、肥的要求均很高，应适时追肥，干旱少雨的地方应适当浇水灌溉。南方的雨水一般可满足菜、麦及绿肥作物春季生长的需要，防止湿害则是最重要的，必须继续做好清沟沥水工作。华南地区早稻播种应抓紧进行，同时要做好秧田防寒工作，桃、梨、苹果等果树要施好花前肥。

古雨水

温暖的气候条件，利于多种病虫害的发生和蔓延，田间杂草也相继萌发，应及时做好病虫害防治和中耕除草。"桃花开，猪瘟来"，家禽家畜的防疫也要引起重视。

古雨水小麦田间管理主要包括以下几项内容：

（1）早春划锄：这是早春麦田管理的主要措施，划锄可减少土壤水分的蒸发，改善土壤通气状况，提高地温和消灭杂草等。

（2）肥水追灌：

①偏旺苗：主要是早播和大播量小麦。追肥时如土壤墒情不足，应在追肥后立即补灌拔节水。

②迟播苗：主要为迟播甘薯茬或中药材茬、小麦，应采用独秆麦栽培技术。

③其他麦田：墒情较好的壮苗麦田，肥水管理时间要根据地力、苗情而定。

（3）除草防倒：

小麦返青至拔节期以前，在温度适宜时用苯磺隆或其他除草剂进行化学除草。化学除草要掌握慎用与适当、适量使用，注意与生态除草相结合应用。

（4）防病虫害：

春季由于气温逐步升高，小麦病虫害开始发生，应密切注意，提早防治，春季重点防治小麦全蚀病、麦蜘蛛、吸浆虫；小麦抽穗后，及时适当、适量地选用杀虫剂与杀菌剂，防治小麦蚜虫和小麦白粉病。

2. 龙事修身

将古雨水天气的气候对应到我们生命体内，修身养生实践者就应当高度关注身内的"炁候"变化，使之真正与天地的气候变化相适应，将其全面调适到与天地四时转换变化的同频共律状态，真正符合"人法地"和"地法天"的基本法则与度、数、信状态。特别是居住在天南海北不同地域的修身爱好者，应当关注外环境天地进入雨水节气以后我们体内龙的启动。对于我们身内雨水的产生，以及体内雷声的生发，都应该密切去同步把握住。

图 3-11　龙

（1）龙行雨施

根据天象四时变化的周期律特征，质象之龙在春时木炁开始行运期表现得最为活跃。龙行雨施，身内的生命之水，不论是 70% 的物相之水，还是仅仅有一斤原始储备、但是已经被我们消耗得差不多的质象先天肾水，这两重水都将会因为龙开始出现而活力增强。身内的药雨、春雨、甘露，将会因为修身者对体内的关注而重新焕发生机。用好和转化好生命之水，把握住它们水化炁、火化液的抽与添，进行养生应用和修身应用，就显得极其重要，应当引起每一位修身养生与治事实践者的高度重视。

《悟真篇》中论龙：

以肝肺为龙虎，龙吟虎啸。庚虎甲龙，二物会时情性合，五行全处虎龙蟠。

本因戊己为媒娉，遂使夫妻镇合欢。

举世漫求铅汞伏，何时得见虎龙降。劝君穷取生身处，返本还源是药王。
甘露降时天地合，黄芽生处坎离交。井蛙应谓无龙窟，篱鹊争知有凤巢。

虎跃龙腾风浪粗，中央正位产玄珠。果生枝上终期熟，子在胞中岂有殊。
南北宗源翻卦象，晨昏火候合天枢。好把真铅着意寻，莫教容易度光阴。
但将地魄擒朱汞，自有天魂制水金。可谓道高龙虎伏，堪言德重鬼神钦。
震龙汞出自离乡，兑虎金生在坎方。二物总因儿产母，五行全要入中央。
华岳山头雄虎啸，扶桑海底牝龙吟，黄婆自解相媒合，遣作夫妻共一心。
西山白虎正猖狂，东海青龙不可当。两手捉来令死斗，化成一片紫金霜。
赤龙黑虎各西东，四象交加戊己中。复姤自兹能运用，金丹谁道不成功。
月才天际半轮明，早有龙吟虎啸声。便好用功修二八，一时辰内管丹成。
瑶池饮罢月澄辉，跨个金龙访紫微。
四象会时玄体就，五行全处紫光明。脱胎入口通神圣，无限神龙尽失惊。
了了心猿方寸机，三千功行与天齐。自然有鼎烹龙虎，何必担家恋子妻。
信道金丹一粒，蛇吞立变龙形。
投胎夺舍及移居，旧住名为因果徒。若会降龙并伏虎，真金起屋几时枯。
《周易参同契·晦朔合符章第十八》论龙：

晦朔之间，合符行中。混沌鸿蒙，牝牡相从。滋液润泽，施化流通。天地神明，不可度量。利用安身，隐形而藏。始于东北，箕斗之乡。旋而右转，呕轮吐萌。潜潭见象，发散精光。昂毕之上，震为出征。阳气造端，初九潜龙。阳以三立，阴以八通。三日震动，八日兑行。九二见龙，和平有明。三五德就，乾体乃成。九三夕惕，亏折神符。盛衰渐革，终还其初。巽继其统，固际操持。九四或跃，进退道危。艮主进止，不得逾时。二十三日，典守弦期。九五飞龙，天位加嘉。六五坤承，结括终始。酝养众子，世为类母。上九亢龙，战德于野，用九翩翩，为道规矩。阳数已讫，讫则复起。推情合性，转而相与。循环璇玑，升降上下。周流六爻，难可察睹。故无常位，为易宗祖。

　　古代著名丹经中论龙的内容，在《中华传统节气修身文化要略》及前面的论述中已分别作过解析，解秘的钥匙也蕴含在其中，只要掌握了这些钥匙，那么这些脍炙人口的丹经诗词不仅解读起来并不困难，而且直接诵读原著时，意境还会更为悠深。因此，在这里就不再逐句进行白话释读。

（2）清阴除虫

道生一，天下万物一理，人也概莫能外。国家治理农桑，身国治理求真，道理都是一样的。

农谚云："到了雨水节，锄头不停歇。""麦沟理三交，赛如大粪浇。""要得菜籽收，定要勤理沟。"季节不等人，一刻值千金，春耕是大忙季节。

一年之计在于春，种地是这样，修身同样是如此。作为修身者，应当顺四时而有度，到了雨水节，就要铁牛丹田耕地不停歇，把备耕备种深耕田、施甘霖、得阳光三项工程完整地在体内启动，这样我们的肝仁木以及体内众多生命的健康才会改善，工作能力才会提升，才能使得体内"人法地"的生命净化、提升、再造的艰巨工程，再度全面展开和推进。

修身养生实践者，对于身国内下丹田与中丹田这两块田地的田间治理与管理，既存在着无为之治，也存在着有为之治，而且在早期更重要的是"正善治"的有为之治。在雨水期内，我们需要更多关注的是水之炁和火之液的同步治理。春时万物复苏，由于温暖的气候条件，一切阴性的"物"同样会获得生机，因此，春时在自然界就表现为病虫害易发生和蔓延的一个时期，而且杂草也会相继萌发。在身内同样存在着这种现象，只是形名不同。我们就应该主动预防阴邪萌生，这就是治理学的一个重要范畴，要牢牢把握住，并且要应用好。该如何除杂草、防虫害呢？除杂草，也就是要本着"其未兆也，易谋也"的原则，及时清理我们体内的五阴志、内五贼和七情六欲，使它们没有生长之地，不再动摇影响意识和智识而泛滥成灾；同时，对三尸九虫的预防、防治、伏灭，也都要同步进行。这样才能够使我们每年都有一个好的龙事开端。

二、身国内的古雨水修身

（一）身国内的春耕和水土治理

春雨时节，外盼龙行雨施，风调雨顺，五谷丰登；修身，则内盼龙行肾水输布足，五德能量齐全，五臟六腑先天肾水充沛，气调精化，"圣信

古雨水

型于内"，发挥承载扶生功能，使五臟内的五德能量厚实，能攒簇五行得一。

我们仍然可以借助图 1-14《内景图》，来掌握雨水节气的修身。研读此图，可以从图上的铁板桥开始，看到杨柳飘飘的图景，然后一直到织女纺线的地方，进行仔细研究；并且，依据古雨水农事特点，来把握自己体内的龙事。

修身养生者在雨水节气中身国内的龙事，重点在于把握住肾水化炁和心火化液这两项内容。天阳索地阴和地阴索天阳已进入关键期，泰卦能量状态在下丹田中真实形成，这都需要我们全面加以运用转化。

在自然界，这个时候土壤仍然是冻融交替，应该进行春耕耙地了。"耙子"是一种农具，牛在前面拖着，人站在耙上面，在地里面耙地一遍，就能够防旱保墒。

图 3-12 《内景图》局部

同样，在《内景图》里亦可以看到，一位农夫扶着犁，已经开始在田里面用铁牛犁地了。这个区域在体内对应的正是我们的下丹田。所以，我们对于意土的正善治，高度重视小腹腔里面所"种"的"麦子"，就显得格外重要。如果我们实践得好，此时就不仅仅只是小麦返青，有可能麦子已经开始拔节了。此时，还要注重施好肥，体内最佳的"肥"，也就是地炁和天德的能量，将其更多引入我们的体内，就是最佳的施肥了。并且还

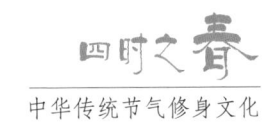

需要将身内的五阴六欲七情等这些杂草、枯叶深埋在信土之中。

身国内预防土过湿，清沟沥水，这里面就需要把握好抽和添的及时运用。既要有雨水下降，同时还要防止雨水泛滥，防止水在小腹腔内堆积过多，未能及时进行烹炼而水化炁；而且，要常常观想体内天阳的温度像春天的阳光那样非常明媚、温馨，对心液的关注也就显得格外重要。换句话说，炉中的火和心中的灯，这两者都同样重要，需要我们对照古雨水农事的特点来全面进行把握。

（二）古雨水修身论水火

天地之间阴阳能量的交换，是通过自然界的雨水作为载体来完成的。自然界天地之间是依靠物相之水携带地炁化成气上升到天，在天上吸附天阳能量凝聚变化成云，达到相对量级以后，化成雨而下降，降落到地面的水吸收地炁后，又变成水气上升到天，吸收天德能量再转化成为雨，这样的过程就将天阳地阴的能量，反复通过雨水的循环输布，载着天慈地恩扶生长养万物，完成地球上各种形态生命的生、长、成乃至于藏。天德与地炁在此变化中升降，焕发生机，天地自身也因此"天长地久"。

人体内全息性具备着"内天地"的形态与结构，心与肾是人体内的天与地，横膈膜穹隆就是体内的天穹，体内心中的心液就是生命内在的"天德"能量，阴蹻内的先天肾炁就是生命内在的"地炁"能量。生命内天地中"雨水"的形成，具有物相雨和质象雨的双重现象，物相的内雨是通过唾液而表现，古代依据唾液的质象特征，又称其为津液、玉液、甘露等不同属性的名称。修身者通过唾液的形成和吞咽，实现体内雨水的形成与循环，这是生命之水阴阳升降的特征。

肾水化炁，有两条质象内脉与舌下相通；心火化液，同样有两条质象内脉与舌下相通，物相的唾液同时含有肾炁与心液。因此，生命的唾液与天地间的雨水相似，又名为金津玉液。身内的甘露——唾液，是生命体内心液之阴与肾水之阳炁的载体，生命之水的内循环不止歇，就是生命活力旺盛的源泉。人们常常不太主动去吞咽唾液，也不知道如何咽下唾液以及身体下面的水如何上升，这其中就有一个技术问题，也就是老子所强调的

古雨水

"上善治水"修身实践方法论。

生命身内物相之水众多,只要不断将水炁化,炼水化炁,金水分形,化肾水为炁,炼心火而生液,主动融合这两者,化为身内之雨,"好雨知时节"式地下降,循环不歇,则心肾终必内相交而功成。

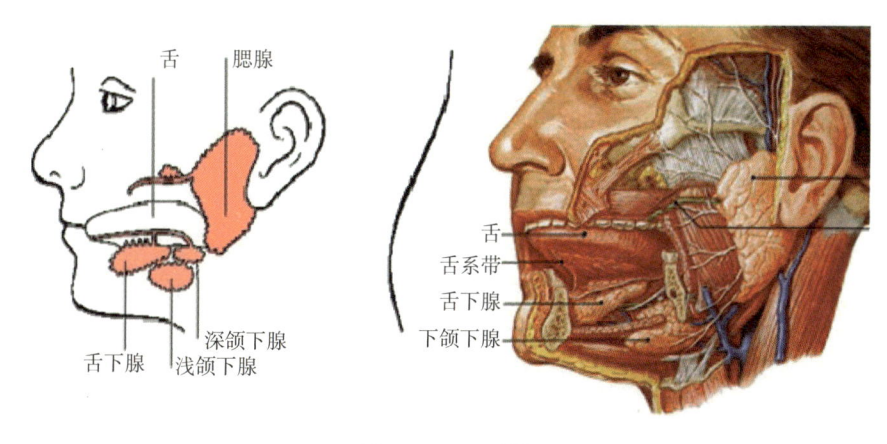

图 3-13 口腔图

我们从图 3-13 中可以看到,实际上质象和物相常常是可以相互伴随的。腮腺、深颌下腺、浅颌下腺、舌下腺,刚好是四个腺体,刚好也就是在口腔里给我们提供这些液体。我们在启动三车之一的水车,提抽运转肾水转化为炁以后的能量流,其依附于脊柱而上行的过程,完全类似于传统水车车水的过程,只是需要我们在想象力的配合下,结合椎体与髓腔的生理结构的弯曲,观想能量在此处进行一个转折,如同水车龙头处的结构。转折还是不转折,这完全是两个境界。不转折,能量将在前侧弥散;一转折,能量则必定进入脑干区。能量一旦能进入脑干区,所对应的位置刚好是前侧口腔的一个谷口,也可称为泉眼。所以"抽时转折45°角"就是天机所在。

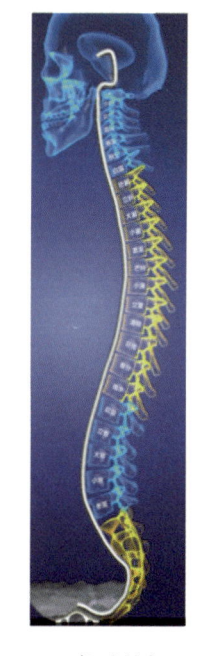

图 3-14 抽时转折 45° 角

只要掌握了这个天机法诀,当在意识的关注、想象力的配合作用力下,能量通过此转折区时,前侧口腔的"谷"里面必定会立刻甘泉涌动,金津玉液就会油然而生,即使是仓库再虚、再空的人,或多或少也都还是能够生成一点津液。同样的道理,能量在进入第1、2、3、4节颈椎的时候,也同样可以影响到深颌下腺、浅颌下腺,使口内的津液甜水甘露很快形成。

随着实践的深入,能量得以升华,心液生化的层次不断提升,肺液也将会在胎息中完成这一过程。当然,这需要我们首先抓住肾水之炁和心火之液在口腔里的运用,然后才能进入到金液阶段。

(三)应泰卦修身进火

《紫阳真人悟真篇三注》:"否泰运用阳升阴降,春分阳气升到天地之中,阴阳相半,为泰卦。亦如月之上弦气候,此时阴阳自然相交,不进火候谓之沐浴。秋分阴气降到天地之中,阴阳相半,为否卦。亦如月之下弦气候,此时阴阳自然交结,不进火候,谓之沐浴。斯亦法象如此,何劳执诸卦爻哉。"在年度周期律的顺四时之度的修身实践中,下半年的否卦期和上半年的泰卦期的时间与空间区间内,需要运用肾水中的阳炁上升与心火中的阴液下降,与天地之间的阴降阳升同步同频,借天地之炁势而促成体内的变化转换。

春分区间内阳气逐步上升,天地进入阴阳各半而阳气又居于主导位置的状态。体内肾水中的阳炁,此时就应当从阴蹻上升到脐平水线上后方的下丹田之中。这也如同月亮处于上弦状态时的能量形态,阴阳泰半,能量的互动就会自然相交,而不必再借助外界的力量去进行有为的推动,也就是不必运用"进火候"的方法而有为练习,这一阶段区间还有个特定的名称,叫作"沐浴"。但是,沐浴也并不是什么也不修持练习,而是仍然需要与天地同步,主动连接天地而接纳吸收天德地炁能量,并且在静态中观察能量的变化,如沐春风在体表经络窍穴,如浴春雨在身内臟器和四肢百骸。人在天德地炁之中,天德地炁充实于身心之内,静默观守下丹田,以候变化。

在下半年的秋分时节区间,天地之间的阴阳升降变化恰好与上半年相反,虽亦为阴阳相半,但却是否卦的形构,如同月亮的躔度变化进入下半月的下弦月状态。天德地炁不再交接而变得否塞不通，阴性能量占据主导地位，能量互换出现又一次相对性的静态。这期间同样需要修身明德实践者同步于天时进入沐浴修持阶段中，与天时变化相同步。这种实践，顺四时之度，把握空间变化韵动之度和时间变化韵动之数，完全是效法天道色象能量场中的变化而为之，完全可以摆脱对卦象的依赖性。用卦象和卦爻相比喻，只是对人们正确认知天道五运规律，把握空间扭曲之度和时间扭曲之数这两个"玄之有玄"进行指导，以引领修身实践者顺利进入"众眇之门"。

《紫阳真人悟真篇讲义》："十二月建在丑，用地泽临卦为二阳爻。正月建在寅，用地天泰卦为三阳爻。每月三十日换一卦，以进火符，是三旬增一阳爻，乃一年卦气周天之候也。"泰卦的生成，活力的具备，不应当孤立地求取，而是要立足于上一年的一阳来复之时就扎下根基。上一年的十二月建在十二地支中的丑，此时是取用地泽临卦中的第二道阳爻的形成作为能量升值变化的象喻。当年的正月建是居于十二地支中的寅，这一时间和空间是运用地天泰卦的第三道阳爻的形成而进行象喻。每月是三十天更换一个卦象，表述修身明德实践中如何同步地进行"进阳火"与"退阴符"的实践。是三旬增添一道阳爻而变化着卦形与卦名，通过十二消息卦而象喻年度周期五运六炁（气）能量变化转换的周而复始。

自然天地进入泰卦期时，是身内抽坎填离的佳期。当身内精炁能量充沛时，也是无为河车运转之期。需要修身者自知者明，因身制宜而采用符机法。《修真十书金丹大成集·卷之九》中记载了相关的图文：

（1）既济鼎图：离坎相交济，水火既济鼎，铅汞入鼎，乃生根蒂。

图 3-15 既济鼎图

（2）河车图：北方正炁，日月为轮，搬水运火，昼夜无停。

圖車河

直駕元神歸紫府

潛搬真氣入黃庭

图 3-16　河车图

泰卦期，天地在一吸一呼之间，阴阳泰半，生机勃发，推动了万物的自然变化；人类的治理还是需要顺天应人、应时、应物，把握住身国之龙的苏醒，以及身国之龙的腾飞和相关活动。

"正月泰卦，九三，君子进德，可与几也"，每年正月期的泰卦区间内，是泰卦第三道阴爻变换成阳爻的时期，在这一时间与空间里，修身求真的君子要把握住心意的修善积德和天德能量的获得，那么提升与再造就有了依凭，"可与幾（几）"是指能够进入玄之有玄的众眇之门，而见龙在田，龙炁活跃，就是必然。"幾（几）"是指基因文化中的"幾析法"，也称之为"幾学"，既与科学一词相对应，同时又是东方文明方法论中独有的特色文化。

· 治事养生篇 ·

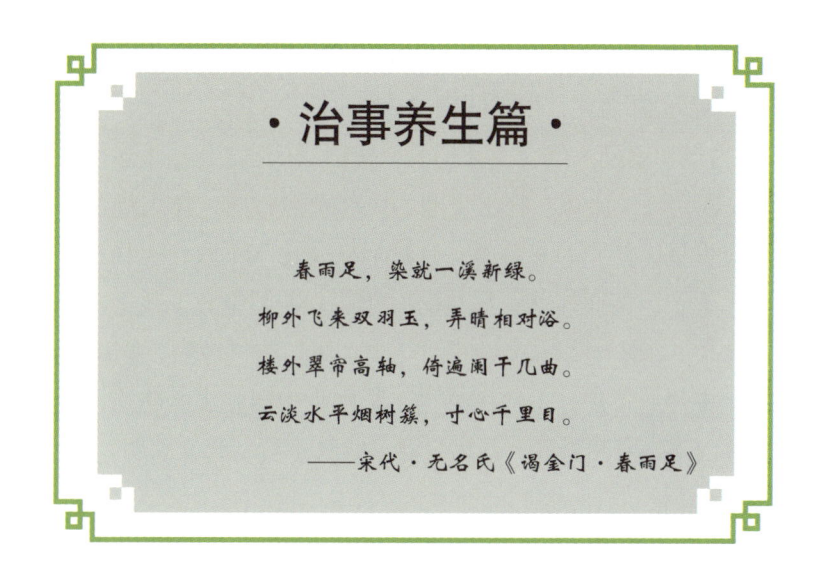

春雨足,染就一溪新绿。
柳外飞来双羽玉,弄晴相对浴。
楼外翠帘高轴,倚遍阑干几曲。
云淡水平烟树簇,寸心千里目。

——宋代·无名氏《谒金门·春雨足》

一、古雨水运气与治事

图 3-17　清代蓝瑛《烟雨山水》

（一）运气古籍

《京氏易传·归妹》："立春正月,节在寅,《坎》卦初六,立秋同用。

雨水（启蛰）正月中在丑，《巽》卦初六，处暑同用。惊蛰（古雨水）二月节在子，《震》卦初九，白露同用。"

《黄帝内经·素问·气交变大论》："帝曰：五运之化，太过何如。岐伯曰：岁木太过，风气流行，脾土受邪。民病飧泄食减，体重烦冤，肠鸣腹支满，上应岁星。甚则忽忽善怒，眩冒巅疾，化气不政，生气独治，云物飞动，草木不宁，甚而摇落，反胁痛而吐甚，冲阳绝者，死不治，上应太白星。岁火太过，炎暑流行，金肺受邪。民病疟，少气咳喘，血溢血泄注下，嗌燥耳聋，中热肩背热，上应荧惑星。甚则胸中痛胁支满胁痛，膺背肩胛间痛，两臂内痛，身热骨痛，而为浸淫。收气不行，长气独明，雨水霜寒，上应辰星。

岁金太过，燥气流行，肝木受邪。

……

甚则腹大胫肿，喘咳寖汗出憎风，大雨至，埃雾朦郁，上应镇星。上临太阳，雨冰雪霜不时降，湿气变物，病反腹满肠鸣溏泄，食不化，渴而妄冒，神门绝者，死不治，上应荧惑辰星。"

译文：

黄帝问道："五运的气化太过会怎样？"

岐伯回答说："木运太过的年份，风气流行，木胜则克土，脾土会受邪发病。人们易患飧泄、食欲不振、肢体沉重、烦闷抑郁、肠中鸣响、腹部胀满等疾病，上应天上的岁星，也就是木星。若风气过于旺盛，在人体就会出现易怒、头昏眩晕、眼黑发花等头部疾病。这是土气不能行其政令，木炁独胜的现象。所以风气就更猖獗，使得天上的云物飞扬，地上的草木摇摆不定，甚至会被折落。此时人们会出现胁部疼痛、呕吐不止等症状。如果冲阳脉断绝，就是胃气败绝的象征，病人大多会死亡，无法治疗。在天上与太白金星相应。

火运太过，则暑热流行，火胜克金，则肺受火邪。人们多患疟疾，呼吸少气，咳嗽气喘，吐血、衄血，二便下血，水泻如注，咽喉干燥，耳聋，胸中热，肩背热。在天上应火星。如果火热之气过于亢盛，在人体甚至会有胸中疼痛，胁下胀满，胁痛，胸背肩胛间等部位疼痛，两臂内侧疼痛，

古雨水

身热肤痛，而发生浸淫疮。这是金气不振，火炁独旺的现象。由于物及必反，火炁过旺就会有雨冰霜寒的变化，这是火热之极、寒水来复造成的。在天上应水星，这是显示火盛则水气制之。

金运太过，则燥气流行，金胜克木，则邪气伤肝。人们多病两胁之下及少腹疼痛，目赤而痛，眼梢溃烂，耳朵听不到声音。燥金之气过于亢盛，就会身体重而烦闷，胸部疼痛并牵引及背部，两胁胀满，而痛势下连少腹。在天上应金星。甚则发生喘息咳嗽，呼吸困难，肩背疼痛，尻、阴、股、膝、足等处都感疼痛的病症。在天上应火星。如金气突然亢盛，木炁被克制，在草木则生气收敛，枝叶枯干凋落；在人们的疾病多见胁肋急剧疼痛，不能翻身，咳嗽气逆，甚至吐血、衄血。若太冲脉绝，多死亡而无法治。在天上应太白金星。

水运太过，则寒气流行，水胜克火，则邪气损心。人们多患发热，心悸，烦躁，四肢逆冷，全身发冷，谵语妄动，心痛。寒气非时早至，在天上应水星光明。水邪亢盛则有腹水，足胫浮肿，气喘咳嗽，盗汗，怕风。由于水气盛，则大雨下降，尘土飞扬如露一样的迷蒙郁结，土气来复，在天上应土星光明。如遇太阳寒水司天，则雨冰霜雪不时下降，湿气大盛，物变其形。人们多患腹中胀满，肠鸣便泻，食不化，渴而妄冒。如神门脉绝，多死亡而无法治疗。在天上应火星和水星。"

（二）古雨水全息兆象

《逸周书·时训解》记载："雨水之日，桃始华。又五日，仓庚鸣。又五日，鹰化为鸠。桃不始华，是谓阳否。仓庚不鸣，臣不服主。鹰不化鸠，寇戎数起。"

黄莺不应时而叫，国家的臣子们可能会不服主人的现象；如果鹰鸣不化为布谷鸟的叫声，敌军会数次来犯，局部战争就会频频发生。

《开元占经·卷一》："（古雨水）当至不至，则雾，稚禾不穗，老人多病疾疟；未当至而至，多病痈疽，胫肿。"

《开元占经·卷九十二》："雨者，阴阳和而天地气交之所为也。太清之世，十日一雨，雨不破块。京房曰："太平之时，一岁三十六雨，是为休征，

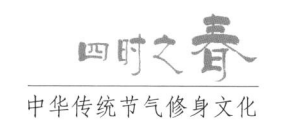

时若之应，凡雨三日以上，为霖，久雨谓霪。"

"天无云而雨，谓之天泣，其占为国易政，若出军逢之，其军必不还。"

"二月一日风雨，谷贵禾恶；二日、七日、八日、九日，当雨不雨，道中有饿死人；九日至十五日，当雨不雨，兵起；十七、十八日，当雨不雨，虫冬不蛰；十九、二十日，当雨不雨，三月大旱；二十六日至二十八日，当雨不雨，有逆风从东来，损物。二月晦日风雨，多疾病、死亡。"

《河图》曰："主急恚怒，则无云而雨。"

《抱朴子》曰："无云而雨，是谓雨血，将军当扬兵、讲武，以应之。雨大，军中尤甚者，将军败死。"

"京房曰：人君进无德树为功，则无云而雨。"

古代的"占"，是运用《周易》中蕴含的量子纠缠信息相互作用原理，进行信息的发现、捕捉以及综合分析，是信息一元化的认知。从全息论、能量传导、对流、辐射等客观性而言，具有一定的参考价值，不可全盘否定。

（三）古雨水治事

1. 古雨水与寒食月

古雨水期间是自然寒食、清理净化身口意和心灵的最佳时令，在寒食月的时间段内，可以主动把握天时，同步进入自然休谷，七天、十四天、二十四天皆可。不过，能否进入寒食与休谷，要看自己是否符合三项标准要求：不饥饿，不想吃，有精神。

梨富含钾，是寒食月或休谷的首选水果。梨的食用方法多样，可以因人而异地选择，洗净生食或榨汁都可以。当体内"保钾"的生理功能还未苏醒，而"排钾"的生理功能未被纠正之前，在寒食或休谷期间应当考虑适量而及时地补充钾，以免出现乏力短气等现象。

2. 顺应时令驱虫防虫害

（1）民间驱虫

我国各地农村中，特别是在少数民族地区，迄今仍然保留着借天时节令驱虫防虫的民俗。在启蛰和龙抬头以后的雨水节气中，借龙腾天地之威

古雨水

势，运用这个最佳时机，可以同步进行农田作物的驱虫防虫。

例如，瑶族在启蛰后的雨水日家家户户都要吃"炒虫"，人们将玉米当作"虫"炒熟后，放在厅堂中，全家人围坐一起大吃，还要边吃边喊："吃炒虫了，吃炒虫了！"尽兴处还要比赛，谁吃得越快，嚼得越响，大家就来祝贺他为消灭害虫立了功，其实"吃虫"就是吃玉米。这一民俗，在古代是运用黄帝形名学说的内涵而进行的，并不是简单的"象征性"活动，因而能够代代承传。

有些地区的农村在启蛰后的雨水日，要在庭院之中生火炉烙煎饼，也是运用形名学内涵，寓意烟熏火燎整死害虫。在陕西一些地区，过启蛰后的雨水要吃炒黄豆。人们将黄豆用盐水浸泡后放在锅中爆炒，发出噼啪之声，象征虫子在锅中受热煎熬时的蹦跳之声。

山西的农民在启蛰后的雨水日要吃梨，意思是与害虫别离。

（2）修身者驱虫

修身实践的顺时令驱虫，与民俗文化中的驱虫源起一致却又有所不同。这主要是因为在历史的长河中，社会宗亲氏族文化中主持这类民俗活动的关键人物越来越缺乏，导致社会中只存在单纯形名学的应用和流传，而逐步地失去了文化的修身内核。

龙抬头驱虫，雨水节气驱虫，原生于内文明的修身文化，其中还存在内核性的内容。虫，同样具有物相与质象，人体内的九虫驱除，在古代早就诞生出隐显并举、音药同施，整体把握而驱治的方法。

二、古雨水的正善治养生

古雨水过后万物复苏，春暖花开，同时各种病毒和细菌也开始活跃，因而这个节气也就具有双刃剑的效应。人体的肝阳之气渐升，阴血相对不足，养生应顺乎阳气升发、万物始生的特点，在身识、口识、意识上全面进行"予善信，正善治"的严格治理。在品格、品质、品行这三品上严加规范，使自身的精神、情志、气血也如春日一样，正气全面复苏，舒展畅达，

图 3-18　清代黄慎《八仙图》

正气内存而邪不可犯。春季与肝相应，如养生不当，不主动顺应肝对仁德能量的需求，反而放任阴木能量在肝内生长，则可能伤肝而加重原来的病患，或是感染某些时疫疾病。

　　意识要加强"为学者日益"，学习掌握年周期律中的度、数、信，认清泰卦中天地阴阳能量输布的特点，以及日月躔度的动态规律，使修身实践全面同步于天地日月。如果能够将太极修身、经典诵读和意识的正善治牢牢把握住，使身、音以及思维发出的波，都符合"S"玄曲波的度、数、信，那么我们的生命之龙就可以帮助自己迅速提升，迅速且高品质地使体内在经络、八脉道、器官内外、身体表层等，产生复杂而完整的玄曲波韵物元形构的质体。

　　养生不修善，终是门外汉。人类长期离道失德，与四时之度的天道规律秩序相违背，弃善染恶而不觉得自己在自戕性命。人们的妄意缺失道德信念，人生价值观扭曲而混命，当然体内也就会正气稀缺而邪气和病气旺盛。大批人全都如此混命，相互传导、辐射、对流，就形成了社会性浊流能量团簇，

古雨水

强化与加速各种时疫、疾病的传播,因而并不是单纯投入药物所能扼制和真正全面控制的世情现象。另外,流感、流脑、水痘、带状疱疹、流行性出血热等时疫和疾病的发病率,也是逐年只见上升,而不见缩减,人们只在外环境上找原因、想办法,其实是一种舍本求末、大投入小回报的愚治。

顺四时之度而民不有疾,这是一个自然法则,人类只有真正将信德型于内,同时行于外,才能从根本上减少时疫的流行爆发,解决疾病对生命的困扰。

(一)身识养生

1. 身识舒展畅达

古雨水身识行为的顺四时之度,贵在使精神、情志、气血如春日一样舒展畅达,生机盎然。应该早睡早起,散步缓行,活动舒展筋骨。

2. 身识仿龙韵动

古雨水养生,仿生于天地之间龙的行为而正确地韵动起来是重点。仿龙韵动的太极修身实践的加强,经典诵读的强化以及"人法地"的勤修,是主要的措施;顺应天地的调整,把握住身识、口识、意识三识的守信,再加上后天之本的高度配合,就可以使先天之本的肾气借天地动态的大势而产生内动相应,同频发动,使精气神获得同步调整与补充,精神愉悦,身体健康。

3.《灵剑子》导引法

二月坐功一势:

(1)正坐,两手相叉,争力为之,治肝中风。

(2)以叉手掩项后,使面仰视,使项与手争力,去热毒肩痛,目视不明,积风不散。元和心气,梦之令出散,调冲和之气,补肝,下气海添内珠尔。

(3)又一势:以两手相重,按髀拔去,左右极力,去腰肾风毒之气及胸膈,兼能明目。

实际上,假如太极修身和经典诵读坚持得好,效果倍胜于这种启动意识、运用气力主动进行求证的方法。当然,我们对于古代史籍中记载的这些修养方法也应当正确地借鉴,不离信、智、礼三本式而进行应用。

4. 陈希夷二十四气导引坐功图势——古雨水（惊蛰）

图 3-19 古雨水（惊蛰）坐功图势

运：厥阴初气。

时：手阳明大肠燥金。

坐功：每日丑、寅时，握固转颈，反肘后向头掣五六度，叩齿六六，吐纳漱咽三三。

即：每天凌晨 1～5 时之间，盘坐，两手握固。头项向左右缓缓转动各四次。两肘弯曲，前臂上抬与胸齐平，手心朝下，十指自然拳曲。两肘关节同时向后顿引，还原。如此反复做 30 次。然后如前做叩齿、咽津、吐纳而收功。

主治：腰脊肺胃蕴积邪毒、目黄口干、鼽衄、喉痹、面肿、暴哑、头风、牙宣、目暗羞明、鼻不闻臭、遍身疙瘩悉治。

（二）口识养生

1. 古雨水宜食

春季的饮食总原则，是宜于清淡，适中取甘。油腻煎炸类的食物，最

古雨水

好少吃或完全不吃，具有明显刺激性的食物，如辣椒、葱蒜也应当少吃。若能素食和寒食，在春季仲春时适当把握则会更佳。

古雨水的饮食养生，要顺肝之性，助益脾气，令五脏和平。饮食的调配，应当掌握少酸而适当用甘味调补脾胃。食用新鲜蔬菜及蛋白质丰富的食物，菠菜、油菜、莲子（干）、银耳（干）等蔬菜最为相宜。地下的根块类，大多数不属于禁忌之列。而人工越冬的非时令季节的菜蔬瓜果，则要慎重选择。病从口入，常表现在瞎吃乱饮，不顺时令而动，反季节蔬菜瓜果大行其道，却不知能招致内脏违和受损。有些市场在古雨水时节还有西瓜在销售，人们在这时候吃西瓜，往往是受了暗伤而不知。

外感风寒而咳嗽，是常见的疾患之一，应时令而调治，加强肺部的生理功能，效果会明显提升。饮食中，适当食用莲子、枇杷、罗汉果等食物，有利于肺部的养生保健和康复治疗。

图 3-20　银耳

适合春季养生具有润肺健脾功效的食物，还有枇杷、百合、银耳、山药、大枣等，药物有沙参、麦冬、玉竹、黄精等，在自身体质合适的情况下，春季常食用上述药食物，对健康会大有好处。

2. 养生食谱

古雨水时节，可以制作黑米粥、红枣粥、

图 3-21　山药

菠菜粥、萝卜粥、菊花粥等粥品养生。

黑米党参粥：

食材：党参、白茯苓各 15 克，生姜块 5 克，黑米 100 克，冰糖 60 克。

做法：将所有食材加水适量，共煮成粥。

功效：具有补中益气、健脾养目的作用，适合气虚体弱、脾胃虚弱、全身倦怠无力、食欲不振、大便稀薄等患者食用。

桃花粥：

食材：桃花瓣 10 克，粳米 100 克。

做法：将所有食材加水适量，共煮成粥。

功效：对便秘有一定食疗效果。

3. 古雨水食梨

古雨水时节，乍暖还寒，气候比较干燥，很容易使人口干舌燥、外感咳嗽。瓜果中的生梨性寒味甘，有润肺止咳、滋阴清热的功效，因此民间有此时吃梨的习俗。但梨性质寒凉，不宜一次食用过多，否则反会伤害脾胃。

梨除了可以生吃，还可以进行烟火加工的蒸、煮水、烤食，尤其是用冰糖蒸梨，对咳嗽具有很好的疗效，应时节而用，对春季易发生的咳嗽咽痛有及时效果，对老慢支类的咳嗽易发，也具有康复其本的功效，可以适时适量而用之。

图 3-22　梨

食梨方法：

榨汁食用：取生梨 3-5 颗，去核去皮后榨汁，每 500 毫升加入冰糖 15 克、胖大海 1 枚，煮后服用，有润肺生津、利咽开音的功效；将生梨、莲藕一同榨汁后兑蜂蜜饮用，有健脾、清心、润肺的功效。

蒸熟后食用：生梨 1 个，川贝母粉 4 克，冰糖 12 克。梨去核后，将川贝母粉和冰糖一起放入梨中，放在蒸锅内蒸 45 分钟后取出食用，润肺止咳化痰之力更强。

古雨水

煮水食用：切片后与冰糖、川贝母、银耳同煮，有健脾润肺止咳的功效。

直接食用：对于津液缺乏、大肠干枯的人，有润燥通便的效果。但是，属于寒性便秘者，不宜食用，否则，开始食用时虽有一定效果，但是越吃便秘反倒会越严重。

三、古雨水治事养生宜忌

（一）治事养生之宜

《千金月令》曰："二月二日取枸杞煎汤晚沐，令人光泽，不病不老。"

《灵宝》曰："是月八日，宜修芳春斋。五日，修太上庆生斋。"

《法天生意》曰："二月初时，宜灸脚三里、绝骨，对穴各七壮，以泄毒气，夏来无脚气冲心之病。"

（二）治事养生之忌

《千金月令》曰："二月三日，不可昼眠。"

《白云忌》曰："二月九日，不可食鱼鳖，仙家大忌。"

《云笈七签》曰："二月十四日，忌水陆远行。"又曰："是月勿食黄花菜、交陈菹，发痼痰，动宿气。勿食大蒜，令人气壅，关膈不通。勿食鸡子（蛋），滞气。勿食小蒜，伤人志。勿食兔肉、狐貉肉，令人神魂不安。兔死眼合者勿食，伤人。兔子勿与生姜同食，成霍乱。"

《养生论》曰："是月行途，勿食阴地流泉，令人发疟瘴，又令脚软。

是月勿食生冷，可衣夹衣。

是月雷发声，戒夫妇容止。

是月初四、十六日，不宜交易裁衣。"

《玄枢经》曰："毋竭川泽，毋焚山林。勿任刑，勿杀生。"

《杨公忌》曰："十一日，不宜问疾。"

《遵生八笺》曰："二月，忌东北雷，主病，西北多疫。春分忌晴，主病。"

四、古雨水采药与制药

（一）采药

1. 云母

《名医别录》曰："云母生泰山山谷、齐山、庐山及琅琊北定山石间，二月采之。云华，五色具；云英，色多青；云珠，色多赤；云液，色多白；云砂，色青黄；磷石，色正白。"

2. 石胆

《名医别录》曰："石胆生秦州羌道山谷大石间，或羌里句青山。二月庚子、辛丑日采。"

3. 甘草

《名医别录》曰："甘草生河西川谷积沙山及上郡。二月、八月除日采根，曝干，十日成。"

4. 桔梗

《名医别录》曰："桔梗，生嵩高山谷及冤句。二、八月采根，曝干。"

5. 黄耆

《本草纲目》："弘景曰：第一出陇西洮阳，色黄白，甜美，今亦难得。次用黑水宕昌者，色白，肌理粗，新者亦甘而温补。又有蚕陵白水者，色理胜蜀中者而冷补。又有赤色者，可作膏贴。俗方多用，道家不须。"

《名医别录》曰："黄耆，生蜀郡山谷、白水、汉中。二月、十月采，阴干。"

6. 黄精

《本草纲目》时珍曰："黄精为服食要药，故《别录》列于草部之首，仙家以为芝草之类，以其得坤土之精粹，故谓之黄精。《五符经》云：黄精获天地之淳精，故名为戊己芝，是此义也。"

《名医别录》曰："黄精生山谷。

图 3-23 生黄精

二月采根，阴干。"

7. 黄连

《名医别录》曰："黄连，生巫阳川谷及蜀郡太山之阳。二月、八月采根。"

8. 人参

《名医别录》曰："人参生上党山谷及辽东，二月、四月、八月上旬采根，竹刀刮，曝干，无令见风。根如人形者，有神。"

9. 沙参

《名医别录》曰："沙参，生河内川谷及宛句般阳续山，二月、八月采根，曝干。又名：羊乳，一名地黄，三月采，立夏后母死。"

10. 荠

《本草纲目》曰："今川蜀、江浙皆有之。春生苗茎，都似人参，而叶小异，根似桔梗，但无心为异。

润州、陕州尤多，人家收以为果，或作脯啖，味甚甘美，兼可寄远。二月、八月采根，曝干。"

11. 前胡

《名医别录》曰："前胡，二月、八月采根，曝干。"

12. 防风

《本草纲目》："治三十六般风，男子一切劳劣，补中益神，风赤眼，止冷泪及瘫痪，通利五臟关脉，五劳七伤，羸损盗汗，心烦体重，能安神定志，匀气脉（大明）。

时珍曰：防者，御也。其功疗风最要，故名。"

《名医别录》曰："防风，生沙苑川泽及邯郸、琅琊、上蔡。二月、十月采根，曝干。"

13. 升麻

《名医别录》曰："升麻，生益州山谷。二月、八月采根，晒干。"

（二）制药

1. 惺惺散

春时，头目不利，昏昏如醉，壮热，头疼，腰痛，有似伤寒，宜服惺

惺散。

桔梗 [一两]　细辛 [五钱]　人参 [五钱]　茯苓 [一两]　瓜蒌仁 [五钱]
白术 [土炒，一两]

共为末，炼蜜为丸，如弹子大。每服一丸，温汤化下。

2. 菊花散

老人春时，热毒风气上攻，颈项头痛，面肿及风热眼涩宜服。

甘菊花　前胡　旋覆花　芍药　玄参　防风 [各一两]

共为末，临睡酒调二三钱送下。不能酒，以米汤饮下。

3. 服食法

二月、九月采葳蕤根，切碎一石，以水二石煮之，从旦至夕，以手按烂，布囊榨取汁，熬稠。其渣晒为末，同熬至可丸，丸如鸡头子大。每服一丸，白汤下，日三服。导气脉，强筋骨，治中风湿毒，去面皱颜色，久服延年。

4. 吸毒石

《本草纲目拾遗》："袁栋书影丛说云：吴江某姓有吸毒石，形如云南黑围棋。亦有白色者，有大肿毒者，以石触之，即胶粘不脱，毒重者，一周时即落，轻者超时即落，当候其自脱，不可强离也，强离则毒终未尽。俟其落时预备人乳一大碗，分贮小碗，以石投乳中，乃百沸踊跃，再易乳，复沸如前，俟沸定，则其石无恙，以所吸之毒为乳所洗尽也。否则石必粉裂云，得之大西洋。

岭南杂记：出西洋岛中，毒蛇脑中石也，大如扁豆，能吸一切肿毒，发背亦可治。今货者乃土人捕此蛇，以土和肉舂成，如围棋石子，可吸平常肿毒及蜈蚣毒蝎等伤。置患处粘吸不动，毒尽自落。浸以人乳，变绿色，即远弃之，不浸即裂，下次不验。真脑中石，置蛇头不动者真。张绿猗言：吸毒石乃蛇蛰时口中所含泥，惊蛰后吐弃穴畔，人取货之。"

·民俗篇·

世味年来薄似纱，谁令骑马客京华。
小楼一夜听春雨，深巷明朝卖杏花。
矮纸斜行闲作草，晴窗细乳戏分茶。
素衣莫起风尘叹，犹及清明可到家。

——宋代·陆游《临安春雨初霁》

一、古雨水的民俗文化

祭白虎化解是非：

很多中国的民间传说，都是从古代的质象境文化现象中，继承了人体内和天地间在色象境内白虎的存在性，只是丢失了其中深层次的内涵，全面转成了外求法。民俗中的白虎，仅存在着天地间色象境内质象属性的白虎，认为白虎是统管人间口舌、是非的物灵神，每年都会在雨水这天出来觅食，开口噬人。如果不慎犯之，则在这一年内常会遭遇邪恶小人兴风作浪，阻挠前程

图 3-24 白虎

顺利发展，引致百般不顺。大家对它心怀敬畏，为了自保，便在启蛰后的古雨水那天祭祀白虎，以求避免无妄之灾的发生。

中国民俗中的祭白虎，是指拜祭用纸绘制的白老虎，或者用竹片扎一个纸老虎，然后画上花纹。纸老虎一般为黄色黑斑纹，口角画有一对獠牙。拜祭时，用猪血作为祭品饲喂，使其吃饱后不再出口伤人，继而以生猪肉抹在纸老虎的嘴上，使之充满油水，不能张口说人是非。

无妄之灾，其实都有内在的因果关系。人体内本身就存在着白虎，而且龙虎还要斗一场，然后完成龙吞虎。正是因为体内的白虎不调训，才会招引外白虎的同类。片面地祭白虎，已经丢失了内求法的根本。就像现在的很多男性，没有节制地去接触很多女性，而这些女性都是怎么来的？其实都是因为他们自己的内白虎没有制约好，才迎来了外白虎。这些外白虎一旦与他们体内的白虎相结合，也就只有丢官、损财、败命、破家的下场了。

中国的传统文化，是以天人合一修身内求为前提的文化。人们在修身求真的实践过程中，完整地内视慧观到青龙、白虎、朱雀、玄武四象，以及它们显形聚合与结合归一的变化过程；并且，与自然天地相结合进行拓展思维，还能够发现启蛰后的雨水期，是体内白虎开始活跃起来的时间节点，具有"木龙动后金虎醒，肝仁木炁盛时肺义金则应"的客观规律。

因而，修身求真实践具有一定基础的人，应当重视和顺应白虎内动的时间节点，同时了解"龙吟之后必虎啸"的现象，整体地把握住龙和虎，重视调训白虎与鼓琴招凤，明明白白在体内将"龙行雨（肾水），虎从风（肺息）"解析透彻，能够顺应四时而用，才是一个真正的龙的传人。

"打小人"驱赶霉运：

启蛰后的古雨水，象征着二月份的开始，平地一声雷，唤醒所有冬眠中的蛇虫鼠蚁，家中的爬虫走蚁也会应声而起，四处觅食。所以，在古时启蛰后的雨水当日，人们会手持清香、艾草熏家中四角，以香味驱赶蛇、虫、蚊、鼠和霉味。这一民俗在流传中，由于意识哲学文化的取代，渐渐功利意识化，人们不仅要驱赶霉气，而且也要驱赶霉运。霉运缠身者，不是倡导"行有不得，反求诸己"，而是通过扎纸人拍打对头人，渲泄怨气、仇恨，甚至想当然地以为是谁整了自己，然后就叫着这个人的名字，把鞋子脱下来猛敲。

拍打对头人驱赶霉运的习俗，也就是民间"打小人"的风俗。在广东，每年启蛰后的古雨水那天，便会出现一个有趣的场景：很多女性一边用木拖鞋拍打纸公仔，一边口中念念有词地念打小人咒语，以此法驱赶身边的小人瘟神，以求摆脱一年的霉运。这种流行的民俗文化，也是缺失正善治方法的体现。从这些民俗文化中，也可以看出传统道德文化失落与变迁的痕迹。

二、古雨水农谚

与天象气候有关的：
二月莫把棉衣撒，三月还下桃花雪。
二月打雷麦成堆。春雨贵如油。
惊蛰（古雨水）前后一场风，倒冷就在三月中。
惊蛰（古雨水）当日天气晴，保证样样都能行。
惊蛰（古雨水）晴，树木芽发两层。
与人事物候有关的：
七九河开，八九雁来。
过了惊蛰（古雨水）节，耕地不能歇。
雷打惊蛰（古雨水）前，农民好种田。
雷打惊蛰（古雨水）后，低田好种豆。
惊蛰一犁土，春分地气通。
惊蛰（古雨水）春分两相连，耕田浸种莫迟延。
惊蛰（古雨水）闻雷米似泥，春分下雨病人稀。
惊蛰（古雨水）节栽生姜，夏至栽老秧。
粪大水勤，不用问人。
有收无收在于水，收多收少在于肥。
九尽杨花开，农活一齐来。

附录：

古雨水古籍参考

（一）天文古籍

《开元占经·卷一日占》："《易纬》：惊蛰（是今历雨水也）晷长八尺二寸。（按周髀长八尺五寸四分小分一。何承天长六尺七寸二分。祖暅长六尺六寸二分。今历景长六尺五寸四分。）当至不至，则雾，稚禾不穗，老人多病疾疟；未当至而至，多病痈疽，胫肿。"《开元占经·卷九十二雨占》："雨者，阴阳和而天地气交之所为也。太清之世，十日一雨，雨不破块。京房曰："太平之时，一岁三十六雨，是为休征，时若之应，凡雨三日以上，为霖，久雨谓霪。"

《淮南子·天文训》："加十五日指报德之维，则越阴在地，故曰距日冬至四十六日而立春，阳气冻解，音比南吕。加十五日指寅，则雨水（古启蛰），音比夷则。加十五日指甲，则雷惊蛰（古雨水），音比林钟。"

《旧唐书·志第十四·历三》："雨水初日，降七十八。初限每日损十二，次限每日损八，次限每日损三，次限每日损二，末限每日损一。"

《新唐书·志第十九·历五》："退行，入冬至初日，六十三日行二十二度。自后四日益度一。小寒一日，六十三日行二十六度。自入小寒一日后，三日半损度一。立春三日，平。毕雨水（古启蛰），六十三日退十七度。自入惊蛰（古雨水）后，二日益日度各一，惊蛰八日，平。毕气末，六十七日退二十一度。自入春分后，一日损日度各一。春分四日，平。"

（二）仲春治事

《礼记·月令》："仲春之月，日在奎，昏弧中，旦建星中。其日甲乙，其帝大皞，其神句芒。其虫鳞。其音角，律中夹钟。其数八。其味酸，其臭膻，其祀户，祭先脾。

古雨水

　　始雨水，桃始华，仓庚鸣，鹰化为鸠。天子居青阳大庙，乘鸾路，驾仓龙，载青旗，衣青衣，服仓玉，食麦与羊，其器疏以达。

　　是月也，安萌芽，养幼少，存诸孤。择元日，命民社。命有司省囹圄，去桎梏，毋肆掠，止狱讼。

　　是月也，玄鸟至。至之日，以大牢祠于高禖。天子亲往，后妃帅九嫔御。乃礼天子所御，带以弓韣，授以弓矢，于高禖之前。

　　是月也，日夜分。雷乃发声，始电，蛰虫咸动，启户始出。先雷三日，奋木铎以令兆民曰：雷将发声，有不戒其容止者，生子不备，必有凶灾。日夜分，则同度量，钧衡石，角斗甬，正权概。

　　是月也，耕者少舍。乃修阖扇，寝庙毕备。毋作大事，以妨农之事。

　　是月也，毋竭川泽，毋漉陂池，毋焚山林。天子乃鲜羔开冰，先荐寝庙。上丁，命乐正习舞，释菜。天子乃帅三公、九卿、诸侯、大夫亲往视之。仲丁，又命乐正入学习舞。

　　是月也，祀不用牺牲，用圭璧，更皮币。

　　仲春行秋令，则其国大水，寒气总至，寇戎来征。行冬令，则阳气不胜，麦乃不熟，民多相掠。行夏令，则国乃大旱，暖气早来，虫螟为害。"

　　《诗·推度灾》："上出号令而化天下，震雷起而惊蛰。睹旗鼓，动三军，骇观其前，动化而天情可见矣。《黄帝出军诀》曰：始立牙之日，喜气来应，旗幡指敌，或从风来，此大胜之征。"

　　《时镜新书》："岁暮，家家具有肴蔌，谓为宿岁之储，以入新年也。相聚酣歌，名为送岁。留宿饭，至新年十二，则弃于街衢，以为去故取新，除贫取富，陶朱公、倚顿，此事无辍。又留此饭，须惊蛰雷鸣，掷之屋上，令雷声远。"

春 分
Chun fen

> 何处难忘酒，朱门美少年。春分花发后，寒食月明前。小院回罗绮，深房理管弦。此时无一盏，争过艳阳天。
> ——唐代·白居易《何处难忘酒（七首之一）》

春分，在每年的3月20日至21日期间，太阳到达黄经0度，是春季90天的中分点。草长莺飞，春意渐浓；小麦拔节，油菜花香，施肥浇水，开始进入春耕大忙时节。

春分这一天，太阳直射地球赤道，南北半球季节相反，北半球是春分，在南半球是秋分。此后太阳直射点继续北移，故春分也称升分。

同时，春分还是伊朗、土耳其、阿富汗、乌兹别克斯坦等国的新年。

·文化篇·

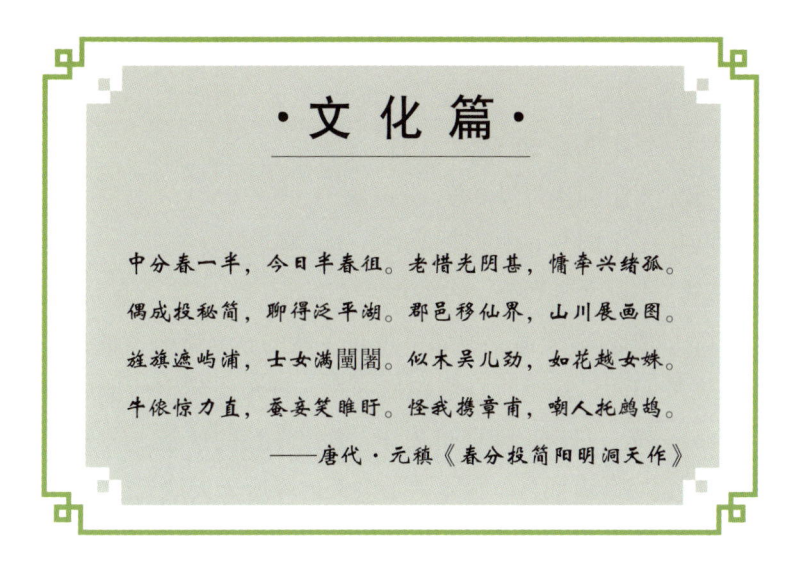

中分春一半，今日半春徂。老惜光阴甚，慵牵兴绪孤。
偶成投秘简，聊得泛平湖。郡邑移仙界，山川展画图。
旌旗遮屿浦，士女满闉闍。似木吴儿劲，如花越女姝。
牛侬惊力直，蚕妾笑眸盱。怪我携章甫，嘲人托鹪鹩。

——唐代·元稹《春分投简阳明洞天作》

一、春分简述

（一）春分的时与度

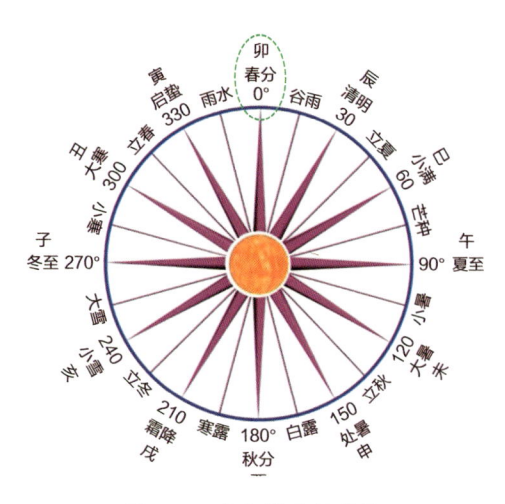

图 4-1　春分的黄经度数

春分度数信：以二月中为周期律中的空间之度和时间之数，以木德能量之气依时而至为信

阳历时间：每年 3 月 20 日～21 日

黄道位置：太阳到达黄经 0 度

节气序列：二十四节气中的第 4 个节气，实为第 7 个

前后节气：古雨水，春分，古谷雨

春分日，太阳直射赤道，地球呈现自主性的直立旋转，轴心完美"得一"，与宇宙核心能量场垂"直"相通。这一现象，就会使地球上的万物都能沾上春分之光，迅速出现春暖花开、莺飞草长的景象。

对修身明德实践者而言，春分则是内天地呼应于天地五运六变化规律，促成身内气机勃发的重要天时。天阳能量生发于子，极盛于午，春分正是天道阳性能量升华于一半之时。天道能量"悬之下曰正"[1]，是获得垂直"得一"的最佳能量运动的时机。修身养生者的筑基炼己，内天地的德性品格、品质、品行修持基本符合天德能量的属性和频率，就能以德居中而感格天地阳气能量，平衡身内的阴阳，实现理想的获能提升，以及再造而质变。

（二）春分天气气候

春分是个比较重要的节气，它不仅有天文学上的意义，而且在气候方面也有比较明显的特征。

春分时节，中国大部分地区的气温均稳定上升，除全年皆冬的高寒山区和北纬 45 度以北的地区外，各地日平均气温均开始稳定升达 0℃ 以上，进入了明媚的春天。气温快速回升，尤其是华北地区和黄淮平原，日平均气温几乎与多雨的江南地区同时都升达 10℃ 以上。辽阔的大地上，杨柳青青，桃红李白，美景宜人。"二气莫交争，春分雨处行。雨来看电影，云过听雷声。山色连天碧，林花向日明。梁间玄鸟语，欲似解人情。"唐代诗人元稹《咏廿四气诗》中的《春分二月中》一诗，准确而细致地描绘了

---

[1]《黄帝四经·四度》。

春 分

图 4-2 春柳

春分的景色与气候特征。"南园春半踏青时，风和闻马嘶；青梅如豆柳如眉，日长蝴蝶飞。"从宋代诗人欧阳修的这篇《春分》中，也可以感受到春分带给人们的美好感受。

与其他节气一样，春分时节，自然界既有顺遂人意的气候，也同时存在着有害的气候，例如风沙、"倒春寒"等。

风沙：春分时节，在我国的西北大部、华北北部和东北地区，还处在冬去春来的过渡阶段，晴日多风，乍暖还寒。根据气象部门近几年对沙尘天气的统计，4月最多，3月次之。春分这15天正处在3月底到4月初，在上述地区，大风卷起的扬沙、高空飘来的浮尘，特别是沙尘暴，都会对大气造成严重污染。

低温阴雨：春分节气期间，当有冷空气连续入侵我国南方，会出现温度持续偏低的春寒天气；此时，若再伴有连阴雨，对农作物就会有很大的影响。

倒春寒：初春时节，当气温回升比较快，之后又出现一段时间气温持续偏低，这种天气现象就称作"倒春寒"。在南方，倒春寒最主要的影响是早稻的烂秧，在北方会影响到花生、蔬菜、棉花的生长，严重的还会造成小麦的死苗现象。

春旱：在北方，尤其是西北、华北，有"十年九春旱"和"春雨贵如油"之说。进入3月后，土壤解冻，小麦返青，春季作物由南向北开始播种，如果此时降水继续偏少，就会明显地出现旱象。

二、春分的寻根探源

春的字源与字义，请参见立春节气中对春的解析。

表4-1 春的字形演变

甲骨文	修身	治事	金文		
篆体	修身	治事	楷体	春	

（一）"分"的字源与字义

表4-2 分的字形演变

甲骨文	
金文	
篆体	
楷体	分

春　分

从表 4-2 中可以清晰地看出，"分"，会意字，从八，从人，汉代改为从八，从刀。这里就可以看出，汉代的这个变化已经违背了文字创造的本义，是把人引向离开人本体而来谈事物。"八"，就是分；从"刀"，是以刀剖物、使之分开的意思。本义：一分为二。分开，分成，分出，与"合"相对。黑白分明，死生分别等等各类的成语和名词，都表明了它的一分为二的含义。

"八"下从"人"，则文义更广泛而深刻；"八"下从"刀"，则只是知识与物相文化层面的分义，缺慧识文明层面中质象类的意义，也就是把人体内的"分"加以封杀、剔除了。《明史·历一》说："分者，黄赤相交之点，太阳行至此，乃昼夜平分。"黄道和赤道相交叉的这一个临界点，地球刚好绕着太阳运转到了这个地方，在这个点上夜晚和白天平分了，平分秋色是收获，平分春色是生长。

篆文中的第三个"𣥂"，虽然字形复杂，但却全息地象形表意出修身者身中生"人"之义，分阴阳，别天地，把握住了分合之义。从这个篆文的"𣥂"，我们可以看到，修身过程中，是在鼎器内分后天和先天质象之圣。培贤育圣的这个圣人之人形，就坐在体内的黄庭之地，需要将其培养成功，"分"成功，使其在阴阳分离的前提下能阴变为纯阳。这个"分"，才是春分的根本含义。我们应当回到慧识悊学文化层面的意义上去，把握好这个分的重要性，那才能够告别汉字以"刀"劈而分、单纯用于物相之分的局限与错误，真正把握好如何人法天而修身，在质象境内实现体内真正的春分，培贤育圣。

"分"与"合"相对应。《说文解字》："分，别也。"分割土地，分封土地。分开，间隔，分灶，分家度日，辨别区分，分给分配；离开离别，分散，隔开，排解，调和矛盾。可以说，这些意思全部都是将其译之为外用，所以就将字的下半部分改成为了"刀"。

用一个"人"，就提示着要在"人体"内进行返观内视的修身实践，在体内要分阴别阳，分别天地，将这些分析清楚，分辨明白，才能知道如何在内天地当中进行实践，在内部阴阳当中把握，要做到和合四象，而不是进行分割、分离。如果不反观内照自己身体之内，那么自己体内的天地

一辈子不相合，阴阳不相合，就会长期处在意识状态下的分离环境之中，障碍我们修身提升，既难以净化，也难以提升，更不用说再造和进化到一个更高的层级。

"春分"的"分"，在进行了说文解字以后，要真正将它用到我们身体内部去，只有内成才能外就，才能使外用的"分"（这个刀的分）达到真正的公平。倘若不识自己生命体之内，就不会在外用治事的时候达到公平合理。如果不全面了解外在的"分"与内在的"分"具有极其相似的内在关系，也就解不开人世间的离别、分散、隔开、间隔等产生的本质性原因。

（二）春分的词义

春分，古时又称为"日中"、"日夜分"、"仲春之月"。古人云："二至是阴阳之始终，二分是阴阳之交会，是节之大者。"《春秋繁露·阴阳出入上下》曰："至于中春之月，阳在正东，阴在正西，谓之春分。春分者，阴阳相半也，故昼夜均而寒暑平。"

慧识悊学文化中的春分本义，是需要应外于内，感格春分到来之时平分春色的内天地变化，精气神能量的分而不割，分而有序，分而能聚，分合有度。质象的分是为了进一步的能量提纯、烹炼与凝聚。春分的本义，还应当与夏季的火相关联着进行分析体悟，春季一分，标识着天地能量运动中，木炁仁德能量进入收敛期，而转入火炁礼德能量的输布起始期，修身实践应当顺天应人地掌握此规律，而及时地调整修身、养生的方法，与天地同频。

在人法于天地信仪的年度周期律中，以立春至立夏为春季，春分正处于春季三个月的中间，它的度、数、信平分了春季，这就是春分寻根探源应当掌握的基本知识和文化。

三、春分的天文内涵

（一）天文古籍

春分之日，太阳复归于"〇"，从黄经0度重新开始北移，为地球

春 分

上的万物带来转折之机。春分时,从理论上说,太阳直射赤道,全球昼夜等长,无极昼极夜现象。春分之后,北半球各地昼渐长夜渐短,南半球各地夜渐长昼渐短,北极附近开始极昼,范围渐大;南极附近极昼结束,极夜开始,范围渐大。

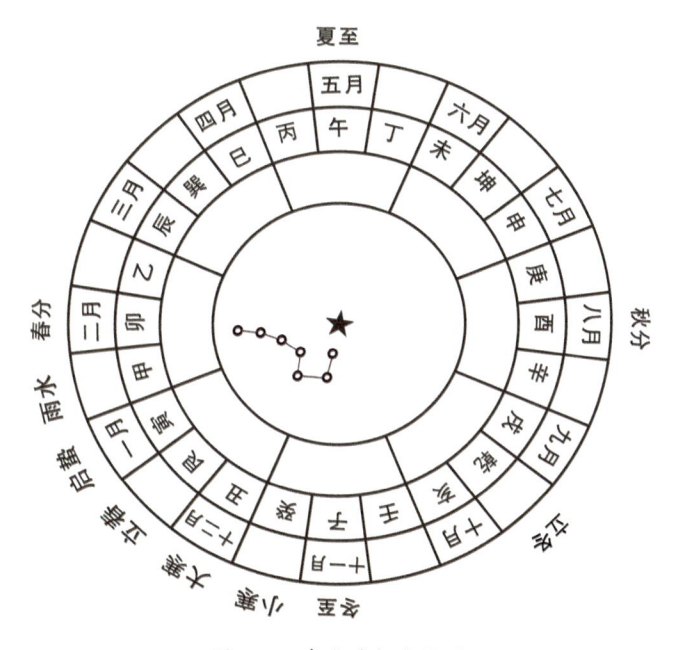

图 4-3 春分斗柄方位图

《孝经纬》曰:"后十五日,斗指卯,为春分。分者,半也,当九十日之半也,故谓之分。夏冬不言分者,天地间二气而已矣,阳生子,极于午,即其中分也。春为阳中,律夹钟,言万物孚甲,钟类而出也。"

一年有两个平均点,一个是春分,一个是秋分。北斗星的柄指向了八卦方位的卯位,也是十二辰的卯位,就称之为春分。

《月令七十二候集解》:"阳生于子,终于午,至卯而中分,故春为阳中,而仲月之节为春分。正阴阳适中,故昼夜无长短云。"这段话记载了春分的原义。

《周髀算经》:"春分之日夜分以至秋分之日夜分,极下常有日光。秋分之日夜分以至春分之日夜分,极下常无日光。"

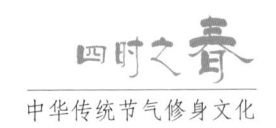

古代的先圣们，虽然肉体之身没有进入北极去观察地理现象，但是，这段描述，不仅将北极昼夜的区分正确描写出来，而且已经记载了他们发现的北极光现象。我国位在北半球，在春分到秋分这段时间，太阳直射北半球，北极地区就有半年的白天。秋分到春分之间，太阳移至南半球，北极地区就是半年的黑夜，这是现代地理学上都会提到的常识，但是早在三千年前我们的祖先就已知晓这个原理，真是令人叹服不已。

"故春秋分之日夜分之时，日所照适至极，阴阳之分等也。冬至、夏至者，日道发敛之所生也至，昼夜长短之所极。"

"春秋分者，阴阳之修，昼夜之象。昼者阳，夜者阴。春分以至秋分，昼之象；秋分至春分，夜之象。故春秋分之日中，光之所照北极下，夜半日光之所照亦南至极，此日夜分之时也。故曰日照四旁，各十六万七千里。"

"人所望见远近，宜如日光所照。"物理性日光的照射，具有显性制约性，就像人们眼睛的视力一样，具有远与近的差别和角度不同的差异性。"故日运行处极北，北方日中，南方夜半；日在极东，东方日中，西方夜半；日在极南，南方日中，北方夜半；日在极西，西方日中，东方夜半。"

当地球本身的俯仰曲波玄动处于俯态时，地球北半球就会相对而言地与太阳调成了直线距离，但是南半球也就加大了与太阳的距离而出现偏转。那么北半球处于夏至之时，北极圈内为白天（称为日中），而南极圈内就为黑夜（即为夜半），反之亦然。东半球白昼时，西半球是黑夜，反之同理。这都是由地球本身的自转和俯仰偏转变化所产生。

《元史·志第八》："春分前三日，太阳入赤道内，秋分后三日，太阳出赤道外，故其陟降与他日不伦，今各别立数而用之。"

这里讲明了地球绕着太阳公转一周当中出现的春分和秋分这两个交叉点。研究这段记载，对于我们正确辨识汉朝时候错误更改历法和文化的现象，具有非常好的启迪作用。

（二）春分物候

1. 春分三候

中国古代将春分分为三候："一候玄鸟至；二候雷乃发声；三候始电。"

春 分

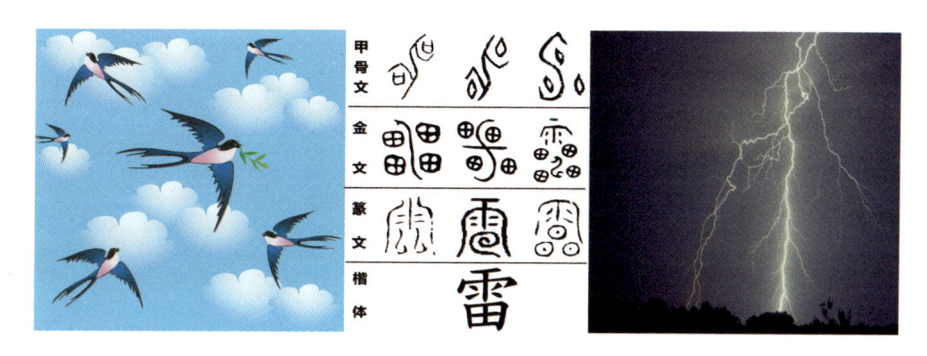

图 4-4　玄鸟至，雷乃发声，始电

一候玄鸟至：大壮卦，九四。《周易·大壮卦》："九四。贞吉，悔亡；藩决不羸，壮于大舆之輹。《象》：藩决不羸，尚往也。"《象说卦气七十二候图》："互乾为玄。互兑伏艮为鸟。"《月令七十二候集解》："元鸟，燕也。高诱曰：春分而来，秋分而去也。玄鸟至。又属于雷水《解卦》，奎宿八度半。"

二候雷乃发声：大壮卦，六五。《周易·大壮卦》："六五。丧羊于易，无悔。《象》：丧羊于易，位不当也。"《象说卦气七十二候图》："震为雷，为鸣，故曰发声。"《月令七十二候集解》："阴阳相薄为雷，至此四阳渐盛，犹有阴焉，则相薄，乃发声矣。乃者《韵会》曰，象气出之难也。《注疏》曰，发犹出也。二候又属于雷天《大壮卦》，娄宿二度。"

三候始电：大壮卦，上六。《周易·大壮卦》："上六。羝羊触藩，不能退，不能遂，无攸利。艰则吉。《象》：不能退，不能遂，不祥也；艰则吉，咎不长也。"《象说卦气七十二候图》："上爻动，震变为离，离为电。"《月令七十二候集解》："电，阳光也，四阳盛长，值气泄时，而光生焉。故《历解》曰，凡声阳也，光亦阳也。《易》曰，雷电合而章。《公羊传》曰，电者，雷光是也。徐氏曰，雷阳阴电，非也，盖盛夏无雷之时，电亦有之，可见矣。"

春分日后，燕子开始从南方北飞，下雨时开始伴随着雷电。这一个特点，也与启蛰物候是相互印证的。在春分的三候当中，在二候时雷乃发声，三候才能够频繁见到春雨，以及伴随着春雨的更多的闪电现象。

2. 春分花信

《荆楚岁时说》："春分，一候海棠，二候梨花，三候木兰。"这三种花都会守时而开。

图 4-5 海棠，梨花，木兰

中国人民自古喜爱海棠花，将它看作是美好春天、美人佳丽和万事吉祥的象征。在先秦时期的文献中就记载了海棠花的栽培历史。海棠花在宋代时被视为"百花之尊"。今天的春城昆明圆通公园，植有千株西府海棠和百株垂丝海棠，每到花开时节，"花潮"绚烂，成为春城盛景之一。唐代齐己有一首《海棠花》："繁于桃李盛于梅，寒食旬前社后开。半月暄和留艳态，两时风雨免伤摧。人怜格异诗重赋，蝶恋香多夜更来。犹得残红向春暮，牡丹相继发池台。"古代诗词中有许多与节气相关的，仔细研读这些诗词，会发现里面包含着很多天文、物候以及治事养生的信息，让人联想起那个时候，人们与传统文化如同鱼在水中的状态。

梨花是梨树的花朵，花色洁白，花瓣五出，香气清淡，味酸性寒，入肺经和大肠经，有美容功效。

木兰花，象杯子的形状，多是紫红色和白色，有六个花瓣，树干的木质会发出香气，木兰花开时，傲立枝头，让人生出敬仰之感，人们常用木兰花象征高贵的灵魂。唐代诗人白居易还曾经借用古代传说的巾帼女英雄花木兰赞美木兰花："紫房日照胭脂拆，素艳风吹腻粉开。怪得独饶脂粉态，木兰曾作女郎来。"

（三）春分是地球村文化

历史学家和社会人类学家多年考古研究结果，认定美洲大陆印第安人的祖先与中华先民是同一种族，大约在距今六千年到五千年间，由中国中原地区不断向东迁徙，最后越过白令海峡到达美洲大陆。

关于这段历史，考古学有考古学的推断，而我们实际上还可以通过传统文化的另外一种思悟方式,去获得解答。巍巍昆仑山上的中华先民,是如何在世界各地开枝散叶的,并不是考古学所能够完全揭示的。考古学的确可以发现一些历史踪迹,但若想了解历史真相,并不能完全依赖于其发现,因为科学总是在不断发现中前进和完善的。人种的迁徙只是一部分,而文化的"迁徙"传播,却是不争的事实。

例如,春分也是伊朗、土耳其、阿富汗、乌兹别克斯坦等国的新年,在他们的国度有着三千年的历史。对这个时间点来说,传播远在丝绸之路之前,所以不能以为是丝绸之路打开了以后才被带过去的。人类敬天爱地,信奉天地自然规律法则,守住天道信德的度、数、信,才是人类文明共有的真正财富。

今天,墨西哥人以及美国印第安后裔都还传承着欢庆春分的习俗。每年春分这一天,在墨西哥首都墨西哥城北部的古城遗址特奥蒂瓦坎,人们都要聚集在太阳金字塔前,隆重庆祝春分的到来。

(四)春分龙象

1. 玛雅古文明中的春分动画图像

在墨西哥中部古城多提哈罕的废墟上,矗立着一座充满神秘色彩的巨大金字塔,这座金字塔始建于公元514年,13世纪时突然被废弃,原因不明。它最令人惊叹之处,就是有"羽蛇下凡"的奇景。

图 4-6 "羽蛇下凡"奇观

在每年春分和秋分的下午，太阳冉冉西坠，当日落偏西到某个角度时，阳光斜射，金字塔的阴影形成如羽蛇神般波浪形的长条，并与阶梯底部的一个羽蛇神（应龙）头部雕像连成一体；随着落日角度的变化，光影就像一条龙自天而降，逶迤游走，似飞似腾，活灵活现，把宇宙空间太阳系以及三垣星系的天德能量带到人间，加速了地球万物的生长、滋生和长养。这一现象堪称奇迹，许多墨西哥人都会在春分这一天云集在金字塔周围，观赏奇景，庆祝春天的到来。据说，墨西哥传统"春分节"主要目的在于"获取能量"（charged with energy）。我们从中可以看出，整个地球村文化是相近的，越是接近本源的东西越是相通。这里的羽蛇神，实为中国文化中的应龙。

2. 中国的应龙文化与玛雅的羽蛇文化

"库库尔坎"在玛雅语中意为"带羽毛的蛇神"。古代玛雅人认为羽蛇神使土地更加肥沃，并保佑玛雅人的农作物获得丰收。

墨西哥玛雅人创建的"羽蛇下凡"这个景观，实际上与中国古代的应龙文化现象极为相近，《山海经》中记载，在中国夏朝，大禹就是驱策应龙来协助治水的。应龙是有翅膀的，并不是西方翻译中所定义的"蛇"。从图4-7中这座金字塔下的龙头雕塑可以看到，它的舌头、牙齿、头部结

图4-7 金字塔阶梯底部的羽蛇神（应龙）头部雕像

春 分

构,没有哪一点与蛇相同,相反,却跟中国古代文化所描述的应龙形象惟妙惟肖。

玛雅历法中的每年5月1日和9月1日,就相当于中国农历的春分和秋分。这两天,太阳直射赤道,白天黑夜等长,"羽蛇(应龙)下凡",是一个将精确的天文计算与精美的建筑进行艺术结合所创造的奇迹。

> ・修身篇・
>
> 四时唯爱春，春更爱春分。有暖温存物，无寒著莫人。
> 好花方蓓蕾，美酒正轻醇。安乐窝中客，如何不半醺。
>
> ——宋代·邵雍《乐春吟》

一、春分修身顺四时

能量卦象对应：大壮卦开始生成期

天时能量对应：二月

地支时能量对应：卯时【5～7时】

月度周期律对应：初六日

天象所座星宿：心宿，房宿，氐宿

臟腑能量对应：胆

经络能量循环对应：大肠经

天地能量主运：木炁仁德能量收敛期，转入火炁礼德能量输布

六气能量主气对应：少阴君火

八风能量对应：明庶风

四季五行对应：五行阴阳属性是阴木

五音能量对应：角音波转徵音波

人体脊椎对应：第11胸椎 [T11]

色象境对应：琼玉

春 分

轮值体元：勾芒

（一）春分的能量卦象

春分时节，木炁仁德能量进入收敛期，转入火炁礼德能量输布期。图 4-8 中间的绿色已经进入尾声，转入到火炁礼德能量的输布了，红色则开始进入积蓄期。

《遵生八笺》："正月立春，木相；春分，木旺；立夏，木休；夏至，木废；立秋，木死；立冬，木殁；冬至，木胎，言木孕于水之中矣。""于卯，其卦为大壮〔卦象〕。节属春分，木旺在卯，真气熏蒸，是为沐浴。"春分时，是木旺、火胎、金死、水废。这是指春分对应我们的肝气，肝木能量的扶生作用凸显出来，万物生长出现最兴旺的状态，我们要把握住这个生机勃勃的木，让我们的生命之树在体内真正生机勃发地成长起来。要抓住这一点，主动调好肝，修好我们的仁德，正确将这些内容运用到我们的修身实践中。

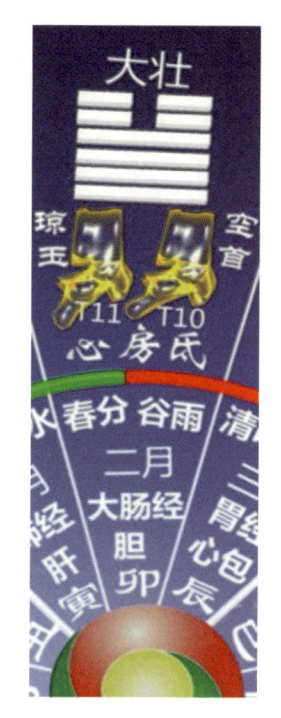

图 4-8 春分的能量卦象

春分的卦象，对应的是大壮卦炁能量形态。春分在体内所对应的脊椎是第 11 胸椎，色象境非恒名是琼玉。身国之龙在这一天会龙腾飞跃，在身外，可以上琼玉之洞天；在身内，可以盘旋于我们的第 11 胸椎之内，将第 11 胸椎真正再造成琼玉之洞天。在春分这一天，请用想象力内视自己的第 11 胸椎，进行同步的感格体悟。

《说文解字》："龙，鳞虫之长，能幽能明，能细能巨，能短能长，春分而登天，秋分而潜渊。"这里揭示了龙的特性。

龙文化具有物理学"时空的涟漪"能量载体的特征，携带着"道生一"的初始能量。龙炁之象，是质理学范畴中的质元、物元、体元运动变化，对物理学范畴中的事物产生影响以及物候功用的一种表现。龙的"春分登天"、"秋分潜渊"，分别是指五德能量中，木德能量"S"玄曲波运动处于

上升和下降的动态变化中。

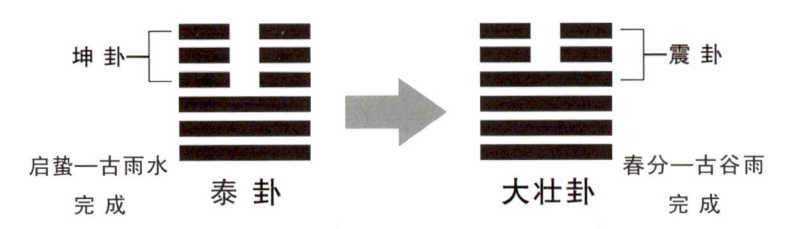

坤卦　　　　　　　　　　　　震卦
启蛰—古雨水　　　　　　　春分—古谷雨
完成　　泰卦　　　大壮卦　　完成

图 4-9　泰卦和大壮卦

春分对应的地支是卯，把握好这一个月当中的卯月、卯日、卯时，也就是完整而正确地把握住了天时。

春分在体内的能量对应是胆腑，所以从这一天以后，很多地方会发生打雷现象。雷声阵阵所产生的质象能量，可以增强人的胆气。胆气弱的人，就可以将这一天作为重点，通过相关想象力训练的方法，来提升自己的胆气，使体内的阳气更为充沛。

春分时体内气机流动，对应大肠经，肺与大肠相表里，在此期间，修身除了敲竹唤龟以外，鼓琴招凤也是一个重中之重的实践方法。如此，龙炁必将会更加活跃而生气盎然。

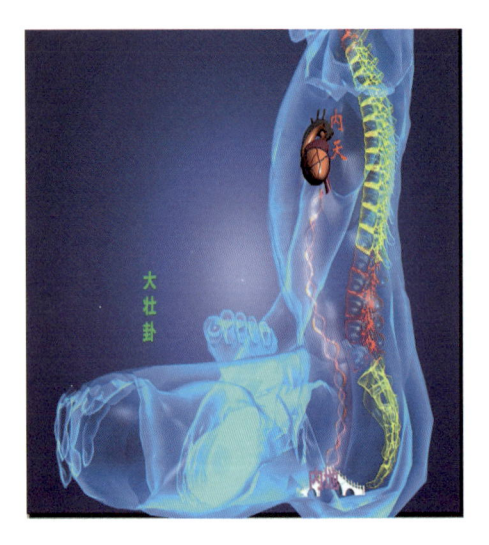

图 4-10　体内大壮卦能量运行轨迹图

春 分

《太古集·卷之三》："冬至之月，一阳始生而成复卦。大寒之日，二阳始生而成临卦。雨水（启蛰）之日，三阳始生而成泰卦。春分之日，四阳始生而成大壮卦。谷雨（古清明）之日，五阳始生而成夬卦。小满之日，纯阳而成乾卦。夏至之日，一阴始生而成姤卦。大暑之日，二阴始生而成遁卦。处暑之日，三阴始生而成否卦。秋分之日，四阴始生而成观卦。霜降之日，五阴始生而成剥卦。小雪之日纯阴，坤卦用事。所谓损之而益，益之而损也。"

从上述的古文中可以知晓，春分时期，卦象中四阳始生而成大壮卦，并且是处于生成期。在《中华传统节气修身文化要略》中曾讲述了卯月进阳火与退阴符的原则，即春分这个二月卯月不进阳火，只需要退阴符即可，在腹腔里的内天地中进行沐浴，用好退阴符而终止进阳火的运用。

䷡，"渐历大壮，侠列卯门。榆荚堕落，还归本根。刑德相负，昼夜始分。"如何在体内来用好这个大壮卦呢？《周易参同契》中指明："神室安铲大壮号，卯酉门中龙虎啸。天地开闭审细分，还丹渐渐烧成宝。"春分进入卯这个大门中，当基础功夫到位、基本条件具备时，此时就是在下丹田中正式安炉的最佳时机，在大壮卦能量状态中可以促成龙吟虎啸。我们体内天地阴阳能量精华的升和降，刚好可以在下丹田内，在外天地阴阳能量变化的影响下，同样相遇而相合，被烧炼成身中的至宝。

（二）春分农事与龙事修身

1. 春分农事

"二月雨水又春分，种树施肥耕地深。"中国古代是以农作经济为主，一场场春雨之后，全国各地的春季大忙季节就要开始了。在北方，阳光普照，地炁上升，越冬作物开始进入快速生长阶段，需水量越来越大，春耕农忙开始进入繁忙阶段，要加强田间管理；江南的降水则迅速增多，开始进入"桃花汛"期。

"春分前后怕春霜，一见春霜麦苗伤"，"春分雨多，有利春播"，"麦到春分昼夜长"，"春分麦起身，一刻值千金"，"春分麦起身，肥水要紧跟"。春分前后，小麦进入拔节阶段，此时要抓紧有利天气，施用好拔节肥和水，

增强小麦的生命力。一场春雨一场暖，春雨过后忙耕田，春管、春耕、春种，即将进入繁忙阶段。春分过后，各种越冬作物进入蓬勃生长阶段，在治事上面需加强田间管理，蓄水保墒。需要精心做好种子、化肥、农药以及春耕所需农具的准备，秧田的选择和秧厢的精整等事宜。还要注意因地制宜做好品种搭配，扩大优质杂交稻的种植面积。这其中，做好种子处理至关重要，晒种时要薄摊勤翻，严格对种子及床土进行消毒；采用间歇浸种的方法，掌握"高温破胸、适温催芽、常温炼芽"的原则（这些农事准备与我们内修丹道一模一样）。另外，还要注意采用先进的育秧技术，抓住"冷尾暖头"天气抓紧抢播双季早稻。

"夜半饭牛呼妇起，明朝种树是春分。"春分还是植树造林的好时机，敬天爱地勤植树，绿荫成林益儿孙。

2. 龙事修身

天人合一的真谛，就包括着内炁候和外气候的协调和同步。自然界的春天到了，体内的春天也同样应该来到。这样，才能确保一年的生机盎然，生气勃勃，身心健康，智慧增长，命运畅达。

我们体内好年景的获得，同样要注意龙行雨施，此雨就是天一生水，让我们体内之龙将天德能量多多灌溉，补充先天之本的肾水和滋润后天之本的脾土，以及通过抽添的应用，盘活体内的肾水化炁与心火成液，自制身内的春雨，浇灌三田，修持心灵的光明礼德，使木德仁气所需的土水阳光都充沛，能够顺利生发和茁壮成长。

春天的主要农事是种稻子，秋天是种冬小麦，整个春天就要验证体内小麦的拔节和稻子的生长。这些作物品种，相对于我们体内而言就是精气神在体内不同区域内，进行对应性的分离提纯。在下丹田内是秋种麦苗夏季收，而中丹田这个地内是春插禾苗秋收稻。麦与稻的象喻，则是以麦象喻肾水化炁，而以稻象喻心火化液。即下丹田内的龙事是肾水化炁，中丹田内的龙事是心火化液，真铅与真汞的提炼。到了春分这一天，我们体内质象的精、炁、神和五德能量，会进入一个明显的动态，不论是下丹田的麦还是中丹田里的稻，它们的一个成熟、一个成长都处于典型的韵动过程当中。麦的成熟期的治理和稻的适时播种，只有切实打好基础，体内的炁

春 分

候变化才能够同步适应于自然气候的变化。

自然界春分时农事早稻的播种，与身内丹田中龙事的播种异曲同工。古代曾经将修身与农事紧密结合而揭示与象喻修身过程，在历史的变迁中逐步放弃这种象喻，改换成为用冶炼金属进行类比象喻，但是法理却并未变化。心的中丹田内种"硃砂"之种，也就是火内种"液"；下丹田内种铅之种，也就是水内之炁；使真铅真汞能在下丹田结合之种，同样需要选购"种子"、肥料、防治病虫害的药物，以及春耕需要的"农具"。不论是以农事类比象喻修身，还是用工事象喻类比修身，都是目的相同的一份"说明书"，都应当详细阅续参详，才好在身内正确用功。

正确选择良好的硃砂，又名为心火；培养优秀的道德心灵，既具备充沛的礼德，又具有优良的礼仪，就是需要选购的"种子"，这也就是礼德的品格、品质和品行。做好种子处理，关键仍然是在身内心火礼德这三品。这与"硃砂"矿石的选矿处理相似，也与心火礼德的光明度相同。

身内的"农药"，既有内药，也有外药。内药是"正气内存，邪不可干"，外药是金石草药为丸，也就能伏灭三尸九虫。身内的"农具"，就是指正善治的后天意识、坚定的信念、良好的调息水平。要达到良好的调息水平，需要经过艰苦而正确的训练。这项训练，有些人虽然能够很执着地坚持，但是由于没有把握住"正善治"而执念执相，因此不但不能调好息，反而可能还会造成自我损伤，这也是需要预防的。

充分利用光温资源，在身中即是指心中的质元光和阴蹻产生的地温热。

在身内采用先进的育秧技术，就是得一法和阴符阳火、进退抽添，这三个方法就是最先进的育秧技术。

对于修身者与养生者，需要明确的是，正是因为我们生命体内的五阴和六欲七情中的情志异常活动，才形成了身内的有害炁候，才导致了体内出现风沙灾害天炁、低温阴雨天炁、倒春寒的天炁、春旱的天炁。因此，应当在我们本身找到体内灾害天炁的发端和原因，找出对应的关系，从而预防各种有害内炁候的生成和损害。例如，体内的风沙会损害到到我们的肝。肝属木，喜欢舒达，但是人又常生闷气，若加上脾土信不坚实，肝风卷起脾土，尘土飞扬，这个异常的风沙内炁候现象，就常常在肝气积郁和

脾土浮躁当中产生。

心里不见光明，不能吹散意识和欲望的乌云以及心里面私我的寒云，那么低温阴雨的天气就可能发生，我们的肾气肾阳不足，再加上心光低劣，身内倒春寒的内炁候就容易产生，甚至导致疾病的诱发和产生。

再如，为了预防体内炁候的春旱现象，我们就必须抓紧进行身体内水、内雨抽和添的运用，把握住体内后天之水逆返的吸收和再利用，把握住先天之水的补充。这些准备是否到位，决定着内炁候的春旱是否会产生。唾液分泌不足，经常是内春旱的一种表象，容易被我们自己所发现。

我们还可以看到，历史上曾经留下了两幅宝贵的图象思维结晶，那就是《内景图》和《修真图》。《内景图》中所描画的绿树成荫之景以及《修真图》中的相关内容，就是提醒我们，需要重视春分的时节，正式开始修身中一种严肃而持恒的求证，仁德种植体内生命之树，使其能够实现春生、夏长、秋收、冬藏。

同时，还需要我们勤耕身中之田，构筑坝堤，开通户牖，吐浊纳新。我们体内的生命之树，此时也同样是"种植"的最佳时机。应抓住时机，绿化好自己的身国内山河，美化好内环境，养护好生命之树，使其根深叶茂，生机勃勃。

二、身国内的春分修身

《易纬·乾凿度》："方此之时，天地交，万物通，所以顺四时，法天地之道。按《书传》云：'迎日，谓春分迎日也。'即引寅宾出日，皆谓春分。"春分期间，天地交，万物通，各种能量与信息的流通速度明显提速而加快，在自然界可以发现植物的生长速度非常快，一天一个样地迅速变化，使人目不暇接，由此可见天道阴阳能量运炁的巨大活力。同样，在我们的修身明德实践中，在身内贯彻"予善信、正善治"而改变生命的质量方面，依然具有强大的作用力。

图 4-11 修真图

对于修身实践而言，春分节气时，体内存在着内天地的效法春分和脊椎法天两大系统的工程。这两大工程，腹内天地的法地与法天需要整体把握，而脊柱上的法天工程同样需要在四时之度中准确而同步地把握好，才能在天人合一的完整实践中，获得全面的净化、提升、再造与进化。

物相是质象的载体，在物相方面，从春分在我们自己体内脊柱上的对应关系和心臟至阴蹻内天地的对应关系，以及全身血、肉、骨的对应关系，需要完整进行把握，并且要从图4-12所揭示的内容中，将其一一解析出来。

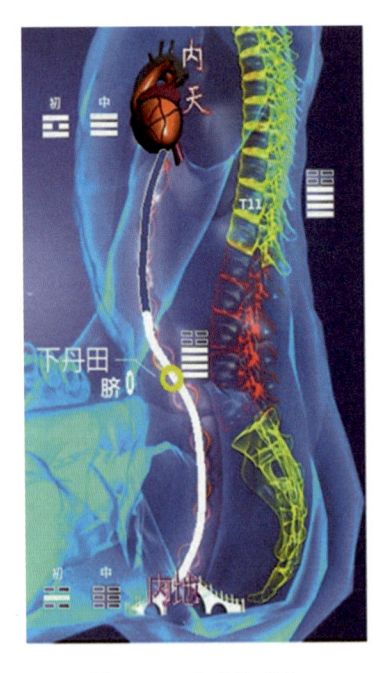

图4-12 内天地交合

（一）心肾能量的升降

对于修身明德实践者而言，春分是内天地气机勃发，天道能量"悬之下曰正"，垂直"得一"的最佳能量运动时机。修身养生者的筑基炼己，内天地的德性品格、品质、品行修持基本符合天德能量的属性和频率，就

春 分

能以德居中、处中、守中、执中、用中、大中而感格天地阳气的能量，平衡身内的阴阳，进入理想的获能与提升以及再造，甚至是实现质变而进化的阶段与过程。

所以，在春分时期，实践人法地而全面效法地球之母这一坚实的基础工程就显得格外的重要。要主动将自己肉体内的质象和物相的三品，以及动态的信度数，全都调适到像地球母亲这样，到了春分这一天，能够处在一种能量传输接近垂直的位置，与太阳刚好形成一个九十度的直角，这个时候体内的龙炁必然会以最佳状态升降韵动起来。把握住龙炁的生成与发动，以及身韵、音韵的质量和意识思维波韵"予善信，正善治"的调整，可以参照着图4-12，进行经典诵读实践，使得心气能量的降和阴蹻气能量的升都同步在体内进行。

《内经至真要大论》："气分谓之分，气至谓之至，至则气同，分则气异者是也。"在内天地中，阴阳两种能量的运动变化，存在着分别独立运行和结合型的运行，至，就是一种同步运动变化，交融而和之至。分的时候则表现出各自的阴阳属性。《文子·上仁》："阴阳调，日夜分，故万物春分而生，秋分而成，生与成必得和之精。故积阴不生，积阳不化；阴阳交接，乃能成和。"意即天地之气和平，均衡互动升降，所以万物得以生成。春分是修身者内天地呼应于天地五运六炁（气）变化的规律，促成身内气机勃发的重要天时。天阳能量生发于子，极盛于午，春分正是天道阳性能量升华于一半之时。因此，体内的生机勃勃，就在于这一天的时机把握，以及春分节气这十五天内的同步应用。此时主动地调动我们的心气和肾气，进行升和降，至关重要。春分时节，在自然界，为天德能量与地炁能量进入均衡式的动态；在人体内，则要求心中的礼德能量与肾水智德的能量准备充足，与天地同步进入均衡式动态的升与降。春分前，心气降至下丹田，阴蹻肾气上升至下丹田，到了春分日的时候，以及春分以后，要主动地将心气法于天、同于天而降到阴蹻；肾气则要法于天、同于地，升到我们的横膈膜顶端，守天地的度、数、信而同步进行经典诵读。顺天时法地法天而动，实现地升天降。并利用好想象力培养的方法，主动运用《德道经》节律韵动，结合我们体内内

天地与外天地的相应，更好地将体内天德能量的内降和地炁的生升，完整地在体内完成。

当然，对于众多缺乏修身实践积累的基础的修身实践者而言，由于身中储备的能量匮乏，暂时并不具备与天地同频共运的资格与量级，所以就难以像外天地的气运那样，地炁上升时一气至天，天气下降时一气至地。那么，就必需先把握住首先使心中内天境的能量之气能够下降至下丹田内，而阴蹻内的能量之气上升也能进入下丹田之中，使身内天地的能量之气，能够先"至"于下丹田内进行"同"化，那么其作用与功效同样会非常明显。若能如此高度循四时之度而同步训练实践数年，内天地与外天地能够同步运行的资质，也就必定能够出现和产生。

（二）圣人贵精

《淮南子·泛论训》："天地之气，莫大于和，和者，阴阳调，日夜分，而生物。春分而生，秋分而成，生之与成，必得和之精。"天地阴阳能量之气的运动变化，最为珍贵的是"阴阳和同"状态，当天阳地阴能量相和时，天阳地阴的能量处于和谐调和的状态中，白昼与夜晚就均匀平分十二个时辰，各为一半，从而最为有益于万物的生长。春分时万物生长，秋分时万物成熟，这是自然天地间的基本法则。但是生长与成熟的关键能量，则是源自于天阳地阴能量在升降过程中的和与同阶段。只有阴阳能量在相结合而混融为一体时的中和能量，才具有生长与成熟万物的功能，这种阴阳圆融合一的"中气以为和"能量又称之为"和之精"。对应到体内，我们应重视此精，做到圣人贵精，把握好"春分气和"这一特点。老子说："万物负阴而抱阳，中气以为和"，人类的修身与养生以及家庭与社会的存续，全都无法离开"中气以为和"。以和为贵，任何事物阴阳平和，才能顺利健康地发展。只有"中气以为和"，用"德一"居中调控阴阳平衡，均衡发展，才能把握事物的本质，必得"和之精"。这个精，就是万物的先天质元、物元、体元，是透过物相把握质象的本质之精。

（三）脊柱上的春分

通过春分这一天的心阳之气正式开始修持，完整、强势地与宇宙能量的输布同步，把握住用中得一、垂直而交通这一特点，使身内的天地与宇宙的天地在春分这个特殊的节气期间同频，主动将自己身体"得一"的轴，将脊柱这个"一"的轴，通过太极修身的无极站式，调整我们的尻骨，量根而行，带动腰椎与胸幅度的调整，以及颈椎幅度的适中，使我们的天门真正垂直于天，脊柱中正而处于"得一"的状态；同时，内天地的中心与阴蹻之间的得一垂直，需要仿效地球的俯仰韵动，主动将其竖直，与宇宙核心的能量场垂直，这样就能像地球那样去沐浴宇宙的春光，在春分这一天获得最大的能量补充，使体内五臟的三元系统能量获得生机，就像自然界那样莺飞草长，万物生机盎然，改变我们生命的内环境。这就是黄老文化当中天人合一的重要步骤和方法，要主动同步于自然的变化。

古人对于掌握和运用好年度周期律中的两分（春分与秋分）与两至（冬至与夏至），留下很多细致的描述。这些描述有益于我们了解和掌握两分节气与两至节气在能量运动上的重要性。

《太平经卷四十四·案书明刑德法第六十》："从春分到秋分，德居外，万物莫不出归王外，蛰虫出穴，人民出室；从秋分至春分，德在内，万物莫不归王内，蛰藏之物悉入穴，人民入室，是以德治之明效也。从春分至秋分，刑在内治，万物皆从出至外，内空，寂然独居；从秋分至春分，刑居外治外，无物无气，空无士众，悉入从德，是者明刑不可以治之证也。"

这段论述都是直接强调了用德治来治理我们的身。天地以德治理万物，对于修身而言，在我们的脊椎上同样要如此，在腹腔的天地里面也要如此，把握天时，顺应天时而动，积极主动地去效法天地这一个巨系统。

除了脊柱中正得一的锻炼，还需要在春分时节多关注胸12椎和胸11椎，特别是胸11椎这个琼玉洞天，运用想象力内求的方法，实践"缘督以为经"，从而使"地涌金莲"和"天花乱坠"在脊椎的得一过程中能够同步完成。

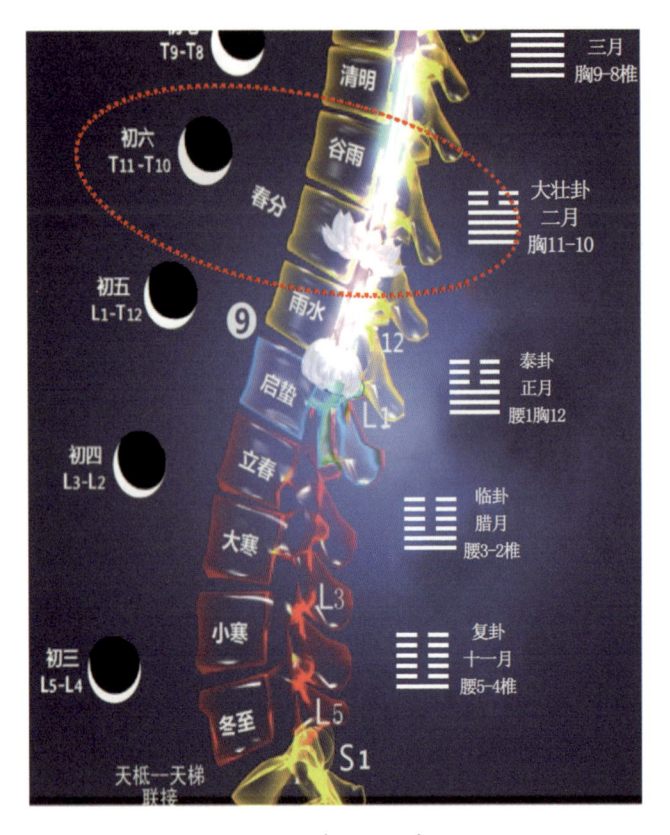

图 4-13 脊柱上的春分

历史上关于在我们体内脊柱上运用好春分的典籍论述比较多，在这里摘录一些供大家参考、研读。

"《比喻》曰：道生万物，天地乃物中之大者，人为物中之灵者。别求于道，人同天地，以心比天，以肾比地，肝为阳位，肺为阴位。心肾相去八寸四分，其天地覆载之间比也。气比阳而液比阴。子午之时，比夏至、冬至之节；卯酉之时，比春分、秋分之节。以一日比一年。以一日用八卦，时比八节，子时肾中气生，卯时气到肝，肝为阳，其气旺，阳升以入阳位，春分之比也，午时气到心，积气生液，夏至阳升到天而阴生之比也；午时心中液生，酉时液到肺，肺为阴，其液盛，阴降以入阴位，秋分之比也，子时液到肾，积液生气，冬至阴降到地而阳生之比也。周而复始，日月循环，无损无亏，自可延年。"

春 分

"《真源》曰：即天地上下之位，而知天地之高卑；即阴阳终始之期，而知天道之前后。天地不离于数，数终于一岁；阴阳不失其宜，宜分于八节。科至一阳生，春分阴中阳半，过此纯阳而阴尽，夏至阳太极而一阴生，秋分阳中阴半，过此纯阴而阳尽，冬至阴太极而一阳生，升降如前，上下终始，虽不能全尽大道，而不失大道之本，欲识大道，当取法于天地，而审于阴阳之宜也。"

"《比喻》曰：阴阳升降在天地之内，比心肾气液交合之法也；日月运转在天地之外，比肘后飞金晶之事也；日月交合，比进火加减之法也。阳升阴降，无异于日月之魂魄；日往月来，无异于心肾之气液。冬至之后，日出乙位，没庚位，昼四十刻，自南而北，凡九日东生西没，共进六十分，至春分昼夜停停，而夏至为期，昼六十刻；夏至之后，日出甲位，没辛位，昼六十刻，自北而南，凡九日东生西没，共退六十分，至秋分昼夜停停、而冬至为期，昼四十刻。"

典籍中所论述的外天地与内天地的象喻、比喻，并不是神秘化，而是将复杂的身内变化进行自然天地规律统一类比，将天文、地理、人文紧密结合为一体而共同论证，一理通则百理通。因此修身求真实践者应当反复研究读通记牢，真正掌握其中的理论与方法的提示。

（四）春分之"中"的奥秘

在地球的俯仰摆动中，春分是它的"俯"，也就是直立起来、抬起来，不向后倾斜，达到最大限度的一个时间点和空间点。在这样一个时空点中，需要人们掌握并运用好春分之"中"的奥秘。

1. 宇宙天地之"中"

老子所揭示的"万物负阴而抱阳，中气以为和"，广袤地存在于宇宙万物内，是一个普遍规律和法则。第一方面，前人揭示的白阳八卦图中就非常集中突出地表达出"中"的重要性。这个图的中央就是直接地以一个"中"字居中而位显义，太阳系在宇宙中的运动移徙，正在逐步形成这个新的地球能量模型，当然不是人们所想象的那样，某一天突然就会出现这个白阳八卦的能量场模型，而是一个渐变的过程。因此，人体内在的小宇

宙场也需要在调中、适中、用中的过程当中，逐步完善和出现类似的能量场态变化，最后过渡到这种能量场模型，从而与宇宙同频。科学家们发现与监测到的地球磁场正在逐步摆动变化，其实也是一种物相科学对质象能量变化的验证。

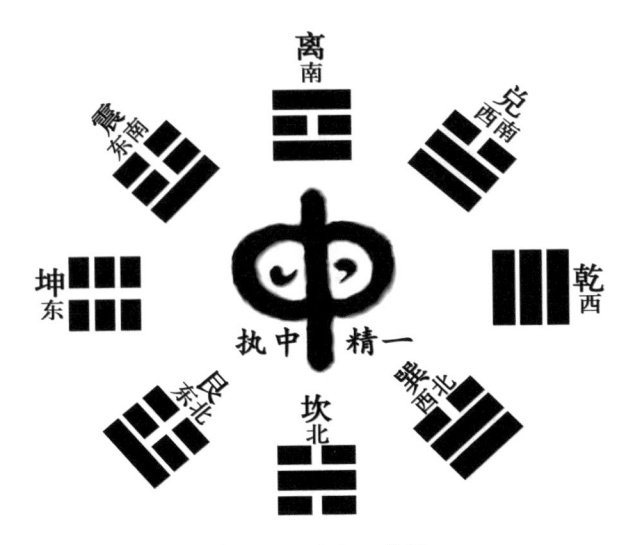

图 4-14　白阳八卦图

第二个方面，地球在太阳系的运动中，在每一年的年周期律中，一共有两次自韵律内的度、数、信的居中，这就是春分与秋分。如果将这种现象超越地球与太阳的关系，将太阳系放置在以北极星为天心的星系中，以及银河系这个更大范围的星系中进行比对，那么这个原理同样也是相似的，同样存在着更大范围的动态显中期。地球既有绕着太阳旋转一周这样一个大的年周期，在自律性的玄曲波韵动中完成；同时，又有一个自转的日周期，一天转一圈，产生自旋的玄曲波韵动；另外，还有一年当中地球俯仰摆动的这样一个韵动。那么，在以北极星为天的星系中，整个太阳系也必然存在着类地球式的两分合中；而以北极星为中心的大星系在银河系中的动态韵动变化，必然同样也存在着类似太阳系整体存在的韵动合中的变化。只是时间更加漫长，周期律的特征人们难以发现而进行归纳总结。

2. 人体之"中"

对于人体内的中，我们曾经专题论述过[1]，可以供大家同步研究应用。在我们人体内，在行坐卧的过程中，同时也存在着对七个"中"的运用，在春分与秋分时最容易同步进行调中感格。

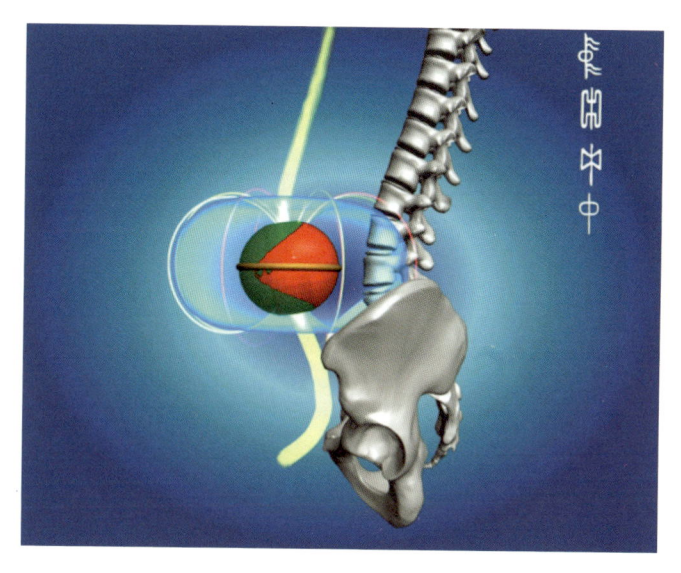

图 4-15 下丹田之"中"

我们身内在心与阴蹻之间构成的垂直之"中"，是法于天的重要"中"字模型。人体内存在着七个较大而且比较典型的"中"，其中有三个"中"属于在修身实践中经常需要应用到的，以下丹田为中心就有一个质象的"中"，胸腔一个"中"，以及大脑脑腔中一个"中"。这三个大"中"，在人体站与坐着的时候就是朝上的"中"，就像糖葫芦一样串起来，共同构成串型"中"；在躺着的时候，就是三个"中"一起各自朝上，一共三个中，与前面的三个中共六个中；人体的颅脑、胸腔、腹腔三者加起来，还有一

---

[1] 请参阅《德道行天下》2012年第三期中《三个苹果一个中》一文，熊春锦主编，中央编译出版出版社 2012 年版。

个整体的"中",是第七个"中"。修身的品质如何,就看每个人在行坐卧这三种体姿当中,是否都能将这几个"中"恰到好处地把握住;并且,时时刻刻都能处在这个"中"之中,这也是人为万物之灵之所以能够优胜于地球其他物种的一个特点。

地球本身存在着年度周期律的俯仰改变而生成地球四时变化,这种俯仰偏转实质上是地球中轴的摆动。而我们人体也客观地存在着从头顶百会穴到会阴穴之间,作为连线的"中"。人体的这个中,百会是直接吸收天德能量的天窗,会阴则是可以直接吸收地炁能量的门户。但是如果不将它们准确地对准天与地,吸收的量就会大大被弱化,需要人们在行与坐时主动将这个中调节到最佳状态。修身明德实践者应当主动调节身躯保持居中、处中、行中状态。时时刻刻把握住自己在行走的时候处"中",站立的时候处"中",坐式的时候处"中",平卧的时候则注意处于分散的三个小"中",这样就能够有更多的时间,仿效春分之"中",获得更多的能量,促生心身的量变与质变。

3. "中"对物理学研究的帮助

这个春分之"中",对于物理学研究的帮助,也是不言而喻的。在北京时间 2014 年 3 月 18 日,英国路透社报道,天文学们在 0 点左右刚刚宣布他们发现了宇宙物理的"时空的涟漪",宇宙大爆炸的回声——引力波,也就是宇宙根本性能量的韵动波韵。

引力波,是爱因斯坦 100 年前在广义相对论中所预言的一种现象,也是老子早就揭示过的"玄之有玄",即"道生一,一生二"的双 S 玄曲韵动能量波。科学界声称,发现引力波最终填补上了这项人类最伟大的智慧成就之一的最后一片缺失的拼图,它将帮助天文学家们理解宇宙如何诞生并演化出星系、恒星、星云,以及构成我们已知宇宙的几乎空无一物的广袤空间。

哈佛-史密松天体物理台的物理学家在一份声明中表示:"探测到这一信号是当今宇宙学领域最重要的目标之一。"引力波是在宇宙中蔓延的微小的原始波动。对"广义相对论"、"暴涨理论",科学家们利用一台架设在南极名为 BICEP 的望远镜,探测到了引力波现象。迄今为止,宇宙微波背景辐射(CMB)一直被认为是证明宇宙起源于一次大爆炸事件的最好证据。

春　分

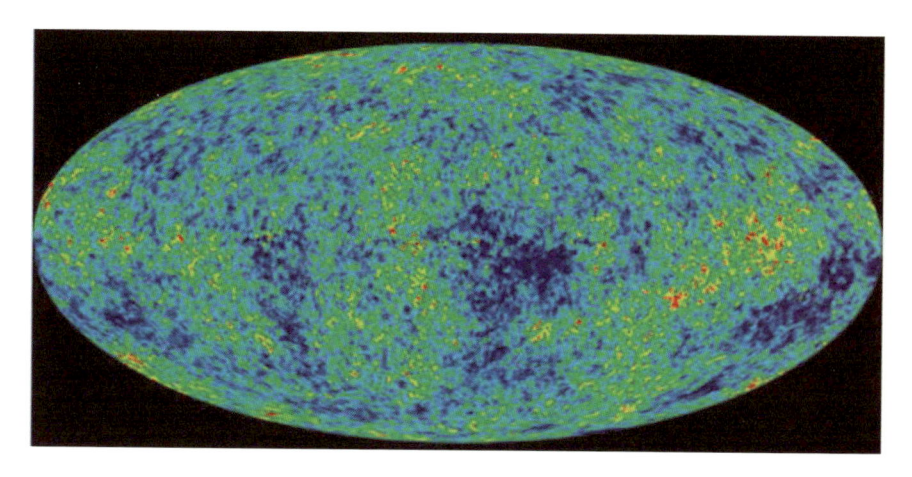

图 4-16　宇宙初期全天地图[1]

其实，这就是智能科学、意识哲学领域，在有相的领域里验证着两千五百年前中国的祖先们早就阐述过的"道生一"和"虚无生万有"的论断。这个宇宙大爆炸所产生的有相波，一直延续到现在，如果没有高科技手段，的确是难以捕捉到这种"玄之有玄"的波。然而，在质象学领域，在春分时节，这种"玄之有玄"的波是非常典型的，其波韵所产生的能量传导也更为显著，可以被我们体悟和捕捉到。

早在五千多年以前，我们的祖先就制定出了正确把握做人、做事以及社会发展的不同层级的应用原则。对于人法天和天人合一的正确运用，祖先给后代制定了这个修身系统，我们作为龙的传人，的确应当心存感恩，对圣哲们"通天地之心"的大智大慧，心存敬畏地"堇能行之"。

我们祖先的智慧都是源自于对质象学的实证与研究，既不需要强大的物理能量，也不需要复杂的物理设备，一切就在自己生命体内。由内而外，就能够实现这种验证、观察和发现，并且把握自然的真理。因此，很多东西并不见得要等待物理学验证成果出现以后，我们再去相信自己祖先的智慧。

1　图片来源于网络：http://jiangsu.china.com.cn/html/2014/kxts_0318/257435.html。这是利用美国宇航局威尔金森各向异性探测器（WMAP）在长达 9 年时间内积累的数据构建的详尽的宇宙初期全天地图。这张图像中可以看出宇宙微波背景辐射在空间上分布的微小不均一性。

· 治事养生篇 ·

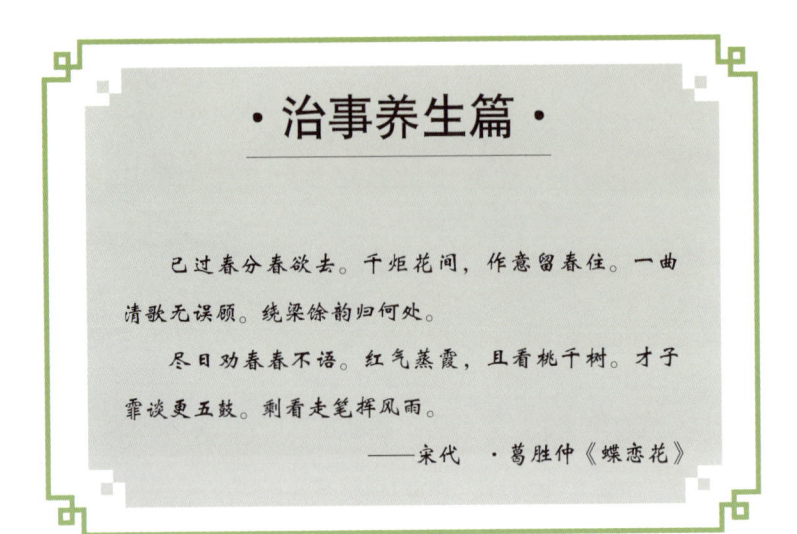

已过春分春欲去。千炬花间,作意留春住。一曲清歌无误顾。绕梁馀韵归何处。

尽日劝春春不语。红气蒸霞,且看桃千树。才子霏谈更五鼓。剩看走笔挥风雨。

——宋代 · 葛胜仲《蝶恋花》

一、春分运气与治事

图 4-17 明代陆治《杏花白燕》

（一）运气古籍

《灵宝毕法》:"十二辰为一日,五日为一候,三候为一气,三气为一节,

春 分

二节为一时，四时为一岁。一岁以冬至节为始，是时也，地中阳升，凡一气十五日，上升七千里，三气为一节，一节四十五日，阳升共二万一千里，二节为一时，一时九十日，阳升共四万二千里，正到天地之中，而阳合阴位，是时阴中阳半，其气为温，而时当春分之节也。……自冬至之后，一阳复生，如前运行不已，周而复始，不失于道。冬至阳生，上升而还天，夏至阴生，下降而还地。夏至阳升到天，而一阴来至，冬至阴降到地，而一阳来至，故曰夏至、冬至。阳升于上，过春分而入阳位，以离阴位，阴降于下，过秋分而入阴位，以离阳位，故曰春分、秋分。"

译文[1]：

《灵宝毕法》上卷："《真源》说：……十二辰为一天，五天为一候，三候为一气，三气为一节，二节为一时，四时为一年。一年以冬至为开始，这时，地中的阳气开始上升，总共一气十五天，阳气上升七千里。三气为一节，一节四十五天，阳气上升共计二万一千里。二节为一时，一时九十天，阳气上升共计四万二千里，正好到达天地的中间，而且阳气合于阴位，这时，阴气中阳气占了一半，其气为温，天时应当是春分。……从冬至以后，一阳开始复生，如同前面描述的运行不止，周而复始，不违背大道的运行规律。冬至以后阳气生成，上升到达天，夏至以后阴气生成，下降到达地。夏至阳气升到天时，阳中生有一阴；冬至阴气降到地时，阴中生有一阳，所以说夏至、冬至。阳气上升时，经过春分后进入阳位，离开了阴位；阴气下降时，经过秋分后进入阴位，离开了阳位，所以称为春分、秋分。"

宋·刘温舒《素问入式运气论奥》："论岁中五运第二十三：木为初之运，大寒日交火为二之运，春分后十三日交土为三之运，小满后二十五日交金为四之运，大暑后三十七日交水为五之运，秋分后四十九日交此，乃一岁之主运，有大少之异也。按《天元玉册》截法中又有岁之客运行于主运之上，与六气主客之法同，故《玉册》曰岁中客运者，常以应干前二干

1　参见《钟吕传道集注译·灵宝毕法注译》，沈志刚注译，中国社会科学出版社2004年版。

为初运。"

(二)春分全息兆象

《逸周书·第五十二时训解》:"春分之日,玄鸟至。又五日,雷乃发声。又五日,始电。玄鸟不至,妇人不娠;雷不发声,诸侯失民。不始电,君无威震。"

这段话是说,春分这天,燕子会飞回北方的栖息地繁衍后代。再过五天,开始能够听到雷声。又过五天以后,天上开始出现闪电。如果燕子不按时飞回,异常质象能量的负作用力也会同时影响人类,妇女们可能就不容易怀孕;雷声不按时响起,异常质象能量的负作用力可能会使诸侯们失去他们封地上人民的信赖而流失;如果闪电不应时出现,负作用力可能会使君王无法表现出自己的威严来震慑天下。

我们可以在各地观察这一天象变化的一些特征,从全息观、一元论中分析天地能量的五运六炁(气)变化是否对动物生物链、植物生物链、人类生物链产生作用力与影响力,总结各自的表现在当地地域的影响规律性。

《易通卦验》曰:"震,东方也,主春。春分日,青气出直震,此正气也。气出右,物半死。气出左,蛟龙出。震气不至,则岁中少雷,万物不实,人民疾热。"

《齐人月令》:"春分不杀生,不吊疾。君子齐戒,衣夹衣,导引,不食生冷。二月,忌东北雷,主病,西北多疫。春分忌晴,主病。"

"不吊疾",就是要避免参与丧事,或者去看医生,在春分这个时间点上特别需要注意的。"君子齐戒",就是要遵守一些必然的戒律、戒约。"衣夹衣",即穿夹衣,不要穿得太厚了,因为天气已经开始暖和了。虽然这里提出了"不食生冷"的要求,但对于寒食者而言,生冷则不在避忌之列。

二月如果东北方向打雷,人容易生病,西北地区也容易发生一些流行病。春分这天,最好有点毛毛雨,如果太晴朗,也提示容易出现一些疾病,人们应当主动去防治这些疾病。

春分至清明时节有无雷雨出现,将预示着当年的干旱雨涝。民谚云:"惊蛰闻雷雨调顺,春分龙隆好收年",就是说,如果龙动了,并且打雷了,

春 分

那肯定是个丰收年。

"春分雷鸣龙升天,定主雨顺好收年。最怕秋分龙带闪,冬无雨雪遭灾难。""二月隆隆天鼓响,皇帝百姓喜洋洋。九月若闻隆隆音,冬春大旱愁煞人。""九月雷声发,大旱一百八。"

这些谚语,印证了古人对春分和秋分时节雷声因果关系长期观察的结果和总结。春分的雷声主夏秋风调雨顺,而秋分的雷声则预示冬天少雨雪。如果秋分以后再有隆隆雷声,就会出现较长时期的干旱天气。根据最近几年的情况来看,的确是如此,这说明古人的这些观察和经验总结都是非常具有借鉴意义的。

《左传》:"昭二十一年秋七月壬午朔,日有食之。公问于梓慎曰:'是何物也?(物,事也。)祸福何为?'对曰:'二至二分(二至,冬至、夏至。二分,春分、秋分),日有食之不为灾。日月之行也,分同道也,至相过也。(二分,日夜等,故言同道。二至,长短极,故相过。)其他月则为灾,阳不克也(阴侵阳,是阳不胜阴),故常为水。'"

这部史书中,记载了古人对特定时节异常天象的判别和认知。

(三)春分治事

古语云:春分祭日,夏至祭地,秋分祭月,冬至祭天。

中国传统文化是建立在修身明德的前提下,尊道贵德而敬天爱地的文化。慧识悊学文化在修身明德实践中,能够同步对物相和质象进行整体把握,洞察天文地理的质象与物相,因此,对天地、日月巨大的能量作用性具有敬畏和感恩意识。祭祀文化的形成,正是基于感恩天地日月赐予人类物相的光明和质象的光明以及强大的能量,使天地具有四时之度的周期律变化,日月守躔度而运行,给予万物光明与热能。敬畏、爱戴与感恩,是祭祀文化形成的根本原因。

《礼记》中记载,在周代时春分就有祭日仪式,并且历代相传。《帝京岁时纪胜》:"春分祭日,秋分祭月,乃国之大典,士民不得擅祀。"

坐落在北京朝阳门外东南日坛路东的日坛,又名朝日坛,是明、清两代皇帝在春分这一天祭祀太阳的地方。朝日定在春分的卯刻,每逢甲、丙、

戊、庚、壬年份，皇帝亲自祭祀，其余的年岁由官员代祭。

祭日的仪式颇为隆重。明代皇帝祭日的礼仪，包括奠玉帛，礼三献，乐七奏，舞八佾，行三跪九拜大礼。清代皇帝祭日的礼仪包括九项议程，分别为迎神、奠玉帛、初献、亚鲜、终献、答福胙、车馔、送神、送燎等。

《礼记正义卷二十六·郊特牲》："郊之祭也，迎长日之至也。""迎长日之至也者，明郊祭用夏正建寅之月，意以二月建卯春分后日长。今正月建寅，郊祭，通而迎此长日之将至。"

《易纬·干凿度》："天之诸神莫大于日，祭诸神之时，日居诸神之首，故云日'为尊'也。凡祭日月之礼，崔氏云：'一岁有四，迎气之时，祭日于东，祭月于西'。故《小宗伯》云'兆五帝于四郊，四望、四类亦如之'，是其一也。春分朝日，秋分夕月，是其二也。此等二祭，日之与月各祭于一处，日之与月，皆为坛而祭，所谓王宫祭日，夜明祭月，皆为燔柴也。"

《晋书志·第九礼上》："礼，春分祀朝日于东，秋分祀夕月于西。汉武帝郊泰畤，平旦出竹宫，东向揖日，其夕西向揖月。既郊明，又不在东西郊也。后遂旦夕常拜。故魏文帝诏曰：'汉氏不拜日于东郊，而旦夕常于殿下东西拜日月，烦亵似家人之事，非事天神之道也。'黄初二年正月乙亥，祀朝日于东门之外，又违礼二分之义。魏明帝太和元年二月丁亥，祀朝日于东郊，八月己丑，祀夕月于西郊，始得古礼。及武帝太康二年，有司奏，春分依旧请车驾祀朝日，寒温未适，可不亲出。诏曰：'礼仪宜有常，若如所奏，与故太尉所撰不同，复为无定制也。间者方难未平，故每从所奏，今戎事弭息，惟此为大。'案此诏，帝复为亲祀朝日也。此后废。"

二、春分的正善治养生

万物春分而生，秋分而成，春分时节，生机盎然，正是对意识进行正善治的调节和顺应四时之度的佳期。顺应天地阳和之炁能量的变化，"为学者日益"，则容易立正信、启正智、脱愚昧，进行阴意识转变成正意识

春 分

的实践正当其时。

精神调养方面,要与春分时节的"阴阳平衡"特点相应,做到心平气和,保持轻松愉快、乐观的情绪,从而安养神气,切忌大喜大悲、情绪波动剧烈,妨碍肝气疏通。春分时节,春光明媚,莺飞草长,桃红李白,百花盛放,是郊游踏青的好时节,可在风和日丽之时结伴郊游,增广见闻,以利肝气疏泄。

图 4-18 南宋佚名《玉兰栖禽图》

在介绍立春的时候我们引用过《黄帝内经·灵枢·九针论第七十八》中的这段话:"黄帝曰:愿闻身形应九野奈何?岐伯曰:请言身形之应九野也,左足应立春,其日戊寅己丑。"在这段话后面,岐伯还接着介绍了:"左胁应春分,其日乙卯。"

《伤寒论》:"从霜降以后,至春分以前,凡有触冒霜露,体中寒即病者,谓之伤寒也。……从春分以后至秋分节前,天有暴寒者,皆为时行寒疫也。"从这里可以得知伤寒的定义,从霜降以后到春分以前,凡是由于不注意养生,特别是年轻人、小孩和老人,触冒了霜、露水,身体中了寒气,就会发病,称之为伤寒。因此,我们在大寒的时候应当争取出点汗将寒气发散出去,否则到了春分以后就会容易发作,转化成为真正的病。

《黄帝内经·素问·诊要经终论》:"夏刺春分,病不愈,令人解㑊。夏刺秋分,病不愈,令人心中欲无言,惕惕如人将捕之。夏刺冬分,病不愈,令人少气,时欲怒。秋刺春分,病不已,令人惕然,欲有所为,起而忘之。"

(一)身识养生

春分时节,万物复苏而生机勃发,天空雷鸣电闪,质象境龙跃凤鸣,物相境春风化雨而阳光明媚,春意盎然而万物活跃。人们的命体更应当顺

四时之度，加强身识的活动与运动，行气活血，增强体质，提升生命活力。应逐步增强身识的活动量，提升与万物之间的感知度，实践身与天地生气的合一。

从春分开始，在形体活动方面，可以加大运动幅度，并且增加户外踏青以及体育锻炼的时间。当然，这其中一定要注意用中得一，特别是在春分这一天，要认真地去通过太极修身的无极站式，好好体悟脊柱的中正得一。

1. 预防疾病

春分防疾，一要经常开窗通风，把室内的污浊空气散出去，保持空气清新；二要加强运动锻炼，提高身体的疾病防御能力；三要注意口鼻保健；四要注意避免在春季大风天到户外受风；五要注意防止受凉。

2. 保护咽喉

春分节气气候干燥又多风，呼吸道防御抵抗病菌能力下降，容易患咽喉炎。"咽需液养，喉赖津濡"，咽喉需要津液的濡养，如果津液亏虚或者运行失常，不能到达咽喉，则咽喉容易干燥并产生一系列疾病。所以，春分节气应多注意保护咽喉，多喝水，增加房间的湿度。

3. 应对春困

春分时节，人们"春困"的症状会越来越明显，尤其是每天午后，表现更为突出。在最困的时候，只需要小睡片刻，就可大大缓解疲惫。有条件的人可以午睡，或是正午时分进行"三调"、经典诵读以及静养。

晚上可以做一些有助睡眠的活动来缓解春困，如晚饭后稍微活动一下身体，有利于身体的舒展和放松；在身体舒展、消化良好的基础上，可以锻炼太极修身；睡前泡泡脚，采用足道药浴养生来提高睡眠质量；睡前半小时摒弃杂念，心情平静，放松三调，诵读静坐，利于入睡。

4. 防止五更晨泻

春分应是阴阳平衡的时期，但人若是阳虚之体，阳弱不能与阴平衡，就会经常发生五更泻（又叫鸡鸣泻），实际上就是完谷不化的腹泻，如若舌苔白，脉沉而弱，怕冷，腰以下发凉者，可吃附子理中丸或金匮肾气丸，以温中扶阳。

春 分

5. 陈希夷二十四气导引坐功图势——春分

图 4-19　春分坐功图势

运：少阴二气。

时：手阳明大肠燥金。

坐功：每日丑、寅时，伸手回头，左右挽引各六七度，叩齿六六，吐纳漱咽三三。

即：每天凌晨 1～5 时之间，盘坐，两手由体侧提到腋下，手心朝上，两手内旋，向正前方推出，使掌心向前，指尖向上，两臂伸直与肩同宽同高，同时头向左转动，两手收至腋下，同时头转向正前方。两手如前推出，头转向右侧。如此左右各做 42 次。然后如前叩齿、咽津、吐纳而收功。

主治：胸臆肩背经络虚劳邪毒，齿痛、头肿、寒栗、热肿、耳聋耳鸣、耳后肩臑肘臂外背痛、气满、皮肤殻殻然坚而不痛、瘙痒。

（二）口识养生

1. 春分宜食

饮食应当顺四时之度，顺应天时能量规律，否则容易气机紊乱，导致疾病生发。春分期间的饮食宜清淡，可以多吃利于升发阳气、清淡可口、富有营养的甘、辛、温的时令新鲜蔬菜和野菜，如春笋、香椿、荠菜、蕨菜、豆芽、豆苗、蒜苗、菠菜、韭菜等，有利于促使体内积热的疏泄和散发。春分时节，还宜多食红枣、蜂蜜，能够养脾健胃、补中益气。

图 4-20 红枣

2. 养生食谱

山药薏米粥：

原料：山药、薏米、莲子、大枣、小米。

做法：将山药、薏米、莲子、大枣与小米共煮粥。煮山药以 15～20 分钟为宜，先放薏米，后放山药。

功效：排湿补脾胃。糖尿病及大便干燥者禁食。

香椿豆腐：

食材：香椿 200 克，内酯豆腐一盒。

做法：香椿洗净，开水中焯过，晾凉后切成细末。将内酯豆腐从盒中取出后，切成 1 厘米见方的小丁。香椿和豆腐一同放进小盆中，放入适量盐，拌匀后装盘。

功效：润肤明目，益气和中，生津润燥。

核桃山药羹：

食材：核桃仁 20 克，山药 30 克，冰糖适量。

做法：首先将核桃仁炒香，与山药一同研成细粉；烧少量开水，放入冰糖溶化成汁；再烧适量开水，将以上加工好的粉、冰加入，搅拌成浆。

功效：健脾除湿，固肾止遗。适于脾胃虚弱、大便燥结、阳痿、遗精、带下者。肠炎腹泻者忌服。

荠菜饺子：

食材：荠菜500克，香菇100克，豆干100克，面粉适量，食用油适量。

做法：首先将面粉和成面团，揉好备用。然后将荠菜、香菇、豆干剁成馅料，放入盆中，加入适量食用油、盐，拌成饺子馅。根据自己的习惯，将面团揪成大小适宜的剂子，然后擀成饺子皮，包入饺子馅，下开水锅中煮熟即可。

也可以将荠菜用开水焯变色后，挤去水分再剁碎；将香菇和豆干剁碎后，用食用油炒香，再与荠菜一起拌成馅。

功效：和脾，利水，明目，提高免疫力。

3. 不同体质的春分养生

由中华中医药学会发布的《中医体质分类与判定》，将人的体质划分为9类。我们可以据此对照判定自己属于哪一种体质，从而采取正确的养生方法。

平和体质，即正常体质，只要注意根据节气的特点而合理地进行饮食搭配即可。

气虚体质，主要表现为身体虚弱，肌肉松软，声音低，易感到疲劳，常出虚汗，很容易感冒。这样体质的人除了需要多食用具有益气健脾作用的食物，如黄豆、白扁豆等，进行饮食上的调养，还需要适量的运动来进行调理。

阳虚体质，主要表现为肌肉不健壮，手脚怕冷，胃部怕冷，喜欢安静，性格多沉静、内向。饮食上要注意多食用温阳之品，少食梨、西瓜、荸荠等生冷寒凉食物，少饮绿茶。同时，也应当通过运动来进行调理。

阴虚体质，主要表现为皮肤干燥，手脚心发热，脸潮红，眼睛干涩，口易渴，大便易干结，这样体质的人适宜食用藕粉、百合、芝麻、银耳等滋阴润燥的食物，少食羊肉、韭菜、辣椒、葵花子等性温燥烈之品。

血瘀体质，主要表现为皮肤较粗糙，眼睛里的红丝很多，牙龈易出血。

经常出现黑眼圈的人和女性中经常痛经者，一般属于这一类体质。还有一些人年龄大了以后血液黏稠，皮肤易出现瘀血斑点，也属于这类体质。这样体质的人适合吃的食物有紫菜、海藻、黑豆、山楂、醋、玫瑰花等，应少食肥肉等滋腻之品。

湿热体质，主要表现为体形肥胖，易出汗，且多黏腻。经常感觉脸上有一层油。易生粉刺和暗疮，有口臭，小便黄。饮食应以清淡为主，可适量食用芥菜、通心菜等。

气郁体质，主要表现为体形偏瘦，常常情绪低落，易失眠，可适量食用黄花菜、菠菜、麦片、牛奶、香椿等。小柴胡汤对于调节气郁效果比较明显。

痰湿体质，主要表现为常感觉肢体困重，多为肥胖者。宜食萝卜、海藻、海带、山楂、玫瑰花和薏米等。

特禀体质，也称为过敏体质，主要表现为易起荨麻疹，皮肤轻轻抓挠就会发红，易对空气或者食物过敏。这类体质的人应多食益气固表的食物，少食海鲜及辛辣刺激之物，少食荞麦（含致敏物质荞麦荧光素）、蚕豆等，不宜饮用白酒。应当坚持经典诵读和太极修身，提升自身免疫能力。

三、春分治事养生宜忌

（一）治事养生之宜

《文水县志》："春分日，酿酒拌醋（糟酒的一种），移花接木。"明代的山东淄川"于是日栽植树木，作春酒，酿醋"。

"醋"，也是糟酒的一种，表明酒味淳厚。

《法天生意》曰："春分宜采云母石炼之，用矾石或百草上露水，或五月茅屋滴下檐水，俱可炼，久服延年。"

（二）治事养生之忌

《夜航船·卷二》："春分、秋分、冬至、夏至前一日，谓之四离。立春、

春 分

立夏、立秋、立冬前一日，谓之四绝。"清朝允禄等人所著的《协纪辨方书·义例四·四离四绝》中记载："《玉门经》曰：'离者，阴阳分至前一辰也。谓建卯之月阳气出阴气入，建子之月阴气降阳气升，建酉之月阴气出阳气入，建午之月阳气降阴气升。故先一日为四离辰也。'李鼎祚曰：'此日忌出行征伐。'曹震圭曰：'四离者，冬至前一日水离，夏至前一日火离，春分前一日阳体分而木亦离也，秋分前一日阴体分而金亦离也。故名曰四离。'《玉门经》曰：'四绝者，四立前一辰也。'李鼎祚曰：'此日忌出军远行。'曹震圭曰：'立春木旺水绝，立夏火旺木绝，立秋金旺土绝，立冬水旺金绝。故先一日为绝也。'"

四、春分采药与制药

（一）采药

1. 麝香

《神农本草经》："味辛，温。主辟恶气，杀鬼精物，温疟，蛊毒，痫痉，去三虫。久服除邪，不梦寤魇寐。生川谷。"

《名医》曰："生中台及益州、雍州山中，春分取之。生者益良。"

《说文》云："麝，如小麋，脐有香，黑色獐也（《御览》引多三字）。《尔雅》云：麝父麛足。郭璞云：脚似麋，有香。"

2.《名医别录》所载春分前后采药：

白石英：生华阴山谷及泰山，大如指，长二、三寸，六面如削，白澈有光，长五、六寸者，弥佳。其黄端白棱，名黄石英；赤端白棱，名赤石英；青端赤棱，名青石英，黑泽有光，名黑石英。二月采，亦无时。

知母：生河内川谷。二月、八月采根，曝干。

狗脊：狗脊，生常山川谷。二月、八月采根，曝干。

贯众：贯众生玄山山谷及冤句少室山。二月、八月采根，阴干。

巴戟天：巴戟天生巴郡及下邳山谷。二月、八月采根，阴干。

3.《本草纲目》所载春分前后采药：

石钟乳：普曰：生泰山山谷阴处岸下，溜汁所成，如乳汁，黄白色，空中相通。二月、三月采，阴干。

百脉根：恭曰：出肃州、巴西。叶似苜蓿，花黄，根如远志。二月、三月采根，晒干。

葳蕤：普曰：叶青黄色，相值如姜叶，二月、七月采。

4.《蓬莱山西灶还丹歌》所载春分前后采药：

汉朝黄玄钟所著的《蓬莱山西灶还丹歌》，记载了很多春分前后可以采摘的药草，可用于各类常见病的防治。

露容草：俗为地录，书云石录。茎花赤，性毒，恶理求体脉，生岩石，出河南，生甲乙，死戊己，甲寅，叶圆。春分后二十日采，上治恶疮，应春分节。歌曰：此药人间有，河南出最珍。拈来和汞点，一夜应天真。

万年春：俗名水蓝，书为地镜。性冷，生江南道。如蓝，小青老赤。生戊丁，死甲己。治小儿痔，应大寒节，春分后十日采用。歌曰：青色尖赤样如蓝，亦在高山亦在潭。先共还丹为舍宅，亦能性冷味能甘。

赤马州：俗为地容，书为紫盖。性毒。出北济。茎叶紫。生甲壬，死丁己。疗呕逆。应春分节，春分后采之上。歌曰：枝红叶紫透山崖，此药真人暗以排。恰到炉中开龙后，始知我有玉灵才。

慭龙回：俗为豫樟木，书无名。有毒。叶大三指，成树。孟夏州近汉山有之。治鬼注。歌曰：稍稍同木也同材，张骞乘上碧云来。此树生过一千岁，一切江河路自开。右已前十味，生甲壬，死戊壬，应立冬节，并春分及秋分前后探之。

水桃：俗为绿红，书为英芝。性温。出江州庐山。生戊丁，死庚己。形如桃，近水生。治瘫瘴。应大寒节，春分后采之。歌曰：灵芝异草出灵山，立干生于曲涧泉。好用英华散水气，采时须得受春暄。

贝殊紫：俗为风石蔓，书为地油。性冷。出白马山。叶圆引蔓。生甲乙，死戊己。治急劳。应小寒节，春分后采之。歌曰：引蔓排枝叶叶圆，可怜生处傍崖泉。八石不应无用日，用时须待绿芙研。

紫金英：俗为石心，书为鱼叶。性热，有毒。出罗州。叶圆背紫。治恶疮。生甲己，死戊壬。应春分节，立夏后采之。歌曰：音世人间草，叶

春 分

圆贝点朱。还同玄内煮，沉石自然浮。

（二）制药

1.《太上肘后玉经八方》之青精先生糯米饭方

震卦正东，青精先生糯米饭方：

白粱米一石，南烛汁浸，九蒸九曝，干可有三斗以上。每日服一匙饭，过一月后，服半匙，两月后，服三分之一。尽一剂则风寒不能侵，须发如青丝，颜如冰玉。若人服之，役使六丁天兵侍卫。

2. 春分香囊

图 4-21　春分香囊

这一天，古人会用一个预防的药方，达到防胜于治、防优于治的目的。《月令》曰："春分后宜服神明散。其方用苍术、桔梗各二两，附子一两，乌头二两炮，细辛一两，捣筛为散，红绢囊盛之，一人佩带，一家无病。若染时疫者，取囊中之药一钱，新汲水调服，取汗即愈。"

神明散：苍术 100 克，桔梗 100 克，附子 50 克，乌头 100 克（炮制），细辛 50 克，混合粉碎为末，缝制好红色绢布袋囊，把药粉装进去，挂在身上或脖子上，一人佩戴，一家无病。

3. 升明汤

《三因极一病证方论·六气时行民病证治》："治寅申之岁，少阳相火司天，厥阴风木在泉，病者气郁热，血溢目赤，咳逆头痛，胁满呕吐，胸臆不利，聋瞑渴，身重心痛，阳气不藏，疮疡烦躁。

紫檀香　车前子（炒）　青皮　半夏（汤洗）　酸枣仁　蔷薇　生姜　甘草（炙，各半两）上为锉散。每服四钱，水盏半，煎七分，去滓，食前服。自大寒至春分，加白薇、玄参各半两；自春分至小满，加丁香一钱；自小满至大暑，加漏芦、升麻、赤芍药各半两；自大暑至秋分，加茯苓半两；自秋分至小雪，根据正方；自小雪至大寒，加五味子半两。

丑未之岁，太阴湿土司天，太阳寒水在泉，气化营运后天。初之气，厥阴风木加风木，民病血溢，筋络拘强，关节不利，身重筋痿。二之气，大火正，乃少阴君火加君火，民病温疠盛行，远近咸若。三之气，太阴土加少阳火，民病身重肿，胸腹满。四之气，少阳相火加太阴土，民病腠理热，血暴溢，疟，心腹胀，甚则浮肿。五之气，阳明燥金加阳明燥金，民病皮肤寒气及体。终之气，太阳寒水加寒水，民病关节禁固，腰痛。治法，用酸以平其上，甘温治其下，以苦燥之，温之，甚则发之，泄之，赞其阳火，令御其寒。"

4. 备化汤

《三因极一病证方论·六气时行民病证治》："治丑未之岁，太阴湿土司天，太阳寒水在泉，病者关节不利，筋脉拘急，身重萎弱，或温疠盛行，远近咸若，或胸腹满闷，甚则浮肿，寒疟血溢，腰痛。

木瓜干　茯神（去木，各一两）　牛膝（酒浸）　附子（炮，去皮脐，各三分）　熟地黄　覆盆子（各半两）　甘草（一分）　生姜（三分）

上为锉散。每服四大钱，水盏半，煎七分，去滓，食前服。自大寒至春分，根据正方；自春分至小满，去附子，加天麻、防风各半两；自小满至大暑，加泽泻三分；自大暑直至大寒，并根据正方。

子午之岁，少阴君火司天，阳明燥金在泉，气化营运先天。初之气，太阳水加厥阴木，民病关节禁固，腰痛，中外疮疡。二之气，厥阴风木加少阴君火，民病淋，目赤，气郁而热。三之气，少阴君火加少阳火，民病热厥心痛，寒热更作，咳喘目赤。四之气，太阴土加湿土，民病黄瘅衄衊，嗌干吐饮。五之气，少阳火加阳明金，民乃康。终之气，阳明金加太阳水，民病上肿咳喘，甚则血溢，下连少腹，而作寒中。治法，宜咸以平其上，苦热以治其内，咸以软之，苦以发之，酸以收之。"

·民俗篇·

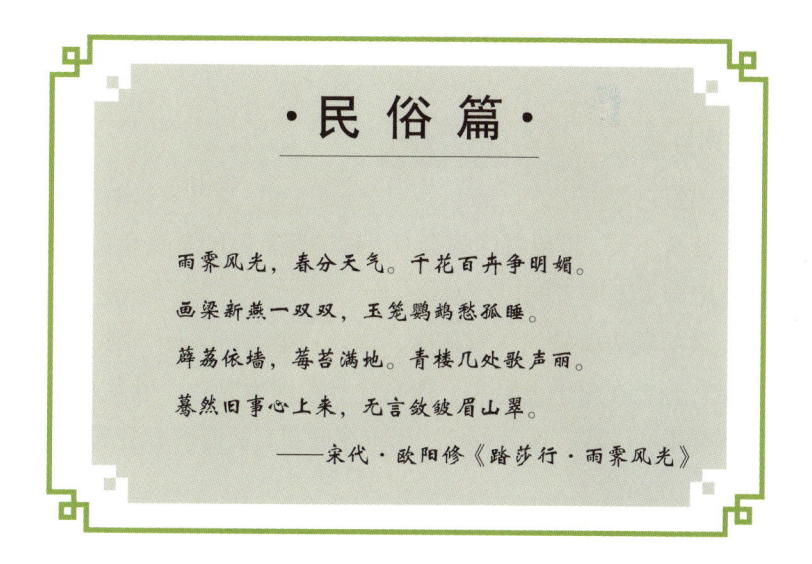

雨霁风光，春分天气。千花百卉争明媚。
画梁新燕一双双，玉笼鹦鹉愁孤睡。
薜荔依墙，莓苔满地。青楼几处歌声丽。
蓦然旧事心上来，无言敛皱眉山翠。

——宋代·欧阳修《踏莎行·雨霁风光》

一、春分的民俗文化

（一）感恩祭祀

上古时期中国人有春分祭日的习俗，《礼记·祭义》有"祭日于坛，祭月于坎"的记载。清代潘荣陛《帝京岁时纪胜》记载："春分祭日，秋分祭月，乃国之大典，士民不得擅祀。"民国十三年《花县志》记载："春分日祀先于家庙，谓之'祭春分'。"民国十五年《始兴县志》记载："春分节至清明节，此十五日中，老幼妇女上坟修筑，冢间遍挂纸钱。饮毕，饮福而归。"修身实践者在春分这一天，应主动地感恩道、德、天、地、国、亲、师。

二月春分，人们开始进行扫墓感恩祭祖的活动，也叫春祭。首先扫祭开基祖和远祖坟墓，古时候的扫墓全族和全村都要出动，规模浩大，队伍往往达几百甚至上千人。之后，再分房扫祭各房祖先坟墓，最后各家扫祭家庭私墓。南方客家地区春季祭祖扫墓，都是从春分或更早一些时候开始，

最迟到清明（古谷雨）时要扫完。

（二）民俗活动

春分竖鸡蛋：

每年春分这一天，世界各国都会有人做"竖蛋"的游戏和实验。据说，这个游戏是中国人发明者的。

民间竖蛋的玩法简易而富有趣味，选择一个光滑匀称、刚生下四五天的新鲜鸡蛋，轻轻在桌子上竖立，能直立竖起即为成功。很多人都喜欢在春分这天玩竖蛋的游戏，连带着这一天鸡蛋旺售，故有"春分到，蛋儿俏"的说法。

春分这一天，鸡蛋为什么最能竖起来，民间的说法颇多，但传统文化爱好者们应该知道其中的原理。春分时南北半球昼夜等分，地球地轴呈 66.5° 倾斜，与地球绕太阳公转的轨道平面，处于一种能量引力的相对平衡状态，地球处于俯仰度、数的"立正"位，天德能量、太阳能量对地球构成类似直角传导态，这样更有利于竖蛋的完成。

鸡蛋的表面虽然看似光滑，其实也有粗糙与平滑之分，在微观下，光滑的鸡蛋表面实际是高低不平的，有许多类似小山结构的突起。据统计，这些突起的"小山"，每座平均高度在 0.03 毫米左右，"山峰"之间的距离，一般在 0.5~0.8 毫米，三点连线会构成三角形，也可以决定一个平面，如果能够耐心寻找到这个三角的支撑点，也就能够将鸡蛋竖起来。此外，最好选择刚生下 4~5 天的鸡蛋，越新鲜越好，因为这时里面的蛋白还没有凝固，容易使重心下降。需要注意的是，别想用尖头竖起来，要大头放在下面竖，才有机会成功。

图 4-22　竖蛋奥秘在"调中"

性格比较急躁的人，其身场和能量场难以处在与天地相应状态，竖蛋

春 分

就容易失败。

送春牛：

春分到，不少地方有送"春牛图"的风俗，这种"春牛图"与立春时的《春牛芒神图》不同，它是把二开红纸或黄纸印上全年农历节气，还要印上农夫耕田图样。送图者都是些民间善言唱者，三五人组成一个小队，主要是说唱春耕和吉祥不违农时的话，每到一家见啥说啥，俗称"说春"，并送上"春牛图"，主人家收下后会给红包。

牛在《周易》八卦属类中为坤卦，是北方肾水之象，常喻之为肾水精气。意识信土应天时，应把握住肾水在体内的逆向生理工程，圣人贵精而炼精化气。民俗的"送春牛"活动其实在古代也是一种修身内求法的外延性应用，在春分时节的时间与空间中，在修身者体内就是一种"铁牛耕田种金钱"的实证方法，是一种进行想象力培养训练而在下丹田实践肾炁心液的提纯与凝炼，同时借助天时地炁"中气以为和"的执中守一最佳时机，及时进行图象思维能力的激活与培养。修身者同样应当互勉和鼓励，制订新一年的修身进取规划，相互祝福体内的铁牛耕地成功，五德丰收，激活对方的春牛，启动肾水，进入新一年的天人合一、心肾相交。

粘雀子嘴：

春分这一天，每家都要吃汤圆，同时把没有包心的汤圆煮好，用细竹签叉串着置于室外田边地坎，名曰"粘雀子嘴"，以避免雀子来破坏庄稼。

吃春菜：

春菜各地所指不同，一般应吃当地应时的春菜。春分时节，自然界阴阳二气达到平衡，是天阳开始超过地炁的转折时刻，饮食起居生养作息如果不顺遂天时能量规律，则容易气机紊乱，引发疾病。这期间的饮食宜清淡，可以多吃利于升发阳气、清淡可口、富有营养的甘、辛、温性春季时令蔬菜和新鲜野菜，如春笋、芥菜、香椿、荠菜、蕨菜等，有利于促使体内积热的疏泄和散

图 4-23 香椿芽

发。

春分时,我国各地有吃春卷、喝春汤、品春笋的习俗,有的地方还吃"春芽",将香椿、豆芽、豆苗、蒜苗、笋尖等放在一起炒了吃。阳春三月吃香椿,香椿芽又称"椿头",自明代中国人便有吃香椿的习俗,谓之"吃春",富含迎新春的吉祥之意。吃法极多,有油炸椿头、香椿拌豆腐、凉拌香椿、腌香椿、香椿饺子等。香椿具有清热解毒、健胃理气、止血消炎的药用功能,明代屠本峻《野菜笺》云:"儿童攀摘来上茶,嚼之竟日香齿牙。"这是说将嫩椿芽晒干后烹茶,香气分外浓郁。"雨前椿芽嫩如丝,雨后椿芽如木质",食用香椿芽早采味道香浓,晚则老而味淡,营养价值也大大降低。需要说明的是,由于香椿中的硝酸盐和亚硝酸盐含量要高于一般的蔬菜,因此在烹制香椿时最好将其放进热水中先焯一下,这样吃才最健康。

五谷养命身,天德养精神。吃春菜的饮食习惯,与大自然节候息息相通,顺天时,应地利,将"天人合一"的养生思想和春分节气自然融为一体。

二、春分农谚

与天象气候有关的:
春分秋分,昼夜平分。
吃了春分饭,一天长一线。
春分雷鸣龙升天,定主雨顺好收年。
最怕秋分龙带闪,冬无雨雪遭灾难。
春分雨不歇,清明(古谷雨)前后有好天。
春分阴雨天,春季雨不歇。
春分西风多阴雨。
春分不暖,秋分不凉。
春分不冷清明(古谷雨)冷。
春分前冷,春分后暖;春分前暖,春分后冷。

春　分

春分刮大风，刮到四月中。

春分大风夏至雨。

春分南风，先雨后旱。

春分早报西南风，台风虫害有一宗。

与人事物候有关的：

二月隆隆天鼓响，皇帝百姓喜洋洋。

九月若闻隆隆音，冬春大旱愁煞人。

立春阳气转，启蛰雁河边，雨水乌鸦叫，春分地皮干。

春分降雪春播寒。春分无雨划耕田。春分有雨是丰年。

春分麦起身，一刻值千金。

春分犁不闲，谷雨好种田。

春分有雨人人忙，清明有雨麦子旺。

春分春分，好点花生。

春分过后，种麦种豆。

附录：

春分古籍参考

（一）天文古籍

《孝经说》："春分之日，日在中衡。又曰：斗指卯为春分。"

《淮南子·天文训》："辰星正四时，常以二月春分效奎、娄，以五月下，以五月夏至效东井、舆鬼，以八月秋分效角、亢，以十一月冬至效斗、牵牛，出以辰戌，入以丑未，出二旬而入。晨候之东方，夕候之西方。一时不出，其时不和；四时不出，天下大饥。

又曰：加十五日指卯中绳，故曰春分则雷行，音比蕤宾。

又曰：日冬至，日出东南维，入西南维。至春、秋分，日出东中，入西中。夏至，出东北维，入西北维，至则正南。欲知东西、南北广袤之数

者，立四表以为方一里岠，先春分若秋分十余日，从岠北表参望日始出及旦，以候相应，相应则此与日直也。……未春分而直，已秋分而不直，此处南也。未秋分而直，已春分而不直，此处北也。分、至而直，此处南北中也。"

《尚书·尧典》："日中星鸟，以殷仲春；日永星火，以正仲夏；宵中星虚，以殷仲秋；日短星昴，以正仲冬。"

《春秋繁露·阴阳出入上下》："至于中春之月，阳在正东，阴在正西，谓之春分。春分者，阴阳相半也，故昼夜均而寒暑平。"

《道藏》收录："《三洞奉道科》云：立春为建善斋，春分为延福斋；立夏为长善斋，夏至为朱明斋；立秋为迎龄斋，秋分为谢罪斋；立冬为遵善斋，冬至为广庆斋。如此等斋，各具本经仪格。故学道不修斋戒，徒劳山林矣。夫斋者，正以清虚恬静，谦卑恭敬，战战兢兢，如履冰谷，若对严君，丹诚谦若，必祈灵应，检勒内外，无使喧杂。"

《四极明科》云："立春、春分，然九灯于庭；立夏、夏至，然八灯；立秋、秋分，然六灯；立冬、冬至，然五灯；本命日，十二灯。自此陈乞，谢过祈恩。用灯于庭法，与修诸斋，自有灯数于庭。讫，依记四时向王，唯本命向太岁，叩齿二十四通，咒曰：高上太真、万圣帝皇、五帝玉司、总仙监真，今日吉辰八节，开陈阳罪阴考，绝灭九阴，于今永始，拔释七玄，免脱火乡，永离刀山，三涂五苦，不累我身，得同天地，长保帝晨，五愿八会，靡不如言。咒毕，解巾叩头百二十过，当令额向地而已；勿令痛。竟，复巾仰天，心念我身，今日上享天恩，赐反形骸，受生飞仙。毕，仰咽二十四气止，如此三年，宿愆并除，身与真同。案诸经斋法，略有三种：一者设供斋，可以积德解愆。二者节食斋，可以和神保寿，斯谓祭祀之斋，中士所行也。三者心斋，谓疏瀹其心，除嗜欲也；澡雪精神，去秽累也；掊击其智，绝思虑也。夫无思无虑则专道，无嗜无欲则乐道，无秽无累则合道，既心无二想，故曰一志焉，盖上士所行也，详矣。斋者，齐也，要以齐整三业，乃为斋矣。若空守节食，既心识未齐，又唯在一志，则口无贪味之谓也，二法表里相资。"

《道藏》收录："真火咒：阳精阳精，来保吾身，吾胎已灵，同合其真。

春 分

急急如律令。真水咒，太阴玄精，为我胎灵，安其魂魄，守护真形。急急如律令。

震东春分日卯时，面向卯，念咒九遍，九度行火，每度咽华池水十一口，共成九十九口之数也。"

道家经典记载："春分之日，日中时，昆仑瑶台太素真人会诸仙官于瑶台之上，拣定真经，及学者功业。当此之日，天地水官、五岳四真、神仙大神皆来，乘云舆羽盖，十二飞龙。仙童玉女散华烧香，手执华幡，浮空而行，周观八方，上诣瑶台，条录学者所修经业轻重，采授上真。三日集议，诸天日月星宿，及地上万灵，莫不振肃。为学之士，其日当清斋，日中入室，夜半露身，烧香诵经，北向再拜，叩头搏颊九过，自陈首谢己身学法以来，所犯禁戒，违负经科，漏慢天文轻泄之罪，乞丐原除。又乞解赦罪咎，延累七祖考罚，拔出幽魂，离三涂五苦之中，穷魂上升，我身获仙。毕，叩齿九通，微咒曰：太素上真，高仙太灵，今日上告，庆云回轸，宴景瑶台，会具紫庭，简校簿籍，落罪勒生，五帝定录，东华记名，道合上愿，我禀妙经，万遍待驾，上希神灵，玉帝开赦，所向克定，变景易骨，飞升太清。毕，便服太素瑶台通真变仙宝符，仰咽九过止。行此道八年，致太素真人降房，目睹神形，克得上升，飞升瑶台八素上宫。"

"诸行道求仙，思神存真，谢罪解过，上希众真佑护之恩。当以春分之日，青笔书文，东向服之二枚，宿怨解散，太素题名金札之上。修行八年，勿失一节，太素给玉女十二人，存思感会，天真下降，得睹神颜，致二景之舆，上升昆仑瑶台之观。"

道家经典记载："甲卯者，是肝之气。八节中立春、春分，口中为津也。庚酉者，是肺之气。八节中立秋、秋分，口中为液也。坎离者，寒暑。离铅者，是身中心气，八节中立夏、夏至，身中为血也。坎汞者，是肾中气。八节中立冬、冬至，身中为精也。精生魄，血生魂，精为性，血为命。人了达性命者，便是真修行之法也。"

"口含藏真气，真气中分八卦，艮为立春，震为春分，巽为立夏，离为夏至，坤为立秋，兑为秋分，乾为立冬，坎为冬至。八卦中各生阴阳，阴阳中各分寒暑。"

道家经典记载："二道秘言曰：以春分日，及寅卯日，夜半东北望，有玄青黄云者，是太微天帝君三素云也。其时太微天帝君乘八景之舆，上诣高上玉皇也。见者心存拜跪，如上法。四见天帝之舆者，则白日有龙轩羽盖，来见迎而升天也。青冠，红袍，青缘，五色云，外取宜装。"

《黄帝金匮玉衡经》："第四经曰：四离之辰，上望见月，是谓不祥。祥无少多，天寇所过。四离日，立春、春分、立夏、夏至、立秋、秋分、立冬、冬至。此四离之辰，上望见月宿，言正月室，二月奎，三月胃，四月毕，五月井，六月柳，七月张，八月角，九月氐，十月心，十一月斗，十二月虚女。是言春分之日，阴阳分离，各行其令。祥无少多，天寇所过。此言春分阴气在卯，盗杀百草，榆荚为落。夏至阳气在午，盗杀百草，荠麦死。秋分阴气在酉，秋当刑杀，而有秋华之芳。冬至阳气在子，万物蛰藏，荠麦之类得冬始生，皆非正气。故曰：寇盗月者，积阴之精。主刑。以此占事，必有寇窃暴至，其不出日。月中心神将言之。又一法，春分以甲子亥为离辰，月宿临亥，是不可远行，必逢盗窃贼寇，亡遗却死道中。何以言之？春分阴气在卯，寇盗草木也。"

《太平经癸部·卷一百五十四至一百七十》："立春盛德在仁，气治少阳，王气转在东方，兴木行。其气弱而仁，其神吏青衣，思之幽闲处四十五日，至九十日，令人病消以留年。行不止，令人日行仁爱。春分已前，盛行少阳之气，微行太阳之气，以助少阳。观其意无疑，深思其意，百邪服矣。"

《藏天隐日经》："春分之日，月宿金门之上。金门之上，则有通灵之门也。以其时，月于金精冶炼之池，受炼于石景水母，莹饰于花光。当此之日，灌阳精于金门，纳黄气于玉泉，皇上真人，诸天人皆以其日，采骞树之花，以拂日月之光，月以黄气灌天人之容。故春分之日，万气氤氲，神景皆和，黄气阳精降接之时也。"

（二）运气古籍

《遵生八笺》："正月立春，木相；春分，木旺；立夏，木休；夏至，木废；立秋，木死；立冬，木殁；冬至，木胎，言木孕于水之中矣。

于卯，其卦为大壮〔卦象〕。节属春分，木旺在卯，真气熏蒸，是为

春 分

沐浴。"

《易象图说外篇·卷中》："夫四时之气，由乾坤、阖辟、动静、阴阳、升降、消息使之然也。冬至阴极生阳，夏至阳极生阴，乾坤、阴阳之合也。秋分阴之中，坤之阖；春分阳之中，乾之辟。冬、夏二至，阴阳合也。春、秋二分，阴阳离也。按图而观，义斯可见。"

《春秋繁露·阴阳出入上下》："至于中春之月，阳在正东，阴在正西，谓之春分。春分者，阴阳相半也，故昼夜均而寒暑平，阴日损而随阳，阳日益而槛，故为暖热，初得大夏之月，相遇南方，合而为一，谓之日至；别而相去，阳适右，阴适左，适左由下，适右由上，上暑而下寒，以此见天之夏右阳而左阴也，上其所右，下其所左。"

《儒门崇理折衷堪舆完孝录·六气》："大寒初至惊蛰末，厥阴风木，司令生气也。春分初至夏至末，少阴君火，司令舒气也。小满初至小暑末，少阳相火，司令长气也。大暑初至白露末，太阴湿土，司令中气也。秋分初至立冬末，阳明燥金，司令收气也。小雪初至小寒末，太阳寒水，司令藏气也。

希夷陈氏曰：六气者，乃十二支行地之气，每六十日而一变者也。每一气有四节，每一节有三候，每一候有五日。大寒、立春、雨水、惊蛰，皆风木炁临之时，此四十五日，其气正到东方。春分、清明、谷雨、立夏，皆君火气临之时；小满、芒种、夏至、小暑，皆相火气临之时；此九十日，其气正到南方。大暑、立秋、处暑、白露，皆湿土气临之时，此四十五日，其气正到四隅之方。秋分、寒露、霜降、立冬，皆燥金气临之时，此四十五日，其气正到西方。小雪、大雪、冬至、小寒，皆寒水气临之时，此四十五日，其气到北方。金、水、土、木皆以形化者也。故金分则轻，水分则浅，土分则弱，木分则小；火以气化者也，则愈分愈盛。故金、木、水、土各一，而火独有二也。"

《黄帝内经·素问·补注释文卷之四十》："帝曰：善。愿闻地理之应六节气位何如？岐伯曰：显明之右，君火之位也；君火之右，退行一步，相火治之；

日出谓之显明，则卯地气分春也。自春分后六十日有奇，斗建卯正至

于巳正，君火位也。

风之分也，即春分前六十日而有奇也，自斗建丑正至卯之中，初之气也，天度至此，风气乃行，天地神明号令之始也，天之使也。少阳居之为温疫至。阳明居之为清风，雾露朦昧。

热之分也，复春分始也，自斗建卯正至巳之中，二之气也。凡此六位，终统一年，六六三百六十日，六八四百八十刻，六七四十二刻，其余半刻分而为三，约终三百六十五度也，余奇细分率之可也。"

《黄帝内经·素问·至真要大论篇》："帝曰：分至何如？岐伯曰：气至之谓至，气分之谓分，至则气同，分则气异，所谓天地之正纪也。（分言春秋二分，至言冬夏二至。冬夏言至者，阴阳之至极也。如司天主夏至，在泉主冬至，此六气之至也。夏至热极凉生，而夜短昼长之极，冬至寒极温生，而昼短夜长之极，此阴阳盈缩之至也。春秋言分者，阴阳之中分也。初气居春分之前，二气居春分之后，四气居秋分之前，五气居秋分之后，此间气之分也。春分前寒而后热，前则昼短夜长，后则夜短昼长；秋分前热而后寒，前则夜短昼长，后则昼短夜长，此寒热昼夜之分也。至则纯阴纯阳，故曰气同。分则前后更易，故曰气异。此天地岁气之正纪也。）"

（三）春分治事

《淮南子·时则训》："仲春之月，招摇指卯，昏弧中，旦建星中。其位东方，其日甲乙，其虫鳞，其音角，律中夹钟，其数八，其味酸，其臭膻，其祀户，祭先脾。

始雨水，桃李始华，苍庚鸣，鹰化为鸠。天子衣青衣，乘苍龙，服苍玉，建青旗，食麦与羊，服八风水，爨萁燧火，东宫御女青色，衣青采，鼓琴瑟，其兵矛，其畜羊，朝于青阳太庙。

命有司，省囹圄，去桎梏，毋笞掠，止狱讼。养幼小，存孤独，以通句萌。择元日，令民社。

是月也，日夜分，雷始发声，蛰虫咸动苏。先雷三日，振铎以令于兆民，曰：雷且发声，有不戒其容止者，生子不备，必有凶灾。

令官市，同度量，钧衡石，角斗称。毋竭川泽，毋漉陂池，毋焚山林，

春 分

毋作大事，以妨农功。祭不用牺牲，用圭璧，更皮币。

仲春行秋令，则其国大水，寒气总至，寇戎来征。行冬令，则阳气不胜，麦乃不熟，民多相残。行夏令，则其国气早来，虫螟为害。二月官仓，其树杏。"

《易象图说·外篇卷下》："《易》有八卦，以应八节；立春为艮，春分为震，立夏为巽，夏至为离，立秋为坤，秋分为兑，立冬为乾，冬至为坎。八卦以应八节。卦有十二辟，以应十二辰；《复》十一月，《临》十二月，《泰》正月，《大壮》二月，《夬》三月，《乾》四月，《姤》五月，《遯》六月，《否》七月，《观》八月，《剥》九月，《坤》十月，为十二辟卦。八卦二十四爻，以应二十四气；辟卦七十二爻，以应七十二候；反易之卦二十有八，以应二十八舍；六十四卦三百八十四爻，当期之日，以应周天三百六十五度。是故履端于始，表正于中，归余于终，合气朔虚盈，而闰生焉。"

《重阳真人金关玉锁诀》："问曰：如何是五行之法？诀曰：第一先须持戒，清静忍辱，慈悲实善，断除十恶，行方便，救度一切众生，忠君王，孝敬父母师资，此是修行之法。然后习真功。诀曰：第一身中东西，要识庚甲卯酉。第二身中南北，要识坎离铅汞。诀曰：庚甲卯酉者，为昼夜。甲卯者，是肝之气。八节中立春、春分，口中为津也。庚酉者，是肺之气。八节中立秋、秋分，口中为液也。坎离者，寒暑。离铅者，是身中心气，八节中立夏、夏至，身中为血也。坎汞者，是肾中气。八节中立冬、冬至，身中为精也。精生魄，血生魂，精为性，血为命。人了达性命者，便是真修行之法也。诀曰：精血者，是肉身之根本。真气者，是性命之根本。故曰：有血者，能生真气也。真气壮实者，自然长久，聚精血成形也。"

《太上洞玄灵宝无量度人上品妙经注》："《内义》曰：采药足备铸鼎圆成，预先十月入室，调和神气。去冬至十五日为始，谨存神于肾间，谓之筑固灵根。使根源本始，神气俱生。身，犹国也。神为身之主，气为神之臣。神满气盈，百骸俱理，丹成质蜕，久视长生；骨肉同飞，形神俱妙，一如经之谓矣。八节之日，诵咏是经，得为九宫真人。八节，八卦也。入室运符进火，以冬至日子时为首起火，神存在肾。阳火运行，其神随逐而进。肾中，根也。神室，带也。自根至带，根带相运，结胎成果。一举三时。自子至丑，自丑至寅，金火逼逐，归还神室，金丹渐结。应冬至立春，节属坎艮卦，至卯时沐浴，辰时进火，至巳，金火逼逐，还至髓海。应春分、立夏节，属震巽卦，阳火至极，午时运符，至未至申，金水推运，从双关鹊桥入室，包固玄珠。应夏至立秋，节属离坤卦，至酉沐浴，戌亥运符，真气归源，一阳来复。应秋分立冬，节属兑乾卦，周而复始，循环不已，盖促一年之功，于一日之内，以应八节。凡此运用阳火阴符，皆归中宫，长养圣胎。十月气足宝鼎功成，脱胎神化，是为真人。夫八卦环列，外实中虚，丹体居中。《易》曰：八卦成列，象在其中。此其所以为九宫真人也。"

古籍中还记载了历史上曾经流传过的依照四时八节修持"守一之法"的内容："至春分日，沐浴清斋，夜半时入室烧香，东向叩齿九通，冥目存我身中三宫三一、三卿及我，合七人，我在中央，俱乘紫炁之烟，共登北斗阳明星。阳明星者，北斗之东神也。于是存入星中共坐，吞紫炁三十过。行之久久，自见阳明星东元太上宫，宫中有青玄小童，授子真光也。皆悉先存北斗星下，紫炁大如弦，从上直注我前，然后乃存三一也。存思毕，乃微祝曰：

五方命斗，神致七星，三尊凝化，上招紫灵，六神徘徊，三丹宫城，玄通大帝，下洞黄宁，天真保卫，召引六丁，神仙同浮，乘烟太清，四体坚练，五藏自生。毕。"

（四）二月事宜

《四时纂要》曰："是月初八日、十四日、二十八日，拔白须发良。"

《月令》曰："是月二十五日，天仓开日，宜坐圜，入山修道。"

《遵生八笺·二月修养法》："仲春之月，号厌于日，当和其志，平其心，勿极寒，勿太热，安静神气，以法生成。卦大壮，言阳壮过中也。生气在丑，卧养宜向东北。"

《内丹秘要》曰："仲春之月，阴佐阳气，聚物而出，喻身中阳火方半，气候匀停。"

古谷雨
Gu gu yu

> 谷雨成溪濯地新，天地清明万物生。
>
> ——熊春锦

古谷雨，就是汉代以后的清明，时间点在每年公历 4 月 4 日至 6 日期间，太阳到达黄经 15 度，是干支历辰月的起始。

古谷雨与清明之间的顺序，与启蛰和古雨水之间的关系一样，在历史上曾经发生了人为性的颠倒。让节气顺序恢复本来面貌，不仅有利于我们正确认识传统文化，而且对指导我们正确地修身治事，具有非常重要的意义。

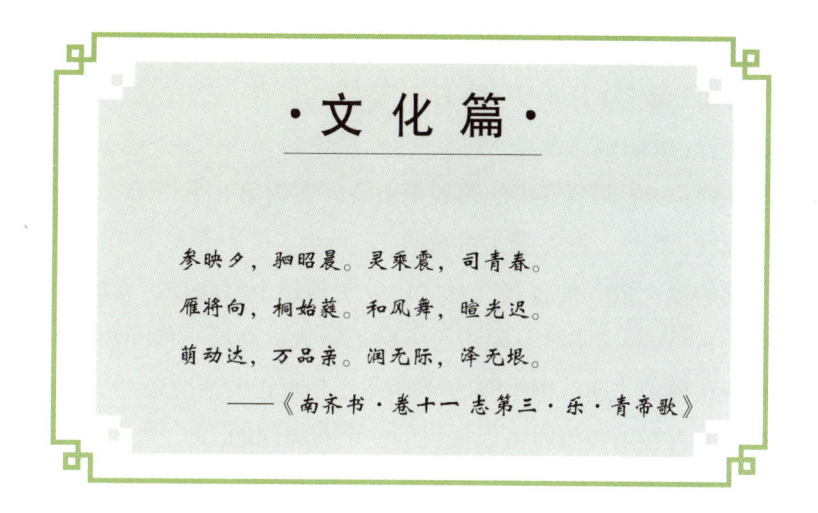

·文化篇·

参映夕，驷昭晨。灵乘震，司青春。

雁将向，桐始葩。和风舞，暄光迟。

萌动达，万品亲。润无际，泽无垠。

——《南齐书·卷十一 志第三·乐·青帝歌》

一、古谷雨简述

（一）古谷雨的时与度

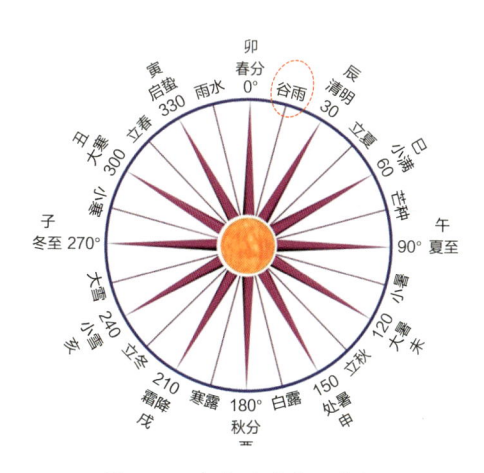

图 5-1　古谷雨的黄经度数

古谷雨度数信：以三月节为周期律中的空间之度和时间之数，以木德

能量之气依时而至为信

  阳历时间：每年 4 月 4 日 ~ 6 日

  黄道位置：太阳到达黄经 15 度

  节气序列：二十四节气中的第 5 个节气，实为第 8 个

  前后节气：春分，古谷雨，古清明

  古谷雨的度、数、信还在二月之中，每到这个时间点，人们都会想起一首著名的古诗："清明时节雨纷纷，路上行人欲断魂。借问酒家何处有，牧童遥指杏花村。"[1] 这首诗里面的"清明"，是真正的清明还是"谷雨"，倒是我们在研究古谷雨节气时可以探讨的一个有趣问题。

  山东地区的农谚说："清明难得晴，谷雨难得阴。"天气与节气名称之间的这种反差，同样也是我们对节气文化追根溯源时可以参考的现象。

（二）谷雨清明时序考

1. 谷雨应当在清明之前

  中国古代的历法排序，源自于修身明德的内文明实践经验总结，内文明运用质象光将质象与物相整体而观，发现万物的总体法则具有"道生之，而德畜之"的唯一性，身内的规律性与大自然变化的规律性一体同频，因而确立了既符合生命体内环境变化规律，又符合天地自然法则的二十四节气自然节律的历法。既内用于指导修身，同时也外用于治事。

  随着慧识悊学文化的失落，智识哲学文化的迷茫，以及意识哲学文化的崛起，在汉武帝时期开始随意性地以意解慧，到了东汉时期竟发展到人为性地颠倒二十四节气的顺序，谷雨被放到清明的后面，一直延用至今。但是，修身与摄生却不能背离自然法则和生命内环境的规律性，不能随意地颠倒节气先后顺序，不能以意解慧。遵循先谷雨、后清明的顺序，有以下几点原因：

  第一，谷雨成溪濯地新，天地清明万物生。龙行雨施，春雨沐浴，万

---

[1] 唐代杜牧《清明》。

古谷雨

物才能真正清明。

第二，人体内的"天一生水，地六成之"，肾水充足，智德能量输布，才能使意识和心灵清明。缺乏先天肾水能量的洗涤与灌溉，精神就会不振，必然会不清明而昏沉，处在浊暗之中和愚昧之内。这一点，是自然法则所制，所以不能颠倒顺序。

第三，历史上，前人为了强调自然节气中度、数、信的严肃性，同时用神话故事人物进行拟比。在节气文化中，每个节气都赋予一位值班的神主持节气，在历史承传中，轮值主持的神名并没有发生错位，但是节气名称却错位了。现代的清明在古代称之为谷雨，谷雨节气的主持者称为姑洗神君。例如，道学经典当中曾经指出："立春太簇神君，雨水（启蛰）青帝大神君，惊蛰（古雨水）夹钟神君，春分勾芒神君，清明（古谷雨）姑洗神君，谷雨（古清明）阳明神君。"从中我们可以看到，姑洗神君是要完成洗涤任务的，必定要使用水，即使"干洗"也是要使用液体的，她不可能用树叶子去搓。所以，历史上这个主持时令体元的形名定位是正确的，次序并没有换位，并没因为汉朝将其节气次序改变而改变。到了真正的古清明（今谷雨）的时候，则是阳明神君在主持时节的气运。

图 5-2　[意大利]郎世宁《仙萼长春图》局部

2. 历史记载中的佐证

现在的清明是古代的谷雨，谷雨节的由来与古代"三月三"上巳节密切相关联，而不是与清明相关联。古人把农历三月上旬的第一个巳日作为上巳日，又叫"修禊日"。上巳日，在汉代就已经成了正式的节日。魏以

后才开始逐渐使用"三月三"之名,原来的上巳日开始慢慢被人们所遗忘。

《汉书·律历志下》备列二十四节气,并载明相应星度:"大梁,初胃七度,谷雨,今曰清明。中昴八度,清明,今日谷雨,于夏为三月,商为四月,周为五月。终于毕十一度。"

《集注太玄经》也有同样的记载:"大梁:初胃七度,谷雨今日清明;中昴八度,清明今日谷雨。"

《朱子语类·卷二》中也写到:"先在先生处见一书,先立春,次惊蛰,次雨水,次春分,次谷雨,次清明。云:汉历也。"

宋代鲍云龙所撰的《天原发微卷十》当中记载:"谷雨者,雨以生百谷。清明,物生清净明洁。"也是把谷雨放在前面,清明放在后面。的确,只要有了雨水的洗涤,包括我们身心内外的"谷"都充满了这个能量,到了清明的时候才能勃发出清净的心和意识,甚至是明亮的意识,以及正确的判断与智慧。

清朝的赵翼、顾炎武分别在《陔馀丛考·卷三十四》和《日知录集释·卷三十雨水》[1]中,详细记载了雨水惊蛰(启蛰)次序的历史变更,同时,也记录了汉代先谷雨后清明的史实。

《陔馀丛考·卷三十四》:"按汉已改雨水在惊蛰之前,而《新、旧唐书》又先惊蛰后雨水,至《宋史》始雨水在前,惊蛰在后。此不知何故,岂唐又改从古法,至宋而定今制耶?又《汉书·历志》先谷雨后清明,《新、旧唐书》则皆先清明后谷雨,《宋史》亦同。"

《日知录集释·卷三十雨水》中对节气顺序的变化作了较为详尽的考证:"礼记月令,仲春之月,始雨水,桃始华,仓庚鸣,鹰化为鸠。始雨水者,谓天所雨者水而非雪也。今曆去此一句,嫌于雨水为正月中气也?郑康成月

---

[1] 《日知录》由明末清初三大儒之一的顾炎武所著,学界评论该书"凡经义、吏治、财赋、史地、后事、艺文等,皆探其原委,考正得失,论据精详,文理通达,确是一部名山绝业之作"。清道光年间,青年学者黄汝成,以遂初堂三十二卷本为底本,参以阎、沈、钱、杨四家校本,并收录道光前九十余家学者对《日知录》的研究成果,成《日知录集释》一书。

古谷雨

令注曰，夏小正，正月启蛰。汉始亦以惊蛰为正月中。疏引汉书律厤志云，正月立春节，雨水中，二月惊蛰节，春分中。是前汉之末刘歆作三统厤改惊蛰为二月节也。然淮南子先雨水、后惊蛰。则汉初已有此说。【原注】逸周书周月解，春三中气，雨水、春分、谷雨。而蔡邕月令问答云，问者曰，既不用三统，以惊蛰为正月中，雨水为二月节，皆三统法也，独用之何？曰，孟春，月令曰，蛰虫始震，【原注】今作振。在正月也。仲春始雨水，则雨水二月也。以其合，故用之。是则三统未尝改雨水在惊蛰之前也，改之者四分厤耳，【梁氏曰】古历以惊蛰居雨水之前，谷雨居清明之前。自汉迄今，雨水先于惊蛰、清明先于谷雨。考礼月令疏，谓刘歆更改气名，洪容斋依春秋疏，谓太初时改，二说皆非也。汉志岁术是依刘歆三统厤所载，节气与古不殊，则气名之改不但非始太初，并非始于子骏。盖东汉章帝时，用四分厤，乃改之，司马彪续志可证。故康成月令注云，汉始亦以惊蛰为正月中，汉始以雨水为二月节。汉志注云，今曰雨水，今曰惊蛰，今曰清明，今曰谷雨。郑、班二公处于孝章改厤之后，特注以明之。独蔡邕月令问答谓，四分仍用三统，以惊蛰先雨水，不解何以歧异？记疏误也。今二月间尚有雨雪，唯南方地暖，有正月雨水者。【原注】南史宋孝武帝纪，大明元年正月庚午，都下雨水，盖以雨水为异。左传桓五年，启蛰而郊。注，启蛰，夏正建寅之月。夏小正，正月启蛰。【原注】王应麟曰，改启为惊，盖避景帝讳。则当依古以惊蛰为正月中，雨水为二月节为是。【原注】律厤志又先谷雨，后清明。"

现代刘文典所著的《淮南鸿烈集解》中也得出相同的结论："'惊蛰（启蛰）'本在'雨水'前，'谷雨'本在'清明'前。今本'惊蛰（启蛰）'在'雨水'后，'谷雨'在'清明'后者，后人以今之节气改之也。"

由这些历史记载和论述，可见谷雨应当是在清明之前，而不应当人为擅自将其改到清明之后。但是，社会上已经长期认同了这个颠倒的时序，作为修身者、养生者，那就一定要把握好这两个节气的正确时序，以指导自己的修身养生以及治事。

（三）古谷雨天气气候

"迟迟暮春日，天气柔且嘉。元吉隆初巳，濯秽游黄河。"晋代陆机这首

诗描绘的是人们在上巳节祓禊、踏青的情景，同时也记录了当时的天气情况。

《孝经纬》当中指出："后十五日，斗指乙为清明"，也就是指古谷雨。古谷雨时节气温升高，雨量增多，正是春耕春种的大好时节，故有"谷雨前后，点瓜种豆；植树造林，莫过春雨"的农谚。

古谷雨时节，除东北与西北地区外，中国大部分地区的日平均气温已升到12℃以上。华南气候温暖，春意正浓，但在古谷雨前后，仍然时有冷空气入侵，甚至使日平均气温连续3天以上低于12℃，造成中稻烂秧和早稻死苗，所以水稻播种、栽插要避开"暖尾冷头"。

古谷雨时节多雨，但是也有一些地区并非如此。特别是华南西部常处于春旱时段，4月上旬雨量一般不足江南一带的一半；华南东部虽然春雨较多，但4月上旬的自然降水亦不敷农业生产之需，还须靠年前蓄水补充。此外，在华南西部，古谷雨前后是一年之中冰雹最多的时期，应当加强对雹灾的防御。

二、古谷雨的寻根探源

（一）"谷"的字源与字义

1. "谷"的字义

表 5-1　谷的字形演变

甲骨文	
金文	
篆体	
楷体	谷

古谷雨

"谷"字本义，两山之间狭长而有出口的低地，往往包含一个流域。"谷"甲骨文字形"𧮫"，上面的部分"八"像水形却又不完整，表示刚从山中出洞而尚未成流的泉脉，下面部分"口"像谷口。

《说文解字》："泉出通川为谷。从水半见，出于口。凡谷之属皆从谷。"即泉水出隙，汇入河川，群山夹水的地形称作"谷"。字形采用"水"作边旁，像河水半隐半现地出于山口。

《庄子·胠箧》："川竭而谷虚，丘夷而渊实。"可见，这个"谷"和含水的川与渊密切相关，山川里面溪流汇集而走出山口，就构成了"谷"的意义。《化书》："山泽，小谷也；天地，大谷也。"从这句话中，我们可以感受到古代的文化就是一个天人合一的文化。我们处在天地之间，正处在这个"大谷"当中，天然地享受着天地大谷给予的滋养，我们也应当主动地吸纳与沐浴天德地炁，使体内始终保持着饱满的正能量。

在篆文"谷"中我们可以看到，其描述的主要是人体内的这个谷，特别是"氺"和"𧮫"。"𧮫"是非常完整地象形表意，体现出这个"谷"存在于人体之内；"氺"，则是简略地用一个坩埚"口"和外面出现的水"冫"来表示这个"谷"意，表明沐浴在能量之中的含义。

2."谷"与"浴"

谷雨与浴，用"雨"这个天一生水而入"谷"进行比拟，在人体内具有天然的内在联系。在道德根文化的修身明德学说中，这个谷与浴交互应用较为普遍，例如汉代编修过的《道德经》中，就曾经将《德道经》中大量的"浴"字篡改成"谷"字，淡化修身的本义，割裂生命与天地自然的必然联系。

表 5-2 浴的字形演变

甲骨文	金文	篆体	楷体
𤃬	浴	浴	浴

《韵会》:"谷音欲。"《故训汇纂》:"浴与谷古声义亦同。"可见"浴"的这个三点水,如果把它变成一个雨,刚好就是谷雨,含义是相同的。

甲骨文的"浴",是"人"在"盆"中洗澡、浸泡、冲洗,身上还有"四点水",身体周围布满了水花。金文的"浴",则是一个坎卦变形成为"水"在"谷"旁边,灌满了整个谷,流经这个谷,由"水"加"谷"而组成。

《说文解字》:"浴,洒身也。从水谷声。"浸身为"浴",整个身体浸泡在水里面才能称之为浴;洗头为"沐",冲水为"澡",洗手为"盥",建国前和建国初期,很多地方的洗手间外面挂的牌子就是"洗盥室";泡脚,才称之为"洗"。

我们对于老子所讲的"浴"和"谷"之间的关系要理解通透,因为《德道经·得一》当中就指出"浴得一以盈",并将其作为教育和教学的总纲,提出了一定要修身明德,要做到如此。如果不实现这一点,那么就可能"谓浴毋已盈将恐竭","竭"在什么地方呢?就"竭"在我们生命之水当中的质象之水,也就是先天肾水元炁会枯竭。会因为不及时进行补充,没有用天德地炁转化成为自己的先天元精肾炁,也可能因为没有盘活自己体内70%的水,而使体内的金津玉液干枯、干涸。

老子还指出:"上德如浴","江海所以能为百浴王者,以其善下之,是以能为百浴王","浴神不死,是谓玄牝","知其白,守其辱,为天下浴;为天下浴,恒德乃足;德乃足,复归于朴","俾道之在天下也,犹小浴之与江海也"……

《化书》:"强梁,非勇也。神之所浴,气之所沐。"

老子在《德道经》中将"浴"对于先天肾水的补充和正确运用揭示得非常清晰,就看我们是否能与天地同频,不要再使自己体内之水变得干枯,也不要使体内的信德土壤因干旱而变得沙漠化,更要注意不断地补充先天之水和后天之水,这才是健康之道。《化书》中的这句话是说,浴有内外充满之义,包括体内的性体都会得到天德能量的沐浴,得到五种德能量的沐浴，地炁能量也能充盈我们的头部，使之获得滋养。从地炁到月窟闲往来的过程当中，可以说就是"气之所沐"的状态；天德能量进入到我们的心神之宅的心窍和它们"办公室"的大脑，就是"神之所浴"；天德地炁进入到我们脊椎的二十四个椎体，一直到天根九节里，都是"浴"的内涵。

3. "谷"与"穀"

穀，小篆 ![篆], 是粮食作物的总称，如"百穀"、"五穀"等。段玉裁《说文解字注》："穀，续也。穀与粟同义，引伸为善也。释诂，毛传皆曰：穀，善也。又大雅传曰：穀，禄也。百穀之总名也。"这说明"穀"与福禄相关。现代简体字将"谷"与"穀"混用，造成近代将谷雨误解为穀类之雨。

4. "雨"的字源与字义（请参阅古雨水篇）

（二）谷雨的词义

1. 一切"谷"，包括自然界的"谷"以及人体之内和体表的"谷"，获得天雨成水，则水气流动具有活力。

2. 所有穀类，获得雨水则开始生长，所以离不开谷雨这个节气。三月三以后的所有节气，都具有与雨水相关的作用。

3. 我们需要的不仅是三月三主动去河边濯水、洗涤，更重要的是需要天上龙行雨施，给大地赐予及时雨，给人们带来五谷丰登。而修身、摄生、养生者则应当主动打开体表的户牖，用想象力和图象思维力，将天德地炁质元能量引入身内，认真濯洗所有物相的器官、组织、细胞，沐浴质象中的物元、体元。

谷雨节的形名定义，与修身中顺四时之度卯月沐浴的空间度和时间数密切相关。谷雨，既是指治事中的自然现象，同时是指导修身者在身内开始新一年度周期律的沐浴月，在全面而认真地沐浴内外以后，进入身内新的火候调节期。

三、古谷雨的天文内涵

（一）天文古籍

《南平县志·纬候表》："清明（古谷雨）日戌宫十五度。昏中星弧矢增五，偏西二十四分，旦中星齐东增二，偏西三分。日出卯初三刻五分，日入西正初刻十分。"

昏中星，指黄昏时南方天空所见的恒星；旦中星，指黎明时南方天空所见的恒星；这里还记载了太阳在天空中所处的位置。

《黄帝内经·素问·补注释文》："春气发生，施无求报，故养生者，铃顺于时也。此春气之应，养生之道也。所谓因时之序也。……次季春清明（谷雨）之节，初五日桐始华，次五日田鼠化为鴽、牡丹华，后五日虹始见。次谷雨（清明）气，初五日萍始生，次五日鸣鸠拂其羽，后五日戴胜降于桑。……凡此六气一十八候，皆春场布发生之令，故养生者又谨奉天时也。"

可见，在春天应当及时培补信德，从而使木德能够获得信土的承载，并使火德能够顺时序顺利地生发，而又及时纳入天德的智德能量水，达成体内平衡。对于养生之道而言，利用春天极为重要，原则就是"因时之序也"。若能真正将其变为我们生活的指导法则，那也就是真正认识到了"一年之计在于春"的含义。

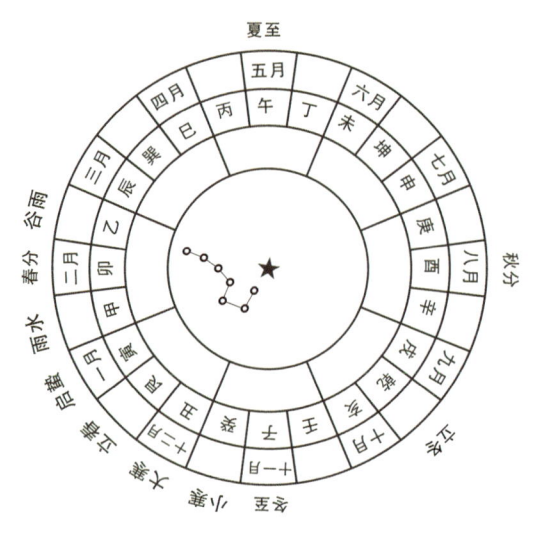

图 5-3　古谷雨斗柄方位图

古谷雨

《孝经纬》:"春分后十五日,斗指乙,为清明(实则古谷雨),万物至此皆洁齐而清明矣。后十五日,斗指辰,为谷雨(古清明),言雨生百谷,物生清净明洁也。律姑洗,姑者,故也;洗者,鲜也,言万物去故而从新,莫不鲜明之谓也。"

这一段记录其实是有点牵强附会,我们在研究的时候需要作出清晰的判断。"天一生水,地六成之"这是具有普遍性的自然法则,无水则万物无法自生。谷雨在前,才能雨水滋生万物,百谷生长绿色萌生,方显天清地明。

班固所著的《白虎通·五行》中对"姑洗"的内涵,也作了相关引用和阐释。三月又称为"姑洗月",主体就是用好水,修身在体内用肾水化炁洗涤我们的内环境,洗心涤意以达到内清明之境。治事在外环境中物相的雨水洗涤大地,万物生机勃发,修身治事内治外行皆同步于四时之度,三月也就成了我们进行养生和道德修身的一个非常关键的时间段。

《道法会元》:"逐月过将例斗柄运周天,逆行月将。正月雨水前一日卯时过将,亥上起登明。二月春分后二日戌时过将,戌上起河魁。三月谷雨后四日亥时过将,酉上起从魁。"

月亮绕着地球公转,又同时陪伴着地球绕着太阳转,由于地球是绕着太阳运行的,所以月亮每月在宇宙中的相对位置是不同的。十二地支对应十二个月,每月占一个地支,古人称之为地月将,简称为月将。月将逢每月中气而交换。《道法会元》中这段话所记述的时与度,实际我们都是可以在自己的手上进行运算而推出的。

(二)古谷雨物候

1. 古谷雨三候

《逸周书·时训解》:"谷雨(古清明)之日,桐始华,又五日,田鼠化为鴽。又五日,虹始见。"

图 5-4　桐始华，田鼠化为鴽，虹始见

一候桐始华：夬卦，初九。《周易·夬卦》："壮于前趾，往不胜，为咎。《象》：不胜而往，咎也。"《象说卦气七十二候图》："初爻动，乾变为巽，巽为桐，伏震为华。"《月令七十二候集解》："桐，木名，有叁种，华而不实者曰白桐，《尔雅》所谓荣桐木是也。皮青而结实者曰梧桐，一曰青桐，《淮南子》曰梧桐断角是也，生于山冈。子大而有油者曰油桐。《毛诗》所谓梧桐不生山冈者是也。今始华者乃白桐耳。按《埤雅》，桐木知日月闰年，每一枝生十二叶，闰则十叁叶与天地合气者也。今造琴瑟者，以花桐木，是知桐为白桐也。"

二候田鼠化为鴽[1]：夬卦，九二。《周易·夬卦》："惕号，莫夜有戎，勿恤。《象》曰：有戎勿恤，得中道也。"《象说卦气七十二候图》："二爻动，卦变为革。二于三才为地，故曰田。互巽隐伏，故曰鼠。离为鸟，故曰鴽。"《月令七十二候集解》："田鼠化为鴽。按《尔雅》注曰，鼫鼠，形大如鼠，头似兔，尾有毛，青黄色，好在田中食粟豆，谓之田鼠。《本草》《素问》曰，鴽鹑也，似鸽而小。《尔雅》释鸟鴽鴾母。郭注䳆鸟也，青州人呼为鴾母。鲍氏曰，鼠阴类，鴽阳类。阳气盛，故化为鴽。盖阴为阳所化也。"

三候虹始见：夬卦，九三。《周易·夬卦》："壮于頄，有凶。君子夬夬独行，遇雨若濡，有愠无咎。《象》曰：君子夬夬，终无咎也。"《象说卦

---

[1] 鴽（rú），古书上指鹌鹑类的小鸟。

气七十二候图》:"三爻动,卦变为兑。互离为虹为见。"《月令七十二候集解》:"虹,虹蜺也,诗所谓螮蝀,俗读去声也。《注疏》曰,是阴阳交会之气,故先儒以为云薄漏日,日照雨滴则虹生焉。今以水噀日自剑视之则晕为虹。朱子曰,日与雨交倏,然成质,阴阳不当交而交者,天地淫气也。虹为雄色,赤白,蜺为雌色,青白,然二字皆从虫。《说文》曰,似螮蝀状,诸书又云尝见虹入溪饮水,其首如驴,恐天地闲亦有此种物也。但虹气似之借名也。"

2. 古谷雨花信

古谷雨花信:一候桐花,二候麦花,三候柳花。

图 5-5 桐花,麦花,柳花

桐花,是桐树的花。桐树为大叶乔木,分属多个科属。三国时的陆玑在《毛诗草木鸟兽虫鱼疏·梓椅梧桐》中云:"桐有青桐、白桐、赤桐,宜琴瑟。"明代李时珍《本草纲目·木二·桐》:"其材轻虚,色白而有绮文,故俗谓之白桐。"桐花主要有紫、白两色,盛放之时,既繁盛,又素雅。韩愈《寒食日出游》:"李花初发君始病,我往看君花转盛。走马城西惆怅归,不忍千株雪相映。迩来又见桃与梨,交开红白如争竞。……桐华最晚今已繁,君不强起时难更",描绘了李花、桃花、梨花、桐花的次第绽放。

麦花,是田里的麦子在抽穗以后开的花。麦花是"寿命最短"的花,麦花开放只有短短的五分钟到三十分钟的须臾光阴,仿佛只是一转身间,一朵花儿的旅程就已经结束,而把生命的精彩都留给了籽粒的沉淀和丰

满。

宋代诗人范成大所写的《四时田园杂兴》系列,留下了许多脍炙人口的佳句,其中就有描写麦花的:"梅子金黄杏子肥,麦花雪白菜花稀。日长篱落无人过,惟有蜻蜓蛱蝶飞。"

柳花,就是柳树的花,看不到花瓣,只有鹅黄色的花穗,长在绿叶间。人们常常把随风飞散飘若浮云的柳絮当作柳花,实际上,柳絮是柳花结果成熟后带着茸毛的种子。

·修身篇·

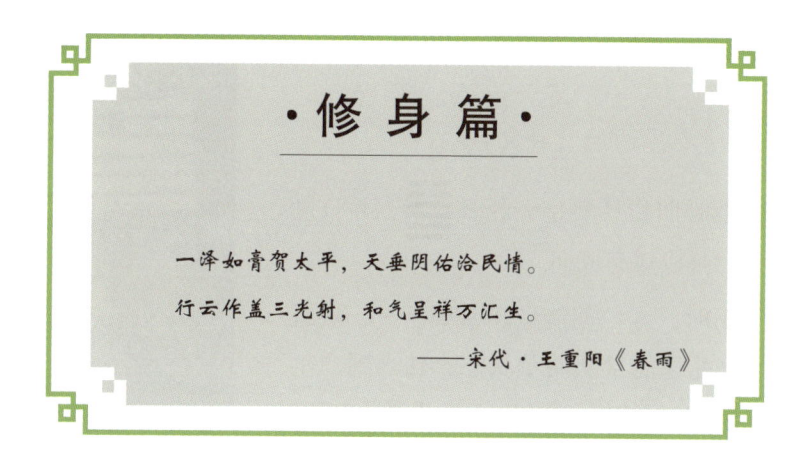

一泽如膏贺太平，天垂阴佑洽民情。

行云作盖三光射，和气呈祥万汇生。

——宋代·王重阳《春雨》

一、古谷雨修身顺四时

能量卦象对应：大壮卦完全形成期

天时能量对应：二月

地支时能量对应：卯时【5～7时】

月度周期律对应：初六日

天象所座星宿：心宿，房宿，氐宿

臟腑能量对应：胆

经络能量循环对应：大肠经

天地能量主运：转入火炁礼德能量输布

六气能量主气对应：少阴君火

八风能量对应：明庶风

四季五行对应：五行阴阳属性是阴木转阳土

五音能量对应：角音波转徵音波

人体脊椎对应：第10胸椎[T10]

色象境对应：空首

轮值体元：姑洗

（一）古谷雨的能量卦象

古谷雨时期的易象是大壮卦䷡，并且已经进入大壮卦成熟完成期。

古谷雨时，木仁德能量旺盛期已过，接近尾声；而火礼德能量从胎孕状态，转入到产生状态。谷雨前三天时，开始进入火礼德运气期。是木休、土相、金死、水囚气运状态的开始。

大地之水亟待天时及时雨的补充，灌满山谷水沟。人体内同样需要及时顺天同步，吸收天德中的智德水能量，改变肾水的缺乏状态。

年度周期律中，首度的春时三个月，要整体把握住水的重要作用。雨之水是木运对能量最直接和关键的需求，水生木，需要雨之水的持续补充，谷雨期间的雨之水，就是对木运进入尾声以后，非常重要的一次收尾工程，是一次重要的水分补充，从而使木德能量保持充盈态势进入火运期。

图 5-6 古谷雨的能量卦象

木德能量运气的收缩期，到春分的时候就开始逐步进入，到谷雨时已经转入火德能量运气的初始阶段。火运的发动，由于木生火，火运是对木德能量的调用与消耗。人体内作为一个小宇宙小天地，就需要更加重视顺应天时，积极补充身内木炁仁德的不足，养肝护肝，运用雨水这一先天之本，肝之母来进行养护，同时还要节欲，避免肾气受损，肾伤则水不足，春分亦难分、难拆，谷雨则没有希望在体内与体表进行充分的灌溉与滋润，内天的清明亦就难以实现。同时，在古谷雨这一期间，已经完成了木德仁炁能量向火德礼炁转换的过程，母强则子壮，木生火，木德能量的充盈决定着火德礼炁能量的充盈，养护肝母则是为了顺生壮子。

所以，古代在清明节都有一个点火、钻木取火的过程，这一民俗实质

古谷雨

上是源自于修身时对身内心火能量重新焕发的外用。修身实践中，存在着心火无为转换性重燃光明和主动配合获取心火，重新调节心火光明能量的过程。身内的火运与自然界的火运是密切相关的，故有"应时应运而生"的说法。当大约两千五百年前左右人们普遍丧失慧识之明的生理功能以后，就只剩下外在的民俗"取火"仪礼，并且迅速产生了曲解和形式化，最后连形式也消失无踪了。

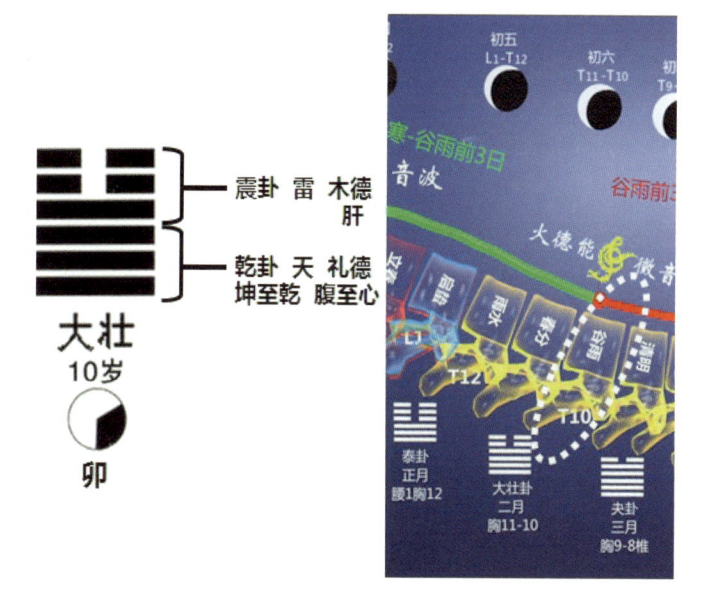

图 5-7　谷雨期的易象大壮卦气

修身实践者应当把握，在修身实践中，我们不仅要把握住年度周期律进入木运时，同步在自己肝臟内将菩提树种植下去，在整个木运期关注它的生长，运用想像力，内观自己的肝区，诵读"菩提树下种菩提，菩提树下证菩提"，运用好此方法使体内与肝木相关的三元系统能够整体性地获得提升；而且在进入火运的度、数时间节点上，还要在自己的心中将心灯进行一次"添油换灯芯"，或者是使用"钻木取火"的方式，同步完成置换，使心火之明进入新一轮的光明灿烂之境，修身实践者可以借助外在的烛光来完成心灯的观想。修身、摄生、养生在我们体内顺四时之度而换新火，

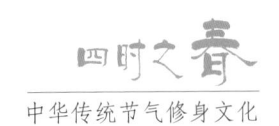

是至关重要的顺四时之度的具体实践,需要每个人高度重视地把握住,利用这个时间节点引来天德之火和地热之火,将体内的火真正点燃,让自己体内的火龙腾飞,取到自然界的心火,从而点燃体内的君火、相火和民火,使身中三火生机盎然。

《云笈七签》曰:"清明(古谷雨)一日,取榆柳作薪煮食,名曰换新火,以取一年之利。"

在古谷雨这一天,用榆树枝条和柳树枝条点火煮饭,就是换了新年之火。这是人们在物相界,也就是在欲相境内,依照质象界内的法则所举行的仪式。取榆木和柳木,以象喻天地间的仁德木炁促生新火的诞生,提示人们在年度周期律当中火运的发端之际,同步适应天时运气的转换。在实践方面,作为修身者应该主动在早上太阳冉冉升起的时候,面朝东方,运用想象力和图象思维力,开启自己的天门,将泥丸门、喉部的门都打开,疏通中脉,主动迎请太阳的火德能量,甚至宇宙核心中的火德能量,经天门入中脉而到达体内,如此,清晨太阳所释放的火德能量,或者宇心的火德能量就会非常顺利自然地进入到我们的心区,进入到我们心身之内,进入到身内三火所在之地,激活与焕发新的活力能量。对于同步修持脊柱得一之法的实践者而言,则要同步关注"天火"进入自己的第 10 胸椎体之中,补充体内天柱中的火德能量,使脊柱法天得一的能量得到礼德火运能量的加强。

(二)古谷雨农事与龙事修身

1. 古谷雨农事

古谷雨时间段的农事治理,离不开因地制宜与因时法用的把握。古谷雨时节,大江南北直至长城内外,到处是一片繁忙的春耕景象。"谷雨时节,麦长三节",东北和西北地区的小麦进入拔节期,应抓紧做好后期的肥水管理和病虫防治工作。黄淮地区以南的小麦即将孕穗,油菜花已经盛开。北方旱作、江南早中稻进入大批播种的适宜季节,要抓紧时机抢晴早播。华南早稻栽插扫尾,耘田施肥应及时进行。这时,多种果树进入花期,要注意做好人工辅助授粉,提高坐果率。茶树新芽抽长正旺,要注意防治病虫;名茶产区已陆续开采,应严格科学采制,确保产量和品质。

古谷雨

古谷雨时节，天气气候不稳定，忽冷忽暖，时雨时晴，所以小麦拔节或孕穗、水稻育秧、棉花或蔬菜育苗，都要注意精细管理，重点是防冷调温、防潮调湿。天气降温，要加强防冻保暖；天气晴暖，要注意通风换气。适当控制肥、水，防止秧苗徒长，但不能控制过分，否则会影响秧苗生长；苗床和营养钵所用的垃圾泥、栏肥、人粪等都要经过充分腐熟，不然会感染病害，引来虫害或发热烧苗根。

2. 龙事修身

修身者、养生者体内的龙事，在古谷雨期间同样要依照人法地的基础而确定进程；对同步法天的安排，应当是量体裁衣。还处在初级阶段，也就是人法地过程根本还没有完成的人，就要以人法地为根本，夯实实践基础；同时，要适度地进行法天的实践，把握法天里面的关窍，但这绝不是重点实践内容，不能本末倒置，否则就会弄得如同墙上芦苇，头重脚轻根底浅，风吹草动栽下来！

我们身内的龙事必须循序渐进，不能急于求成。人法地实践是法天的基础，下丹田内的龙事实践，身内麦田治理中的肾水化炁，也就是关键和

图 5-8 麦田

基础；中丹田里龙事实践的秧田治理，心火化液则需要同步跟进与提升。能否耕耘与治理好自己的这两块内田地，关键在于土地一定要肥沃，也就是信德一定要修持厚实。在信德厚实的基础之上，将我们内在的炁候调节到风调雨顺、阳光充足，没有灾害性的内天炁。也就是以心意修持的质量作为风和日丽的保障与风调雨顺的基础。

古谷雨农事需注意抓住"冷尾暖头"天气，因为自然界存在着天气变化不定的因素，忽冷忽热，难以稳定地保持住风和日丽、雨水适时；对应分析到自己的体内来，生命内意识与智识的六欲和七情，就是人体"内天炁"中灾害天炁的一个根源。特别是意识信念的忽冷忽热、时勤时怠、时松时紧，以及跑岔道、开错车、上错车，那就如同自然界天气的忽冷忽热。

所以，要重视修心炼己这个根本工程，做到身内的"天炁"平和稳定，不要自生灾害"天炁"，不要让自己放松修心炼己，放纵六欲、七情过度地滋生，形成灾害性"内天炁"，毁坏自己的内环境。

顺时修身，了解古谷雨时节外在的气候，更需要重点把握的是谷雨节气期内生命体内的炁候，是否能跟上和同步于自然界的"炁候"，对此要能给出正确的评价。即使是在进行修身明德的实践，也同样具有层级次第的差异性，修身需要做到"自知者明"，要明白自己的内炁候，运用天地自然五运六炁（气）的度、数、信这个量化标准，进行衡量、鉴别、区分与定位，全面进行分析和判断，切忌盲目追赶，相互攀比，急功近利。

二、身国内的古谷雨修身

谷雨期在身内实践，是为了迎接新一年生命体内高质量的天清地明，将这个名副其实的心身清明在我们自己体内打造成功；同时，也要运用群体意识与集体意志力，将社会的清明、天地的清明加以推动，这才是真实不虚的黄老文化的学生，是道德文化的真实实践者。

四臟伴月求月光，卯酉沐浴阴尽藏；

心为太阳自发光，修品添质出光芒。

古谷雨

　　我们需要掌握谷雨节气的以上特点，重点要掌握天道是顺应四时替换的周期律，畜养万物，沐浴谷雨；而修身实践者在自己身内，则是心身洁净通透了，才能够迎接清明。自然界的这个清明是天清地明，在我们体内就应该是心清肾明。为什么要肾明呢？因为阴蹻之内有一个体内的地球，而地球的边上有一个月亮，怎样把这个月亮求证出来，达到内在的明，而且要将此月亮的光分布到四个臟腑里面去，就成了一项关键性的修身工程。比如，肝臟的"肝"就是个月字旁，肺臟的"肺"也是月字旁，脾臟的"脾"也是个月。身内无月，它们也就难以产生接受月光的效应。它们的月光能量靠哪里来提供呢？就要靠我们在人法地当中，在沐浴过程与退阴符当中，通过沐浴将身中之月"清洗"干净，通过退阴符使体内的月球逐步光明起来。使我们身内不仅具备心中太阳光明的朗照，同时也能获得身内月亮之明的照耀，阳光月光皆朗照，才是完整的内明德过程。"大学之道，在明明德"，即是直指这种阳光月光皆明亮的状态，在身中完整地实践和出现。

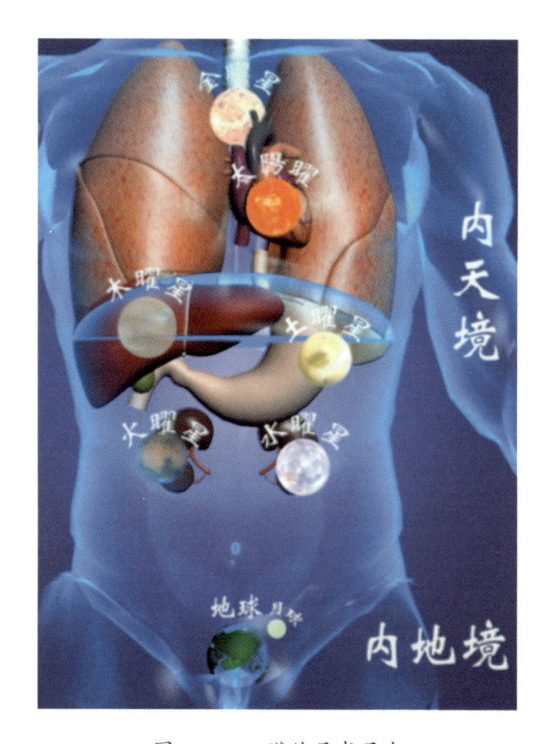

图 5-9　四臟伴月求月光

（一）古谷雨时节修身火候

对于已经完成筑基练己阶段实践，开始进行人法地基本实践的修身养生者，在新一阶段的实践中，需要依照法天火候继续进行，但在目前的修身人群中，还只有小学生或中学生才可能进入这个层次，成年人还是少之又少。

《神仙炼丹点铸三元宝照法》："火候法，《神仙文》曰：火候起自阳生之日，周其七十二候，循环加减也，每日合一两一铢半。

清明（古谷雨）桐始华，天元甲子四，一百一十六两二十一铢。田鼠化为䴏，人元甲子一，一百二十二两四铢半。虹始见。地元甲子七，一百二十七两一十二铢。谷雨（清明）萍始生，天元甲子五，一百三十二两一十九铢半。鸣鸠拂其羽，人元甲子二，一百三十八两三铢。戴胜降于桑。地元甲子八，一百四十三两一十铢半。"

对于这部分人而言，伴随着四时之度，在阳生之日，以冬至为始，日中用时，同步起火候进行实践，就存在一个连贯性的火候跟进过程，需要顺应年周期律中的72候同步跟进，并且及时进行加减。平均而言，是每天进一两一铢半的火候，转换成为调息炼息的次数，从而指导自己实践应用。

古谷雨节气区间共有三候，前五天是第一候，在第一候"桐始华"这一区间，属于天元甲子四，火候是116两21铢；第二候"田鼠化为䴏"这一区间，属人元甲子一，火候为120+2两4铢半；第三候"虹始见"的时候，属于地元甲子七，火候是120+7两12铢。

在下一个节气，也就是古清明（今谷雨）节气期间，其三候萍始生、鸣鸠拂其羽和戴胜降于桑的火候分别为：

第一候，萍始生，属于天元甲子五，火候为132两19铢半；

第二候，鸣鸠拂其羽，属人元甲子二，火候为138两3铢；

第三候，戴胜降于桑，属于地元甲子八，火候为143两10铢半。

这些度与数的数据，可以供给真正完成初级阶段实践而真实具备进入第二阶段资质的实践者参考应用。

古谷雨

（二）古谷雨的核心是水

古谷雨的核心是水，只有高度地重视此时期的水以及与水相关的内容，才能够理通法遂地指导我们的修身养生与治事。秋天的沐浴，有利于受纳收藏；而春天古谷雨的沐浴，则有利于我们体内所有器官组织焕发一年的生机。

古谷雨修身需要与外雨同步。外部下雨，我们应该及时同步地给体内"下雨"，即使外环境不下雨，我们也要在体内及时抽添，添加内雨，那才是知时序、识天机。

为什么说是知时序呢？因为好雨知时节。前面曾提到过，春天的雨水应天时而具备的"一"的德能，与夏季、秋季的雨有着量级上的差别，故万物得此而生机盎然。而且唯独春雨的促生能力最强，而其他季节的雨均没这个功能。一场春雨过后，草木很快就会发芽，树叶就会加速生长，该开的花一夜之间就会突然绽开。为什么会这样呢？因为天地之间的能量循环升降，是借水作为载体来实现的，春天的雨水所承载的质元能量含有丰富的再生剂和促生酶，虽然现在的科技水平还难以发现它们的质象性存在，但是我们看到的自然结果已经在告诉我们，它的确是具备着促生的效果。所以，一年中在沐浴期这一个月内就那么几场雨，就看我们是否能够把握得住。

（三）掌握"浴得一以盈"的能量沐浴

"浴得一以盈"，可以分两方面来分析。首先是何为"一"。一即德，而且是尚未朴散成为仁义礼智信状态的"德一"能量形态，品质极高。道光德能就是沐浴生命的最佳能量。这种高品质能量的获得，必然需要质量对应的容器才能接受和承载，才能发挥浴之内外的功效。德的品格、品质与品行，天地之浴与心身之浴，要能达到盈的最大效果，则需要浴之对象具备着德"一"之三品。其次，何为"盈"，是指充盈灌满，那么只有容器受体本身能空，才能被注入而从内部实现盈实，因此修持"德一"的品格也就是品质提升为"德一"的保障。容器不同，接受道光德能滋养的量级就存在极其明显的量级差别。虚心实腹，才能充盈道光德能。不进行虚其心的修持、空乏其身的磨砺，品格欠缺时，就只可能是微量获取。

"浴得一以盈"的修身实践，需要掌握好《中华传统节气修身文化要略》论火候的篇章中提到的有关"沐浴"的内容，运用好沐浴的四种方法，依据度、数、信以及年度周期律、月度周期律及日度周期律而进行实践。

（四）打开身表之"谷"主动沐浴

古谷雨，正是所有修身者打开自己全身所有"谷"的最佳时机，包括体表的"谷"和体内的"谷"，都应该主动展开以储备天雨、天水，特别是顺应天时，储备天德的能量。否则，如果我们不把握天时主动使体内之水的水源得到及时补充，随着五运当中火运的加强，水火既济肯定就难以实现，疾病也就容易生成，健康、智慧、命运的正能量就会欠缺。

在火运的运行之际，对于这个"谷"的掌握和配合极其重要，我们需要认识体表这些"谷"的进、补和宣泄。

1. 人体浅表之"谷"

头部：率谷（足少阳胆经）。

上肢：合谷（手阳明大肠经），阳谷，前谷（手太阳小肠经）。

腹部：腹通谷（任脉）。

下肢：阴谷，漏谷（足太阴脾经），然谷，足通谷，陷谷（足阳胃经）。

2. 打开合谷

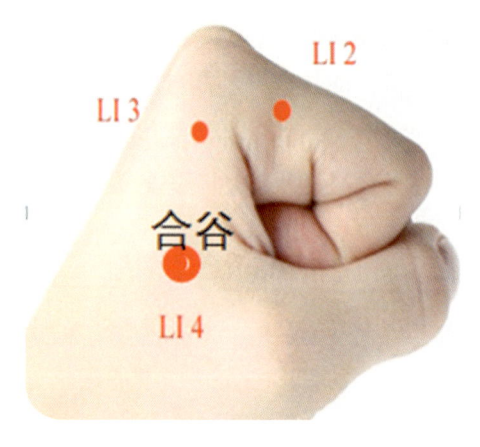

图 5-10　合谷

古谷雨

合谷，是由第一掌骨和第二掌骨之间的这一部分组成，体内的能量充足并且合谷穴开启时，郁积的病气、邪气常常就可以从合谷宣泄出去。如果合谷穴位的这个"谷"，以及两手指的"蹼"之间八邪之一的这个窍都是开的，那才是双赢的。

合谷如果能够打开，天阳之水炁就能够顺利进入，使我们体内不至于失去平衡，而过度的火炁又能够从这里宣泄出来。每天做一做梅花韵拍操[1]，对于开启合谷极其有利。

3. 打开上谷泉

上谷泉，"泉"，在物相角度而言是指从地面向上冒出的水，或是平行流淌出来的水；质象角度，则是肾火中的真液，源于先天肾水，故又名为真水。上谷泉，即激活口腔内分泌金津玉液的开关位置，在雨水节气中曾经提到过，在此再作进一步的深化解析。

《内景图》中记载："我家端种自家田，可育灵苗活万年。花似黄金苞不大，子如玉粒果皆圆，栽培全藉中宫土。灌溉须凭上谷泉，有朝一日功行满，便是蓬莱大罗仙。"古人非常详尽准确地描述了这种内"浴"活水的特点。

这里面就直接点出"灵苗活万年"的前提和基础是中宫之土，也就是修意识，所以如果妄意不改变，就别想真正成功。万物生长需要土的承载、水的灌溉和光的照耀，在这一首诗里同样将先天水的作用给予了高度肯定，"灌溉须凭上谷泉"，也就是靠先天之本和后天之本，离开了这两个根本，就不可能"有朝一日功行满"。

对于"灌溉须凭上谷泉"，意识型和智识型的人很容易将其单纯解析为舌头顶住上颚搭鹊桥而产生一点津液下咽，认为那就是上谷泉。但是上

---

[1] 是一种配合经典诵读的健身操。通过梅花手势有韵律的敲击力量和诵读经典的音波，振荡开启身体与外界相交通的重要穴位，以及将阻塞和瘀滞的经络疏通，加快体内病气、浊气、阴气、邪气的清除，使人体炁机进入舒畅的正常状态。详见《中华德慧智教育·幼儿经典诵读》，熊春锦主编，国际文化出版公司2014年版。

谷泉是如何产生出像谷口里面流淌的水液呢？水液又从哪里来的？泉都是从下面往上冒的，舌头下面的泉眼通向哪里呢？所以，如果只是在理论上解读"上谷泉"，所谈论和所抓住的都只是物相水，很难透过物相看到质象，但作为我们道德文化修身实践者必须要能破解这一点，要看到物相之水只是其中的一部分，只是质象之水的承载。因为在我们的大脑当中有天池，天池里面充满着水，它要向下流而走向谷口，这个下行的路径，就是一个在体表难以发现和知晓的谷口。我们在修身实践过程当中，不仅要关注到口腔中的这个谷口，还要同时把握住与其相对的脑户中这个深层次的谷口，也就是大约在第一颈椎矢状面这一区域的平台区，因为这里面有先天质象水。特别是通过"抽"的实践使肾水化炁上行的这个质象水，能促成心液的生成，并且形成甘泉、甘露的下降。

（五）谷雨之水灌心身

谷雨时节，要应用好年度周期律中火运生成之初，木运结束之际，以水德能量对木德能量进行一次重要补充。此时节应当调动体内质象之龙，获得天德能量的天一生水之气，预备好我们的肾水，以利于木德能量收敛而火德生发之际，给自己带来充沛的谷雨，灌溉身心内外，抽肾水之炁，添心火之液而活化体内之水，使内谷和外谷、皮肤之谷以及穴位之谷，全部都充满先天之本的肾水能量以及物化之主的心液能量，从而充满我们的身体表面和身体内层，将我们生命的性和命全部用先天肾水进行浇灌；使我们的火中也有真水分泌出来，而水中也能够具备真火。只要水中生真火能够透析出来，心中的火又能够生出真水，水火既济就能够在体内实现。同时，主动提供活性强、促生性旺的肾气能量，使身内生机勃勃，调适出良好的品格和品质，并且保持好良好的品行。

·治事养生篇·

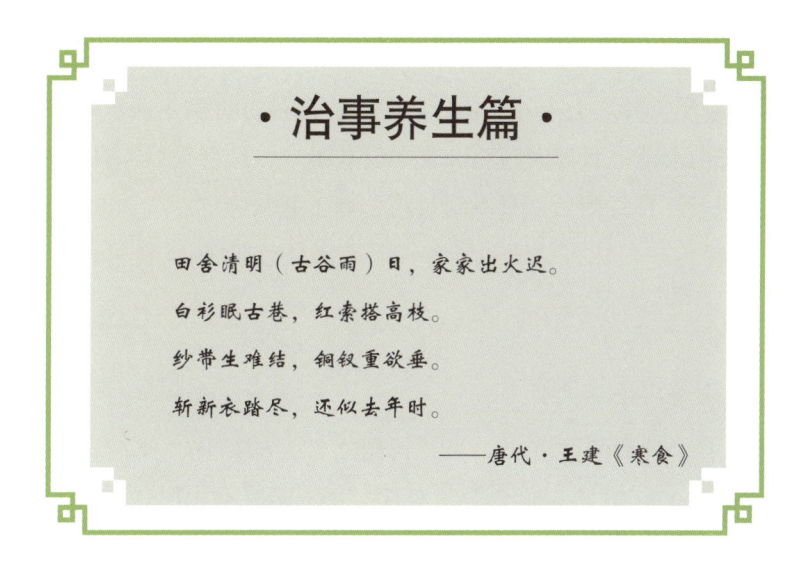

田舍清明（古谷雨）日，家家出火迟。
白衫眠古巷，红索搭高枝。
纱带生难结，铜钗重欲垂。
斩新衣踏尽，还似去年时。

——唐代·王建《寒食》

一、古谷雨运气与治事

图 5-11　明代陈淳《古桥欲雨》

（一）运气古籍

《道法会元·卷之七十八·雷霆妙契》："逐月过将例斗柄运周天，逆行月将。正月雨水前一日卯时过将，亥上起登明。二月春分后二日戌时过将，戌上起河魁。三月谷雨后四日亥时过将，酉上起从魁。"

《京氏易传·归妹》："清明（古谷雨）三月节在戌，《艮》卦六四，寒露同用。"

（二）古谷雨全息兆象

《逸周书·时训解第五十二》："谷雨之日，桐始华。又五日，田鼠化为鴽。又五日，虹始见。桐不华，岁有大寒。田鼠不化鴽，若国贪残。虹不见，妇人苞乱。清明之日，萍始生。又五日，鸣鸠拂其羽。又五日，戴胜降于桑。萍不生，阴气愤盈。鸣鸠不拂其羽，国不治；戴胜不降于桑，政教不中。"

谷雨这一天，桐树若不开花，当年必有非常寒冷的天气。田鼠不化鹌鹑，国家就会出现贪婪残暴之人。彩虹不出现，预示妇女中淫乱的人可能会比较多。

（三）古谷雨治事

1. 上巳节治事

三月三上巳节[1]，在春阳初上木运火运交接之际，是中国的水节。这一天，是利用天时、地利和地球上的洁水、春水，对我们的身体进行洗浊，荡涤尘垢，驱除疾病的佳期。古代根据五运六炁（气）的交接点，来分析人们对水节的需求性，同时根据水气智德能量的积蓄性，确定了这一空间点和时间点。

---

[1] 古时以三月第一个巳日为"上巳"，汉代即有官方的记载，这一天，无论是官还是民，都会在河边流水之旁洗头、洗脸。

古谷雨

春分以后，五运六炁（气）逐渐走向了木旺消失，火胎进入诞生的阶段，金入死地，在死地当中，水处在一种疲软而入不敷出的状态。水废而不足，肾水这个生命活力之源出现疲软，体内就易患病，人类生命和大地上的万物，急需水济于木火之中进行平衡，使木炁在旺盛以后及时得到水气持续的营养滋补。

对人体内来说，就是肝臟顺着天时进行调整。春分以后，木炁已经接近尾声，五行推运木生火，而火德能量对心的调节，将进入一个主导时期。在这样的能量交接点上，虽然木和火是母子关系，木能生火，火需要肝木的能量，但火是反侮木的，所以，需要水进入到体内进行平衡，滋养阳木，同时肾水智德又能够克制心内的阴火。这个三角形的运行模式一旦建立起来，在信德的基础之上，就能利用好天地万物的转折之机，使我们的生命在年周期律中处于良好的状态。

所以，在上巳节这一天临水洗浴，有条件者泡浴温泉，获取水气能量，以祛除不祥，是比较重要的养生方法。修身者则是应当内外兼修，同步把握时令，在身内加强肾水能量的激活与肾水化炁。时当暮春，风和日暖，官民人等，聚集水边，撩水于身，使心身顺天，在五运中的木火交接之际，及时汲取水炁，补充和平衡体内水德智气的不足，同时将信德能量一起进行提升，非常有利于一年的健康和智慧以及运气，这应当是我们完全承传下来的一种传统民俗文化。

2. 古谷雨治事

（1）临水沐浴

《后汉书·礼仪志上》："是月上巳，官民皆絜于东流水上，曰洗濯，祓除，去宿垢疢，为大絜。"

《云笈七签》曰："三月上巳，宜往水边饮酒燕乐，以辟不祥，修禊事也。（禊：古代春秋两季在水边举行清除不祥的祭祀）。"

（2）感恩祭祀

在古谷雨节气期间，有感恩祭祀人祖伏羲和感恩祭祀人文之祖轩辕黄帝的传统。

3. 古谷雨驱虫

（1）羽衣不蛀

《荆楚记》和《琐碎录》中都有同样记载："是月初三日或戊辰日，收荠菜花、桐花、芥菜，藏毛羽衣服内，不蛀。"

（2）隔宿炊冷汤驱百虫

《济世仁术》曰："三月三日鸡鸣时，以隔宿炊冷汤洗浇瓶口及锅灶饭筹一应厨物，则无百虫游走为害。"

隔宿炊冷汤，就是前一天放凉了的水。头一天煮好一锅水或一壶水，敞开口放着，接通天地之气，使其富含自然的能量。在三月三日清晨鸡鸣的时候起床，在百虫苏醒之时，或者夜间活动即将收敛之时，用此水及时擦一擦器皿锅灶，就可以避免蟑螂、毛毛虫、鼻涕虫等很多虫爬满厨房。要达到驱虫的效果，掌握好时间点非常重要。

（3）螺水洒墙绝蜒蚰

《山居四要》曰："清明（古谷雨）前二日，收螺蛳浸水，至谷雨（古清明）日，以螺水洒墙壁等处，可绝蜒蚰。"

收取水里面的活螺蛳，用泡过螺蛳的水，或者螺蛳排出来的水，洒扫自己居住的墙壁四周，鼻涕虫就不会在家里乱爬。

（4）花树不生刺毛虫

《琐碎录》："清明日（古谷雨）三更，以稻草缚花树上，不生刺毛虫。"

（5）驱蚂蟥及百虫

《卫生易简方·卷十》："谷雨前二日夜，鸡鸣炊黍米熟，取釜中汤遍洗井口瓮边地，则无蚂蟥，百虫不近井瓮。"

（6）荠菜花驱蚊

《琐碎录》："清明日（古谷雨）日未出时，采荠菜花，候干作灯杖，可辟蚊蛾。"

《卫生易简方·卷十》："谷雨日，日未出时采荠菜花枝，候干。夏间做挑灯杖，能祛蚊；及取花，阴干，暑月置。"

当然，如果将荠菜花做成蚊香，驱蚊效果同样非常好，而不必像现在做的蚊香，一定要添加化学制剂，虽然把蚊子毒死了，但对人的健康也会有影响。在祖先的文化里这样的方法比比皆是，而且可以信手拈来，只是要人勤快一点而已。

（7）狗蚤不生

《卫生易简方》："谷雨日，用熨斗内着火炒枣子，于卧帐内上下令烟出，令一人问：'炒甚的？'答云：'炒狗蚤。'七问七答，则狗蚤不生。"

这与民间在过年时候一问一答"讨口气"的道理是一样的。

4. 修身伏灭尸虫

《云笈七签》曰："商陆如人形者，杀伏尸，去面黯黑，益智不忘，男女五劳七伤，妇女产中诸病。右用面十二斤，米三斗，加天门冬末酿酒，浸商陆六日，斋戒服之。颜色充满，尸虫俱杀，耳目聪明，令人不老通神。"

古谷雨时节是驱灭三尸九虫的有利天时。

5. 古谷雨与寒食月

《荆楚岁时记》："寒食无定日，或二月，或三月，去冬至一百五日，即有疾风甚雨，谓之寒食节，又谓之百五节。秦人呼寒食为熟食日，言不动烟火，预办熟食过节也，齐人呼为冷烟节。"

《灵宝经》曰："是月三日，修荡邪斋。"对于修身摄生者而言，如果利用好这几天主动斋戒、素食甚至休谷，就容易荡涤体内五臟六腑中的阴邪之气以及病气、浊气，迎来全年的健康和幸运。

二、古谷雨的正善治养生

古谷雨时节，人们顺天应时，都会开展一些户外的活动，比如扫墓、踏青、植树、插柳、打足球、放风筝、荡秋千等。

古谷雨的气候仍然时冷时暖，时雨时晴，人们的情绪也不容易舒然畅达，应当在加强身识体能运动的同时，多进行经典诵读，发挥"上善治水"的身内自主性生理调适功效。多到室外鸟语花香的大地上踏青，锻炼太极

修身，通过玄善韵诵与玄善韵动[1]，塑造自身的明亮心境与博大胸怀，与自然相应。

《遵生八笺·四时调摄笺》记载："三月修养之法：季春之月，万物发陈，天地俱生，阳炽阴伏，宜卧早起早，以养护肝气。时肝臟气伏，心当向旺，宜益肝补肾，以顺其时。""孙真人曰：'肾气以息，心气渐临，木炁正旺，宜减甘增辛，补精益气。慎避西风，宜懒散形骸，便宜安泰，以顺天时。'"这里同样提到了补精甚为重要，补精就是补肾水。

《黄帝内经·素问·补注释文》："春气发生，施无求报，故养生者，铃顺于时也。此春气之应，养生之道也。所谓因时之序也……次季春清明（谷雨）之节……凡此六气一十八候，皆春场布发生之令，故养生者又馑奉天时也。"

在春天木炁仁德生发时及时培补土炁信德能量，能够使木德能量获得厚实的承

图 5-12　北宋赵佶《听琴图》

---

1 在中国古代的修身文化中，不仅极其科学和准确地应用口腔、语言、词汇产生光音振动波，使细胞的太极弦波文具有韵动性地舞动起来；同时也把握着肢体运动语言产生的无声词汇和语义编码，高度与太极图文协同韵动，产生肢体运动之音而在光中引起细胞太极图文的波粒韵动。不论是口舌所发出的声音，还是肢体运动中所产生的无声之音，音频振动与韵动的频率，其关键之处就在于声或者形所产生动态轨迹，是否高度吻合于太极弦线文的阴阳双波的波动韵律特征，以及阴阳双峰波曲线的大小与平衡。修身明德慧观中发现，人体细胞内有善粒子，其活力影响着人体的身体健康状态。道德修身实践者所要掌握的是修身明德，并且长期坚持诵读和炼形，直到能够娴熟自如、稳固地建立起一种与自己细胞内的善粒子和 DNA 的内在联系机制，使其活跃起来。符合这一特点的经典诵读，就是一种玄善韵诵；符合这一特点的肢体语言运动，就称之为玄善韵动。

古谷雨

载，阳木旺盛，阴木不生或少生，夏时的火炁礼德顺时序生发也就明亮。水生木，阳木需要充足的阳水滋养，及时主动吸纳天德的智德能量水，进入体内补充不足，平衡能量的需求，因此利用好春天极为重要。"所谓因时之序也"，修身养生实践者应当将这段话真正变为生活中的座右铭，顺四时之度而将内修身外治事同步把握，那才算是真正认识到了"一年之计在于春"的含义。

清朝王旭高《王旭高临证医案》："节近清明（古谷雨），地中阳气大泄，阴虚阳亢莫制，恐其交夏加剧。刻下用药，以脾胃为要。土旺四季各十八日，清明节（古谷雨）后土气司权，趁此培土，冀其脾胃渐醒，饮食渐加，佐以清金平木，必须热退为妙。"

（一）身识养生

1. 夜卧早起

古谷雨时节，应该掌握春季阳气升发舒畅的特点，注意正善治地炼形生势，贵精而化气，主动开启体表的户牖，疏通体表身内的谷地，全面接收天德与地炁能量，充实和保卫体内的阳气，使之日益充沛。为了能够使体内的阳气生发旺盛，此时节应尽量做到夜卧早起。相对于冬天的早睡晚起而言，适当地晚睡早起，能让人神清气爽，而且可以有更多时间修身于内和外。早晨7点~9点是辰时，胃经最旺，可以在此时进食。

2. 不宜"春捂"

古谷雨是一个时间节点，过了古谷雨就不宜再进行"春捂"，特别是新陈代谢较快且阳气旺盛的孩子们，若还进行过度的"春捂"，则容易引发"春火"。如果体内蓄积的阳气过多，会化成热邪外攻，诱发鼻腔、牙龈、呼吸道、皮肤等出血。平素体质属于肝阳过盛的人，不仅会感冒、咳嗽、哮喘，还会引发头痛晕眩、目赤眼花甚至是中风等疾患。

3.《灵剑子》导引法

"补脾坐功一势：左右作开弓势，去胸胁膈结聚风气、脾臟诸气，去来用力为之，凡十四遍，闭口，使心随气到以散之。"

这一式的动作就是左右开弓，主动把胸拉开。在这个季节，如果主动

地进行敲竹唤龟、鼓琴招凤的训练，化精炼气，乘春季气机的生发充分散开冬季的郁积，胸腔内就会气机舒畅，而不会郁气结胸。

4. 陈希夷二十四气导引坐功图势——古谷雨

图 5-13　古谷雨坐功图势

运：少阴二气。

时：手太阳小肠寒水。

坐功：每日丑、寅时，正坐定，换手，左右如引硬弓，各七八度，叩齿，纳清吐浊，咽液各三。

即：每天凌晨 1～5 时之间，盘腿而坐，两手作挽弓动作。左右两手交换，动作相同，方向相反，各做 56 次。然后，叩齿、咽津、吐纳而收功。

主治：腰肾肠胃，虚邪积滞、耳前热、苦寒、耳聋、嗌痛、颈痛不可回顾、肩拔、臑折、腰软，及肘臂诸痛。

（二）口识养生

口识的修持，正善之治的践行，分为一语二食三饮。一语，以修善进行语言规范，以经典诵读而正修舌与口之识，逐步恢复其先天无为生理功能；二食三饮，即正善治于食和饮，全面预防以及治理"祸从口出，病从

古谷雨

口入"的发生。

1. 古谷雨宜食

古谷雨节气,可多食些柔肝养肺的食品,如荠菜,益肝和中;菠菜,利五臟、通血脉;山药,健脾补肺;淡菜,益阴,可滋水涵木。还可以食用一些时令野菜,如苦菜,清热凉血;马兰头,清火明目;刺儿菜,清热解毒。

图 5-14 苦菜

"春气者诸病在头",进入春季,肝阳上亢的老人特别容易出现头痛、昏眩现象,同时老年慢性气管炎也易在春季发作,在饮食上,就要多吃具有祛痰、健脾、补肾、养肺作用的食物。

图 5-15 菊花茶

古谷雨时节,天气温暖、阳气生发,可以选择具有疏散风热、清肝明目功效的菊花茶饮用,不但可以养肝利胆、疏通经脉,还可借此将冬季积存在体内的寒邪散发。不过,菊花味甘苦,性微寒,脾胃虚寒者应少喝菊花茶。

这个节气,不宜食用"发"的食品,如笋、鸡等,

2. 养生食谱

荠菜粥:

食材:新鲜荠菜250克(或干荠菜90克),粳米50~100克。

做法:将荠菜洗干净切碎,与粳米同入砂锅内,加水500~800毫升左右,文火煮粥。荠菜质软易烂,不宜久煮。

功效:益气健脾、养肝明目、止血利水。

麦门冬粥:

食材:麦门冬20克,粳米50克,红枣5枚。

做法:先将麦门冬去心,用温水浸泡片刻,后与粳米、红枣同入砂锅

内,加水 500 毫升左右,以文火煮至麦门冬烂熟,粳米开花,粥将熟时,搅匀稍煮片刻即可。

功效:养阴润肺、益胃清心。

注意:服本粥期间,不可同吃木耳。外受风寒感冒,咳嗽痰多时不宜服。

桑椹苁蓉汤:

食材:桑椹子 30 克,肉苁蓉 20 克,黑芝麻 15 克,炒枳壳 10 克。

做法:将桑椹子、黑芝麻择去杂质洗干净,与肉苁蓉、枳壳同入砂锅,加水适量,煎汤饮服。

用法:每日晚饭后温热服用,7 天为一疗程。

功效:具有滋阴血、补肝肾、润肠道的功效。应用于肝肾阴血亏虚所致的腰酸腿软、头晕眼花、健忘失眠、腹部胀满、大便秘结等。

鼠曲草粿:

食材:糯米粉适量,鼠曲草 200 克,萝卜丝干 30 克,鲜香菇 3 枚,盐、糖、黑胡椒粉、食用油适量。

做法:先用水将糯米粉搅拌成粉浆块备用;然后将鼠曲草洗净,切碎后与糖一起放入锅中,煮至糖溶化,趁热倒入粉浆块中,加入少量食用油揉成面团。

萝卜丝干泡软后,挤干水分;香菇切碎备用。锅内放适量食用油烧热,放入萝卜丝干、香菇碎,炒香;加入盐、糖、黑胡椒粉,炒匀后盛出。

将糯米粉面团分为大约 100 克一个的小面团,压扁后放入馅料包紧,再用手掌微压成型,然后放入蒸笼内,用小火蒸熟。

功效:养阴润肺,镇咳止喘。

三、古谷雨治事养生宜忌

(一)治事养生之宜

《琐碎录》:"清明(谷雨)日三更,以稻草缚花树上,不生刺毛虫。"

古谷雨

《云笈七签》："三月上巳，宜往水边饮酒燕乐，以辟不祥，修禊事也。清明一日，取榆柳作薪煮食，名曰换新火，以取一年之利。"

《真诰》曰："是月十一日拔白，十三日拔白，永不生出。初一初十日，拔白生黑。"

现在有很多人都患有白发症，如果会运用古籍中记载的这个方法，在三月十一、十三日拔掉白头发，就很可能永不再生。但是这一段内容没有讲解详细，拔白还有日、时以及方位等方面的要求，并不是随便选一根白发，或者将满头的白发全拔光。历史上有记载，一位和尚得了真传后，去给一位县官的夫人拔白，他不仅选准了日期，还选准了方位，拔哪一个区域的哪一根白发，如此拔白才能真正地达到拔白生黑的效果。爱美的人士可以试一试，根据五行的原理参悟一下，看看是否可以推论出来。所以，正确地运用这一方法是关键。

《养生仁术》："谷雨（今清明）日采茶炒藏，能治痰嗽及疗百病。"在古谷雨这一天如果能够采到一点带露水的谷雨茶，是特别有益身心健康的。当然，现在都称之为清明茶了。

《寿世保元》曰："神仙醋法，清明日（古谷雨）用糯米一小斗，注水浸一七日，不许下手放水米内。去一七日后，将米放蒲包，吊在屋檐上。四月八日取下米，入水三壶，桃条搅一七日，封固坛内。六月六日来开，其味酸美。"

《灵宝经》曰："是月初六初七日沐浴，令人神爽无厄。"

上巳节事宜：

《万花谷》曰："初三日，取枸杞煎汤沐浴，令人光泽不老。"

《荆楚记》曰："三月三日，四民踏百草。时有斗百草之戏，亦祖此耳。

又曰：洛阳上巳日，妇人以荠花点油祝之，洒入水中，若成龙凤花卉状者则吉，谓之油花卜。"

《岁时记》曰："上巳日取黍面和菜作羹，以压时气。"

《琐碎录》曰："三月三日，取荠菜花铺灶上及坐卧处，可辟虫蚁。

又曰：是日取苦楝花，无花即叶，于卧席下，可辟蚤虱。

又曰：是月采桃花未开蕊，阴干，与桑椹子和腊月猪油，涂秃疮神效。"

《四时纂要》曰:"是月三日,取桃花片收之,至七月七日,取乌鸡血调和,涂面及身,光白如玉。"

《灵宝经》曰:"是月三日,修荡邪斋。"

(二)治事养生之忌

进入三月,天地之间的五德能量即会发生质性变化。大寒开始生成的木仁德能量,在谷雨前3天退出时令,而木生火的火礼德能量从谷雨前3天开始接替一年的轮值期,要延续至芒种后3天。火礼德能量当令,故前人说:"季春之月,不宜用卯日卯时作事,犯月建,不吉。"

《杨公忌》曰:"初九日,不宜问疾。"

《遵生八笺》曰:"三月朔,忌风雨,主多病。忌行夏令,主多疫。"

四、古谷雨采药与制药

(一)采药

1. 谷雨檐前柳的医药功用

人们常说的清明柳,实际则是谷雨柳。房前种柳,屋后种桑,这是旺家宅风水的格局,但是不能够反过来,弄成门前种桑树,后面种柳树,那出丧都会接踵而至了。这里面暗示着风水的信息,屋后种桑,就是坐桑,使屋子压住丧;房前种柳,柳字右边是卯,木炁迎门,指旺相。

谷雨插檐柳,具有较多的医学用途。这一天,人们在住宅前所插的柳条,不论是把柳条插在房檐下,还是插在门前的地上;不论柳条成活还是枯萎,都具有良好的药物功效。

总体而言,谷雨日插在屋檐下的枯柳枝朝南者,可以入药。如果看到某一根柳条弯着朝向南方慢慢枯萎,那一条就可以入药。实际上,插在门口的柳条若长成了柳树,这一天向南的枝条同样可以入药,而且功效更胜一等。

谷雨日取杨柳枝搅拌制作酱或醋,可以提高酱醋的质量,防止酱在发

古谷雨

酵以后漫溢出来。

医家常于此日，取檐前柳树伸向南方的枝条备用，用作煎药、熬膏时搅拌的最佳用具，而且也能明显提高药物的疗效。

以下是谷雨插檐柳的一些药用方法：

治疗小儿胎火不尿：凡初生小儿小便不通，乃是胎中热毒未化，没能顺利排出来；或者过早喂食过量的牛奶，而且牛奶没有兑水，造成小儿不仅胎火没有排出来，还把牛奶的火毒也带到孩子的体内来。这种病不可用寒凉金石之剂，只须取适量（量不必太多）谷雨插檐柳枝朝南者剁碎煎汤服用，孩子就可以尿出来了。再用此水热敷孩子的臀部、尻骨以及腹部膀胱区，辅助治疗。成年人如果有前列腺引起的小便之疾，服用此方同样有效。

治尿梗（前列腺炎）：取谷雨插屋檐下枯柳，量比上述的要多一些，折碎煎汤，倾坐桶内，用被子围住熏，片时即通；再内服所煎汤药，效果会更好。不见得非要到医院去，弄个钢管子来帮助排尿。

治疗白浊："谷雨所插柳条煎之，治白浊，盖势为肝苗，柳为卯木，同类也；混浊之色，清明之气，相待也，用药恰好有如此。"[1] "小便白浊：清明（古谷雨）柳叶煎汤代茶，以愈为度。"[2] 有前列腺炎的人，在春天里可以把这种向南的柳枝、柳叶打碎，煎汤代茶喝，既可以治疗寄生虫病，也可以治疗小便白浊，效果还是挺不错的。

治疗甜疮："济世良方，以清明（古谷雨）插过柳枝（烧存性）一钱，银朱七分，共研，再入飞矾一分，敷之。"也可以作为石散药的一个配药加在其中，效果也是非常好的。

济急方："下痢后成腌鱼水，此险症也。用清明（古谷雨）人家插檐柳，取叶来煎汤，下如止可救。"痢疾泻出来的水，如果像腌过鱼的水，是非常凶险的，因为会引起酸碱失衡，很容易休克。在这种情况下可以用插檐

---

[1] 出自清代赵学敏编著的《本草纲目拾遗》。
[2] 出自明代李时珍编著的《濒湖集简方》。

柳的叶子来煎汤，如果能制住，说明患者还可以救得过来。

调治脾胃："脾胃虚弱，不思饮食，食下不化，病似翻胃噎膈：清明日（古谷雨）取柳枝一大把熬汤，煮小米作饭，洒面滚成珠子，晒干，袋悬风处。每用烧滚水随意下米，米沉住火，少时米浮，取看无硬心则熟，可顿食之。久则面散不粘矣，名曰络索米。"[1]

清陆以湉《冷庐医话》："治刀伤久烂，用糯米于清明（古谷雨）前，一日一换水，浸至谷雨日（清明）晒干，研末敷之。"

2. 其他应时采药

年年春

《蓬莱山西灶还丹歌》："年年春第九：俗呼荫芝，书为青心。性热，生岭南道。生戊壬，死丁己。叶紫，治白风。应清明（古谷雨）节，立秋后采之。

歌曰：叶紫枝青远水头，春风到日自芳幽。可怜红展仙人爱，八般石药总拘留。"

雷鸣茶

《酉阳杂俎》："清明（古谷雨）日雨，曰榆筴雨。风曰花信风，鲤鱼风。茶曰雷鸣茶，适是日雷初发声，摘者，可治百病，多食至四两，即仙。"

人参

《名医别录》："人参生上党山谷及辽东，二月、四月、八月上旬采根，竹刀刮，曝干，无令见风。根如人形者，有神。"

《本草纲目》："普曰或生邯郸，三月生叶小锐，枝黑茎有毛。三月、九月采根。根有手足、面目如人者神。"

玄参

《名医别录》："玄参，生河间川谷及冤句，三月、四月采根，曝干。"

紫草

《明医别录》："紫草，生砀山山谷及楚地。三月采根，阴干。"

---

[1] 明代杨起《简便方》。

（二）制药

1. 古谷雨贮水制药

李时珍在《本草纲目》有论"节气水"的记载："一年二十四节气，一节主半月，水之气味，随之变迁，此乃天地之气候相感，又非疆域之限也。""立春清明（古谷雨）二节贮水，宜浸造诸风脾胃虚损诸丹丸散及药酒，久留不坏。"

《月令通纂》："正月初一至十二日止，一日主一月。每旦以瓦瓶秤水，视其轻重，重则雨多，轻则雨少。观此，虽一日之内，尚且不同，况一月乎。立春、清明（古谷雨）二节贮水，谓之神水。主治：宜浸造诸风脾胃虚损诸丹丸散及药酒，久留不坏。""寒露冬至小寒大寒四节及腊月水，宜浸造滋补五臟及治疗痰火积聚、虫毒诸丹丸，并煮酿药酒与雪水同功。"

作为医生，要及时收存、储藏一些自然水，用来制造治疗多种脾胃虚损的膏、丹、丸、散以及药酒。这个时节取水所造的膏丹丸散药酒，可以久留不坏，不用添加福尔马林、防腐剂，就能解决储存问题，这就是自然赐给我们的天然防腐剂。但现在我们已经丢失了传统文化，宁可用防腐剂毒害自己的身体，也不愿意将天地留给我们的最佳的防腐剂运用到产品和药物之中，非常令人遗憾。

2. 桃叶治胃痛

《四时纂要》："是月二日，收桃叶晒干，捣末，井花水服一钱，治心痛。（心痛：胃痛）"

3. 茅香草压时气

《居家必用》："三月三日取鼠耳草汁，蜜和为粉，谓之龙舌拌，以压时气。即茅香草，俗呼为鼠耳草，可染褐色。"

4. 桃花浸酒除百病

《法天生意》曰："三月三日，采桃花浸酒饮之，除百病，益颜色。"

桃花由于携带了春天的木炁，又有火德能量等诸多的信息，能够驱除百病，增益气色。另外还有枇杷叶以及很多带叶、花、苗类的药物，也都有极佳的效果。

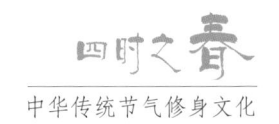

5. 米汤调服大蓼治气痢

《法天生意》："清明（古谷雨）前一日，采大蓼晒干，能治气痢（气虚以后下泻），用米饮调服一钱，效。"

6. 羊齿烧炭治羊癫疯

《济世仁术》曰："三月三日，取羊齿烧炭，治小儿羊痫寒热。"

三月三日，可以将羊的上颚骨与下颚骨带牙齿一起煅烧，治小儿羊痫寒热，羊痫即羊癫疯。如果与治疗羊癫疯的中药组成方子治疗，就能够压抑羊癫疯。对于寒热这样的病症，用这样烧制的骨炭冲服，或者与对症的药配合起来，能够产生良好的效果。

7. 夏枯草煎汁熬膏：

《济世仁术》："三月三日，采夏枯草，煎汁熬膏，每日热酒调吃三服。治远年损伤，手足瘀血，或者遇天阴筋骨作痛，连服七日就可痊愈，更治产妇诸血病症。"

8. 治疗黄疸

《月令图经》曰："上巳日可采艾并蔓菁花，以疗黄病。"

如果我们把握好上巳日这一时机，利用艾和蔓菁花就可以治疗黄疸。南方的青蒿这个时候已经开始有虫了，如果能够捉到这种菜虫，加工好加在药物里面，无论是内服还是敷贴，都可以治疗一些急性的黄疸型疾病。

9. 寒食日水浸糯米：

《济世仁术》曰："寒食日水浸糯米一二升，逐日换水，至小满，漉起晒干，炒黄，水调涂，治跌打损伤及恶疮，神效。"

10. 制明目膏法

《古今医统大全》："交清明节（古谷雨）时，取井水净器贮，制眼药，大能明目。……先清明节（古谷雨）制下眼药，诸剂按清明（古谷雨）交接时刻，取东方上井泉水煮药煎膏，如紫金锭、黄连膏、碧云膏之类，如果按照天时这样去诚心精制，无不神效。有节日不暇制药，只按节汲水，贮净瓶中，密封瓶口，涂以泥头，埋净地中。暇日取此水修制，是亦同也。"

如果能够按这个时间节气点制作明目膏，效果会非常好，这就说明恪守信德度、数、信的重要性。在这里，古人不仅按时节制药，而且还利用谷雨天时气运交接的特点，对中医的诊断学作了明确的说明。

11. 细袋盛面挂当风处

《济世仁术》："三月辰日，以绢袋盛面，挂当风处，中暑者，以水调服。"

《古今医统大全》："寒食日以细袋盛面，挂当风处，中暑者，以井水调一钱许服，谓之寒食面。"

12. 王子乔变白增年方

《玉函方》："王子乔变白增年方，用甘菊，三月上寅日采苗，名曰玉英；六月上寅日采叶，名曰容成；九月上寅日采花，名曰金精；十二月上寅日采根茎，名曰长生。

四味并阴干，百日取等分，以成日合捣千杵为末，每酒服一钱匕。或以蜜丸梧子大。酒服七丸，一日三服。

百日，身轻润泽；一年，发白变黑；服之二年，齿落再生；五年，八十岁老翁，变为儿童也。"

古代圣恁以金、石、药三者合炼而成为外丹。外丹中的金石之用，在某种意义上其实就是对现代微量元素诸如锌、硒之类进行提纯与去毒，相对于现代医学萃取而言就是一种"萃取法"，只不过古代是用火来萃取的，现代则是使用化学合成的方法或是化学提纯的方法来进行。还有一点不同，就是外丹的炼制高度重视对质象能量的分解与聚合，而将物相成分兼而蓄之。外丹烹炼技术与和合外丹药物，是以外促内的重要埶术应用，是用外丹相助于某些人精气亏损，一时难以真实产生内药的情况，故要善加对待外丹药，正确加以应用，发挥物相与质象相结合的作用性，促成成功，而不应当偏执偏废。但是，对于炼金炼石，个体掌握去毒和质象凝聚的方法是较为复杂和困难的，大家不要轻易尝试，所以古代才隐秘金与石的炼制萃取方法，而只是以中药的应用广传于世，以健身治病为用。

·民俗篇·

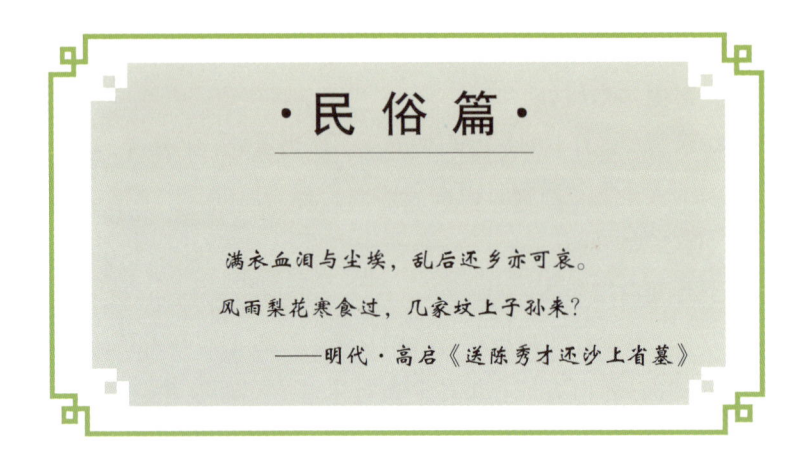

满衣血泪与尘埃，乱后还乡亦可哀。
风雨梨花寒食过，几家坟上子孙来？

——明代·高启《送陈秀才还沙上省墓》

一、上巳节民俗

上巳节的民俗，有着汉服、跳《踏歌舞》、放风筝、沐浴、踏青、祭祀高禖等。

曲水旁的三月三：

（1）曲水流觞

图 5-16　兰亭集序

古谷雨

公元353年的上巳节，王羲之和四十几位文友聚会于绍兴兰亭，在兰亭清溪两旁席地而坐，将盛了酒的觞放在溪中，由上游浮水徐徐而下，觞在谁的面前打转或停下，谁就得即兴赋诗并饮酒。赋诗饮酒过后，王羲之将大家的诗汇集起来，挥毫作序，写下了举世闻名的《兰亭集序》，清晰地记录了当时上巳节的盛况。"群贤毕至，少长咸集。此地有崇山峻岭，茂林修竹，又有清流激湍，映带左右，引以为流觞曲水，列坐其次。"此后"文人雅聚，曲水流觞"就成为千古佳话。三月三这个官民游乐的日子，就成了很多文人墨客赋诗作词的好机会。

（2）曲水浮素卵

古人还有在上巳节浮蛋乞子的习俗，就是将煮熟的鸡蛋放在河水中，任其浮移，谁拾到谁食之。晋·张协《禊赋》中记载："夫何三春之令月，嘉天气之氤氲。……于是布椒醑荐柔嘉，祈休吉蠲百疴。漱清源以涤秽兮，揽绿藻之纤柯，浮素卵以蔽水，洒玄醪于中河。"

（3）曲水浮绛枣

将红枣投入到激流中，下游的人捞起来吃。南朝梁·庾肩吾《三日侍兰亭曲水宴》有诗曰："踊跃颁鱼出，参差绛枣浮。百戏俱临水，千钟共逐流。"

三月三"谷米节"：

在少数民族的畲族中，"三月三"是谷米节，与原生态的谷雨含义颇为接近，谷米节后迎谷雨，即现在的清明，在时序上完全一致。谷米节是谷米的生日。这天谷米普遍会获得谷雨的浇灌而重新诞生幼苗，茁壮成长。这一天，畲族家家户户都吃传统的乌米饭，村前村后处处飘荡着这种饭的清香，引得外来的客人垂涎。

三月三求子：

上巳节活动中，求子是重要的习俗之一。各地求子的形式也不相同，如温州在农历三月三供无常鬼，江丽水龙子庙会（跟龙和雨密切相关）、吉林永吉龙王祭、浙江海宁双忠庙会以及成都的抛童子会等。三月三这天若赶早起床，在农村石块砌成的水井旁边，会看到井口上铺着一层似乎带着薄泡泡的井花水，将其收集起来就可以用作药引子，配制一些求生子药

方。很多医生也在这天取这种水,取其生发之气来配制药品。

二、古谷雨民俗

古谷雨祭祖扫墓:

宋·孟元老《东京梦华录》卷七"清明节"记载:"寒食第三节,即清明日矣。凡新坟皆用此日拜扫,都城人出郊。禁中前半月发宫人车马朝陵,宗室南班近亲,亦分遣诣诸陵坟享祀,……四野如市,往往就芳树之下,或园囿之间,罗列杯盘,互相劝酬。都城之歌儿舞女,遍满园亭,抵暮而归。各携枣锢、炊饼、黄胖、掉刀、名花异果、山亭戏具、鸭卵鸡雏,谓之'门外土仪。'"

古代的春祭,是从春分祭太阳开始至古谷雨结束。古谷雨后,时间空间场就会发生一种闭合,造成信息交通的困难,而使祖先们难以享祭,接收不到子孙们的感恩酬谢。因此,春祭要掌握合适的时机。

在古代,人们依据春分后五运六炁(气)场性能量中木运即将结束、火运即将开始的自然能量场性转换期,把握天时,对天道太阳、宗祠先祖展开感恩祭奠和缅怀,慎终追远,进行纪念,非常有利于家族团结和各民族的大团结。其实在真正的古清明来临时,五运中的火运已经启动,阳气明显提升,阴阳两隔,信息已经难以交流,也就无法进行这类感恩缅怀的祭祠活动。因此,要恪守天道运行规律的度、数、信,守信是中国古代民俗的重要法则。汉代虽然将谷雨在前、清明在后的次序人为地颠倒,但是,时间点的度与数没办法改变,只是形名上的名不副实。修身者重视形名学的对应,故而应当自己恢复正确的形名,指导自己与天地同步进行实践,以达到最佳的修身效果。

古谷雨放水节:

古谷雨放水节,源于四千年前的江神信仰和两千多年前对江水的祭祀。据史料记载,放水节正式确立于公元978年,距今已有一千多年历史。2006年,放水节被列为国家首批非物质文化遗产项目。

古谷雨

古时，每到冬季，四川都江堰地区的人们便用杩槎筑成临时围堰，使岷江水或入内江或入外江，然后分别淘修河床，加固河堤，进入岁修时期。到了古谷雨时节岁修结束，便举行既隆重又热烈的庆祝仪式，然后拆除杩槎，滚滚岷江水直入内江，灌溉成都平原千里沃野。后来，放水仪式演化为灌区人民广泛参与的祭祀李冰父子、祈求五谷丰登和国泰民安的一项传统文化活动。放水节还代表一年春耕的开始。

放水节与人体内的工程相似，"岁修"告诉人们，在整个冬季都要抓紧修肾，修土，修信德。特别是从雨水到古谷雨这个期间，将体内的水备足，将信土修牢固，能够囤水，使自己体内的水足够一年的花销，而不用调动仓库里储存的一滴水，就算成功了。如果不仅不消耗库储，而且还能补充，就更是一种进步了。

三、古谷雨农谚

与天象气候有关的：

雨打清明（古谷雨）前，春雨定频繁。（鲁）

阴雨下了清明（古谷雨）节，断断续续三个月。（桂）

清明（古谷雨）难得晴，谷雨（古清明）难得阴。（鲁）

清明（古谷雨）不怕晴，谷雨（古清明）不怕雨。（黑）

清明（古谷雨）宜晴，谷雨（古清明）宜雨。（赣）

清明（古谷雨）断雪，谷雨（古清明）断霜。（华东、华中、华南、四川及云贵高原）

清明（古谷雨）暖，寒露寒。（湘）

清明（古谷雨）有雾，夏秋有雨。（苏、鄂）

清明（古谷雨）南风，夏水较多；清明（古谷雨）北风，夏水较少。（闽）

清明（古谷雨）一吹西北风，当年天旱黄风多。（宁）

清明（古谷雨）北风十天寒，春霜结束在眼前。（冀）

清明（古谷雨）刮动土，要刮四十五。（苏）

与人事物候有关的：

雨打清明（古谷雨）前，洼地好种田。（黑）

清明（古谷雨）雨星星，一棵高粱打一升。（黑）

清明（古谷雨）无雨旱黄梅，清明（古谷雨）有雨水黄梅。（苏、鄂）

清明（古谷雨）冷，好年景。（辽、冀）

清明（古谷雨）响雷头个梅。（浙）

清明（古谷雨）有霜梅雨少。（苏）

麦怕清明（古谷雨）霜，谷要秋来早。（云）

清明（古谷雨）刮了坟头土，沥沥拉拉四十五。

清明（古谷雨）晴，六畜兴；清明（古谷雨）雨，损百果。

清明（古谷雨）笋出，谷雨（古谷雨）笋长。

清明（古谷雨）高粱谷雨（古清明）谷，小满芝麻芒种谷。

附录：

古谷雨古籍参考

（一）三月事宜

《真诰》："是月取百合根晒干，捣为面服，能益人。取山药去黑皮，焙干，作面食，大补虚弱，健脾开胃。"

《酉阳杂俎》："三月心星见辰，出火，禁烟插柳谓厌此耳。寒食有内伤之虞，故令人作秋千蹴踘之戏以动荡之。（这种解释也是有点牵强，但是大家可以了解古人有这种记载，这个时节有这些活动）。"

《家塾事亲》："是月采桃花未开者，阴干，百日，与赤桑椹等分，捣和腊月猪脂，涂秃疮，神效。"

《万花谷》："春尽，采松花和白糖或蜜作饼，不惟香味清甘，自有所益于人。"

《云笈七签》："商陆如人形者，杀（驱除）伏尸，去面黯黑，益智不忘，男女五劳七伤，妇女产中诸病。又用面十二斤，米三斗，加天门冬末酿酒，浸商陆六日，斋戒服之。颜色充满，尸虫俱杀，耳目聪明，令人不老通神（注：商陆是有毒的，服用不能过量）。"

（二）三月事忌

《云笈七签》曰："是月勿久处湿地，必招邪毒。勿大汗，勿裸露三光下，免招不祥。（在自我养生方面）勿发汗以养臟气。勿食陈菹，令人发疮毒热病。勿食驴马肉，勿食獐鹿肉，令人神魂不安。勿食韭。""是月五日，忌见一切生血，宜斋戒。""三月八日，勿食芹菜，恐病蛟龙瘕，面青黄，肚胀大如妊。服糖水吐出愈。"

《百一歌》："勿食鱼鳖，令人饮食不化，神魂恍惚，发宿疾。"

《本草》："勿食生葵，勿食羊脯。三月以后有虫如马尾，毒能杀人。"

《风土记》："是月十六日，廿七日，忌远行，水陆不吉。初一、十六日，忌裁衣交易。"

《千金方》："三月若遇辰寅日，勿食鱼，凶。""勿食鸟兽五臟，勿食小蒜，勿饮深泉。"

《月令采奇·卷一·调摄》："孙真人曰：是月勿杀生以顺天道。此月勿杀牲，勿食百草心，勿食黄花菜。"

"清明（谷雨），三月节，运主少阴二气，手太阳，小肠寒水，每日丑寅二时。正坐定，换手左右，如引硬弓，各七八度。叩齿内清吐浊，咽液各三三度。"

"谷雨（清明）三月中，运主少阴二气，手太阳，小肠寒水，每日丑寅二时。平坐，换手左右，举托移臂，左右掩乳各五七度，叩齿吐内漱咽如数。"

"法天生意曰：此月勿食鸡子，令人神昏乱。"又云："勿食大蒜，亦不可常食，夺气力，损心力。"

"百一歌曰：此月勿食鱼鳖，令人饮食不化，神魂恍惚。"

"本草曰：此月勿食羊脯。三月后，脯中有虫如马尾，食之杀人。"

"月令忌曰：勿食血并脾，季月土旺在脾，恐死气投入也。又不可食陈菹。"

古清明
Guqingming

> 草树知春不久归，百般红紫斗芳菲。
> 杨花榆荚无才思，惟解漫天作雪飞。
> ——唐代·韩愈《晚春二首·其一》

古清明，是中国传统文化中最重要的节气之一。时间点在每年的4月19日至21日，太阳到达黄经30度。

"清明（古谷雨）断雪，谷雨（古清明）断霜"，古清明是春季最后一个节气，它的到来，将完成节气能量的传输和置换，开启新一年清明的宇宙空间。

·文化篇·

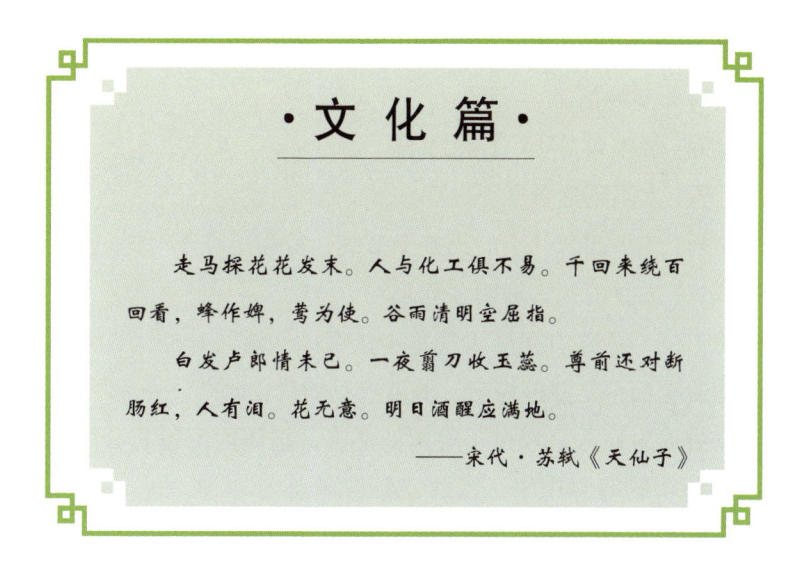

走马探花花发来。人与化工俱不易。千回来绕百回看,蜂作婢,莺为使。谷雨清明空屈指。

白发卢郎情未已。一夜翦刀收玉蕊。尊前还对断肠红,人有泪。花无意。明日酒醒应满地。

——宋代·苏轼《天仙子》

一、古清明简述

（一）古清明的时与度

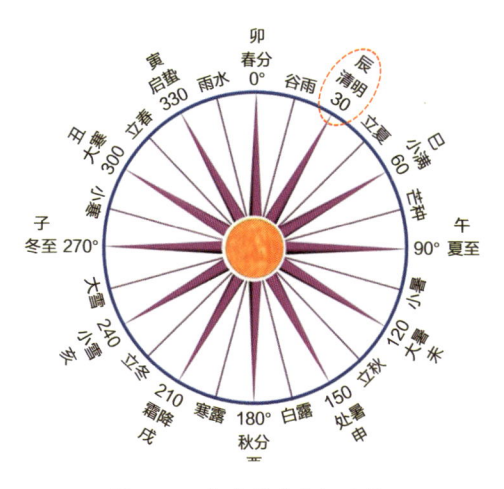

图 6-1 古清明的黄经度数

古清明度数信：以三月中为周期律中的空间之度和时间之数，以木德能量之气依时而至为信

阳历时间：每年4月19日~21日

黄道位置：太阳到达黄经30度

节气序列：二十四节气中的第6个节气，实为第9个

前后节气：古谷雨，古清明，立夏

古清明节气，意味着寒潮天气基本结束，气温回升加快，大大有利于谷类农作物的生长，是播种移苗、埯瓜点豆的最佳时节。

对于修身养生而言，经过了谷雨的洗涤，把体内准备充分以后，就必然会进入到清明的境界中来。因此，要像"啬夫"（农民）一样，勤奋地开始播种点豆了。一分耕耘一分收获，千万不能做守株待兔的懒汉。

在自然界，过完清明是立夏，是不以人的意志为转移地在进行年度周期律的转换。我们要把握的是治人事天和顺天应人，如何在清明期的十五天更好地调整自己，顺利进入春生之后的夏长时期。而且，从一阳来复的冬至开始到现在的清明，我们体内的各项准备工作做得怎么样，也都是要在清明结束之后进行验证和实证的，来不得一点虚假。

（二）古清明天气气候

古清明（今谷雨）节气后降雨增多，雨生百谷。雨量充足而及时，谷类作物茁壮成长。南方的气温升高较快，华夏大地上，大部分地区这期间的气温都能到达20℃以上。华南东部偶尔会出现30℃以上的高温，使人开始有炎热之感。

古清明节的天气谚语，大部分是围绕有雨无雨这个中心来说事的，如"谷雨阴沉沉，立夏雨淋淋"、"谷雨下雨，四十五日无干土"等等。如果清明期间气温偏高，阴雨频繁，病虫害就会发生和流行，需要做好防治。

我国南方东部大部分地区，这时雨水较丰，对水稻栽插和玉米、棉花苗期生长有利。华南的降雨，常常"随风潜入夜，润物细无声"，夜雨昼晴，对大春作物生长和小春作物收获颇为适宜。

古清明要注意防备风沙、春旱以及强对流天气这三种灾害性气候。4

月底到5月初，气温升高，土壤干松，空气层锋面气旋活跃，因而大风、沙尘气候比较常见。在我国大部分地区，如果冬季降雪少，到了春天就容易出现旱象。对于十年九春旱的地区，采取节水灌溉、实施人工增雨等措施十分重要。4～8月是一年中强对流气候的高峰期。进入5月，在南方许多地区，局部雷暴、冰雹、狂风、龙卷风等灾害性气候会明显增多。防雷、防雹、防风，此时应当提上日程。

二、古清明的寻根探源

（一）"清"的字源与字义

"清"的反义字是"浊"，清是形声字。从水，青声。"青"，碧绿透彻，也有表意作用。本义是水清，山清水秀。自然物相之水的清与浊以及体内之水和心与意能量之炁的清与浊，这两方面需要我们深入研究和探讨，并加以正确认知。

对于修身而言，体内之水则是指体内70%的体液物相之水清而不浊，以及质象之水清而不浊。《尚书·微子》："身中清。"这个"清"要落实到我们自己的身心之内和身国之中，要使身心都能够达到清的状态，物相水与质象水双清。

而且，我们从"清"的几个篆文象形表意中，可以看出都与身内的安炉立鼎、炼肾水为炁、心火为液的修身过程密切相关。

表 6-1 清的字形

《六书通》所收篆体						

从表6-1"清"的几个象形表意字体当中可以看到，这个"清"是要落实到我们自己的身心之内和身国之中的。要使身心都能够达到清的状态，

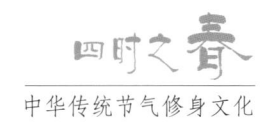

最好的方法就是需要内修。清的篆文表意，就是烹炼质象水，从先天质元的根本上主导心身的清。把握住身国内的这个"身中清"，我们才能真正地解读"清明"。

《礼记·玉藻》："视若清明"。《淮南子·原道》："圣人守清道而抱雌节"。《荀子·解蔽》："中心不定，则外物不清"。这些记载对于内和外的清浊关系揭示得非常到位。现在的人们确实非常浮躁、急躁，办事的成功率非常低，"中心不定，则外物不清"，看不清楚就会到处碰壁，消耗浪费精气神，身体状况容易收支不平衡，透支现象就必然产生。心中大定，外物清晰，捕捉信息准确必定简单明了。这也揭示了我们只有在自己心中定得住，静得下来，再来观察外物，才能够清晰明白。内清是主要的，人能常清静，天地的信息都能准确掌握。清是静下来的关键，是核心，是根本。只要守住了本，在面对外物时内心就容易达到清和明的状态。

《楚辞·渔父》："举世皆浊我独清，众人皆醉我独醒。"这里的"清"就是清在心里，清在身体之内。清是人生境界的一种追求，是一种高尚的修为。《管子·轻重己》："清神生心，心生规，规生矩。"这里界定了"清"主要是用在我们的心神、心臟，是心区和心场的清。心若想认识和掌握自然的法则、规律、秩序，离不开清，清神就是关键。心里面真主人的"清"是核心，只有真主人达到"清"了，我们信德的规矩才能产生，火生土，信德才能真正地具备，实现心生规，规再生出矩，信仪和信德就能培养而成。

《黄帝内经·灵枢·大惑论》："其气不清则欲瞑。"我们身中之气的能量如果不是正能量，不是一种清洁清静的状态，那么六欲肯定就是在主导着心身的活动，人生就处在一种冥顽不灵而自己又难以发觉的状态，欲望和后天意识自以为是，张口就是"我"，"我以为是这样"，"我当是这样"，如何如何，"我"怎么怎么，执着妄想当家，阴丁火心的私我，阴己土脾的欲己，全部都是一个"我"字当先，障蔽了智慧的双眼，蒙蔽了自己心灵的清明，认贼为父、以假作真的现象频生。

宋朝司马光《训俭示康》中记载："以清白相承。"明朝于谦的《石灰吟》非常著名："要留清白在人间。"清白就是品行纯洁，没有污点，清洁自守，语不及私，做人方正清白，做事清白奉公。

古清明

　　古人对于"清"字使用得相当准确，而且绝大部分都是将其运用在自己的心身之中和身国之内，这也是"清明"这个自然节气为什么要采用"清明"两个字命名的关键之一。自然万物没有人去进行有为的管理，但是却能够顺应五运六炁（气），自然达到一种清明的境界和状态；唯独我们人类需要用意识的调节、心灵的校正，通过"予善信，正善治"，恪守自然法则的度、数、信，清除私心贪欲，才能逐步达到清明。

　　所以，祖先们提出这个"清明"，实际上是告诫人类，要把握住清理自己意识的欲望，心中的私贪，把握住心智识与脾意识的清静，进入一种宁静的状态。达到一种内在真正的清明，才能透彻地观察宇宙万物是如何效法天地的自然规律，运用五运六炁（气）而自然调节成清明的状态。在修身明德中，这个"清"关键是指人体心中的智识要清纯，私我的七情要少而淡，心灵透彻清亮没有污浊，儿童心灵的首焱尚未被污染而蜕变成为袭常；少年、成年、老年人虽然智识已经沦为以阴我心袭常为主导，但是也要注重顺应五运六炁（气），顺应天地自然的总法则、总规律、总秩序，重新同步于自然，进行净化，再次提升为正我心首焱的品质，这才是修身的根本。

图 6-2　泰山日出

"天得一以清"，"浊而情之余清"，"清为躁君"，这是老子五千言中对"清"的定义。《庄子·在宥》中记载了广成子对"清"的阐释和说明："至道之精，窈窈冥冥；至道之极，昏昏默默。无视无听，抱神以静，形将自正。必静必清，无劳女形，无摇女精，乃可以长生。"这里强调了我们的精气神如何先达到静，然后再达到清，只有先静下来，然后才能够清；正确进行形体的活动，不要动摇自己的元精，这才是长生的根本。

《庄子·刻意》："水之性，不杂则清，莫动则平；郁闭而不流，亦不能清；天德之象也。故曰：纯粹而不杂，静一而不变，恬淡而无为，动而以天行，此养神之道也。"一切物相之水，没有杂质混融其中，就必然清澈透明。水只要不动荡，水面就必然平整。流水不腐，如果郁闭没有任何流动变化，同样无法保持清澈，这就是水中蕴含的天德能量之象。所以说：清纯而没有杂质，静而守一不妄变，恬淡地持守无为而治，动的时候恪守天道规律，这就是最好的养神方法。《庄子·至乐》："天无为以之清，地无为以之宁。故两无为相合，万物皆化生。"天道无私无欲，无为而治，得一守一，所以能保持清的境界；大地无私无欲，无为而治，得一守一，同样能保持安宁。所以这两重无为而治相结合，就能使万物全都能够变化生成。《化书》："唯清静者，物不能欺。"只有实现了清静的境界，一切有害之物，无论是物相属性还是质象的物元，都不能相欺相瞒。

这些内容，都是古圣先贤们对"清"的一些定义，我们应当正确把握，并且恪守，使我们对"清"的认知，能够进入一个比较理想的状态，并且还要进行保持、维护、强化和提升。

（二）"明"的字源与字义

表6-2 明的字形演变

甲骨文	
金文	

古清明

续表

篆体	ᚪ
楷体	明

1. 明的本义

甲骨文的"明",左边是"月",右边是"日",月借日发光,照显物相,表示明亮透物。

小篆的"明",左边是一个"囧"字,右边是个"月",从月,从囧。从月,月象征人体质象的性光,这是用物相描述质象的生命性光,如同月之光照物。从囧,囧指户牖、窗户,人体之内,既存在中丹田内的心似太阳而发出光明内照,同时也存在月亮光,它是以身内的地炁肾炁为依托,在心光明亮的前提下,继而产生身内的月光之明。这种生物质元光的光明能够从内而外,透过身体内的户牖和体表的户牖,首先用于朗照身内修内圣,继而朗照体表与身外修持外王,成就生物质元光态下高质量的内圣外王之实证。内观身中,应用生物质元光之明作用质象的精炁神三宝和臟腑器官组织。体内月光之明,常常在下丹田内能够比较明显地出现,显现的位置与阴蹻存在距离性和偏移性,这种特点在甲骨文和金文的"明"文构形中存在着象意。

"明"字的本义,是明亮,清晰明亮,与昏、暗相对。《说文解字》:"明,照也。"《左传·昭公二十八年》:"照临四方曰明。"《国语·周语》:"明,精白也。"这个"明"是指处在精细而透白的性光的状态,是描述性光状态下的质象光之明。《尚书·洪范》:"视曰明。"内视时能够看得到才叫明。《诗经·小雅·大东》:"东有启明",告诉我们东方有一颗明亮的启明星,在黎明清晨的时候肉眼可以看到,它的光昭示着天快亮了。

2. "明"的五个层级分类

在天者莫明于日和月,在地者莫明于火和电,在人者莫明于性与慧。

(1) 物相的明亮

明与暗相对,明亮,明媚,明净,明鉴,明察,明灭,明眸,明艳,明星,明珠暗投，清澈明亮，环境明亮，天空明净，月色明洁，明白流畅，光线充足，房间明亮，镜子明亮，窗明几净，光明灿烂。这些词语，都是指物相的明亮。

（2）意识的不晦暗

清晰，清楚，明白，明显，明晰，明了，明确，明朗，懂得，了解。

明哲保身，只有明白慧识悊学，才能够保全自己的身体。后来在意识哲学文化时期以及到现在，人们将其弄成了一个贬义词，实际是错误的。

我们要明白事理，深明大义。公开，不隐蔽，明说，明讲，明处，明做，态度明朗，通情达理，明快坦直，乐观开朗，明照中天，明烛驱暗，表明心迹，明立心志，耳聪目明，明辨是非，明白事理，眼明手快等等这些词语，都是指意识层面明的意义。

（3）心清意正智明

英明，贤明，明君，文者以道明，明死生之大，明道德之广。明善则茂亲，明德则近道。

阳土克阴水，忠信易明智，阳水注髓海，智明达性天。心圣则精明，明则察细微，明则愚转智，明察秋毫。

（4）双重视觉的明

眼睛明亮，明眸皓齿。性光明堂，照澈内外，明晰物相，清楚质象。明于治乱，内圣外王。后天视觉和先天慧眼视觉这两种明，都有各自重要的意义，这里有失明于外和失明于内的区分。作为常人而言，普遍都是失明于内，只有盲人才是失明于外。所以，我们人类存在着内盲和外盲两种客观情况。双重视觉的明当中，如果没有失明于内，就容易进入到比较理想的修身明德阶段当中；但是，需要保持一种正善治的方法维系，用之正而不用之旁，才能够达成此明，提升自己的实证。

（5）明心见性之明

心光明亮，照澈内境，穿透物相，进入质象，在色象境中明德，在无色境当中证道。修身中的"太阳栽在明月中"，即是心肾能量在下丹田的合一之明。

江船火烛明，内照五臟亮；为学读书益，阴意转明王，内圣外王治，明珠腹中藏。能进入"明珠腹中藏"层级时，腹内的月照之明就能产生。

真正把握住这五个层级的明，将其转化成为我们的文化和知识，并且坚持应用在我们的修身实践当中，再来认识我们的传统文化，也就能够达到一种比较理想的状态。

3. 经典中对"明"的阐释

《德道经》和《黄帝四经》当中，对"明"也作了多层次的阐释和揭示。

（1）《德道经》中的"明"

明道如费。

见小曰明，守柔曰强。用其光，复归其明。

和曰常，知和曰明。

明白四达，能毋以知乎。

五色令人目明。

天物云云，各复归于其根曰静，静是谓复命。复命常也，知常明也。

自见者不明。

不自视故明。

知人者智也，自知者明也。

知常明也。

（2）《黄帝四经》中的"明"

公者明，至明者有功。至正者精，至精者圣。无私者知，至知者为天下稽。

天地之恒常，四时、晦明、生杀、辎刚。

正以明德，参之于天地，而兼覆载而无私也，故王天下。

精则安，正治，文则明，武则强。安得本，治则得人，明则得天，强则威行。参于天地，合于民心。

天执一，明三，定二，建八正，行七法，然后施于四极，而四极之中无不听命矣。

化则能明德除害。

道者，神明之原也。神明者，处于度之内而见于度之外者也。

明明至微，时反以为几。

明者固能察极，知人之所不能知，服人之所不能得。

前知大古，后达精明。抱道执度，天下可一也。

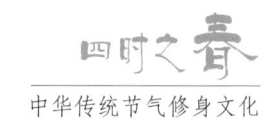

（三）清明的词义

1. 质象的神志清醒明白，神志清晰，神态清明，心清意明。神清气爽，气清精明。清神静心，顺应自然，恪守天道规律中信、智、礼三德的度、数、信。心清意明真无为，心浊意昧皆妄为。

2. 物相的清澈而明朗，月色清明，潭水清明透亮，天清地明。

3. 治事的度、数、信具备，政治上有法度有条理，不混乱，清明的法制，古人是这样形容的。意识形态治理清明，说明恰到好处。

4. 动态事物的气质，形容声音的清朗、清脆、圆润、明亮；形容乐器的鼓角清明，吹出来的声音、敲击的声音，有一种清明的效果和效应。

清明的核心，是心清静，少私而寡欲，前六识执中，得一守一。所以，对于清明，我们首先要以对应身国内的认知为前提、为根本，牢牢地把握住"内取诸身，外用之物"，才是真正把握住了中国文化的特征。

清明还特指金精，《广雅·释天》："金神谓之清明。"另外，清明还有冷肃之意，《黄帝内经·素问·六元正纪大论》："金发而清明，火发而曛昧，何气使然？"形容早上或傍晚太阳余晖之光。《医宗金鉴·运气要诀·五运郁极乃发歌》："木发毁折金清明，火发曛昧有多少。"注："金发之徵，微者为燥，甚为清明；清明，冷肃也。"

《太平经圣君秘旨》中指出了清明与守一法之间的关系："守一明法，明有正青。青而清明者，少阳之明也。"《太平经合校》也指出："守一明之法，长寿之根也。万神可祖，出光明之门。守一精明之时，若火始生时，急守之勿失。始正赤，终正白，久久正青。洞明绝远复远，还以治一，内无不明也。百病除去，守之无懈，可谓万岁之术也。守一明之法，明有日出之光，日中之明，此第一善得天之寿也。安居闲处，万世无失。"

这些内容，都是谈论精明之光，在我们心意清净清明的状态下，达到身清静、意清静和心清静这三清净，眼、耳、鼻、舌、身都处在清静的状态下产生光中的一种清明。

"始正赤，终正白，久久正青"，这种光开始可能是红色的，但最终五行相替必然成为正白色，再坚持下去就会出现正青色。"洞明绝远弗远"，就能够洞穿，清楚明白，没有距离，可以打破空间的制约，达到极远的地

古清明

方。"还以治一",能够引领我们归到一,指导我们如何持守住一。"内无不明也。百病除去,守之无懈,可谓万岁之术也",这个时候,我们的内境就可以达到没有不被这个明亮照耀之处,而出现清明透彻的状态。百病都能够被清除掉。如果能够守住这个清明状态,毫不松懈,那也就是一个长寿的方法和技术。"守一明之法,明有日出之光,日中之明",明,既指太阳当中的明亮,同样也是形容这个光,也就是我们生命之光的状态。

这两段经文揭示的都是我们性光的清明。通过心的清净和意识的无浊,以及六欲淡化,我私、我执、私心处在一种低阈值的状态之后,所出现的性光之清才能够使我们真正地明!我们要能把握住其中的根本,那么,对于守一法的修持就必定会进入一种理想的境地之中。

三、古清明的天文内涵

(一)天文古籍

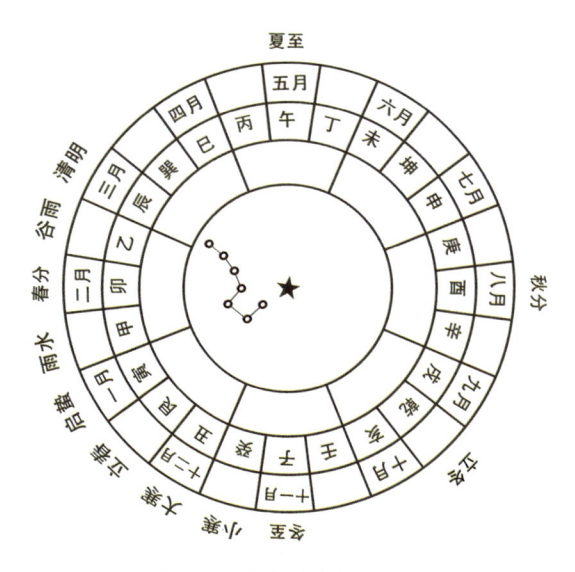

图 6-3 古清明斗柄方位图

《南平县志·纬候表第一》:"谷雨(古清明)日西宫初度。昏中星燿东

增八，偏西一度四十八分，旦中星左旗北增十一，偏东六分。日出卯初二刻十分，日入酉正一刻五分。"

《旧唐书·卷三十三志第十三·历二》："前迟，顺，差行，入冬至，六十日行二十五度。先疾，日益。自入小寒已后，二迟二分，日损日及度各一。大寒初日，五十五日行二十度。自后三日益日及度各一。立春初日平。毕清明（古谷雨），六十日行二十五度。自谷雨（古清明）气别减一气。立夏初日平。毕小满，六十日行二十二度。自入芒种，别益一度。夏至初日平。"

（二）古清明物候

1. 古清明三候

古清明三候，一候萍始生，二候鸣鸠拂其羽，三候戴胜降于桑。

图 6-4　萍始生，鸣鸠拂其羽，戴胜降于桑

一候萍始生：夬卦，九四。《周易·夬卦》："九四，臀无肤，其行次且。牵羊悔亡，闻言不信。《象》：其行次且，位不当也；闻言不信，聪不明也。"《象说卦气七十二候图》："四爻动，卦变为需。上坎为水，互离为丽，丽水而生，故曰萍。离为大腹，妊娠之象，故曰生。"《月令七十二候集解》："萍，水草，与水相平故曰萍，漂流随风，故又曰漂。《历解》：萍，阳物，静以承阳也。"古清明之后，降雨量增多，水洼池塘的水面上，有着小小两片叶子的浮萍就开始产生了。

二候鸣鸠拂其羽：夬卦，九五。《周易·夬卦》："九五，苋陆夬夬，中行无咎。《象》：中行无咎，中未光也。"《象说卦气七十二候图》："兑伏艮为鸟，故曰鸠。五爻动，兑变为震，震为鸣，为拂，为羽。"《月令七十二

古清明

候集解》："鸠，即鹰所化者布谷也。拂，过击也。《本草》云，拂羽飞而翼拍其身，气使然也。盖当三月之时趋农急矣，鸠乃追逐而鸣鼓羽直刺上飞，故俗称布谷。"这里是说，布谷鸟开始伸展翅膀，用自己的嘴梳理翅膀上的羽毛，并且发出叫声，提醒人们进行播种。

三候戴胜降于桑：夬卦，上六。《周易·夬卦》："无号，终有凶。《象》：无号之凶，终不可长也。"《象说卦气七十二候图》："兑伏艮为鸟，故曰戴胜。兑为泽，水性润下，故曰降。兑覆为巽，故曰桑。"《月令七十二候集解》："戴胜，一名戴鵀。《尔雅》注曰，头上有胜毛，此时恒在于桑，盖蚕将生之候矣。言降者，重之若天而下亦，气使之然也。"

戴胜也是一种鸟，有一种类似鸡冠的花冠儿，非常漂亮。古清明时，桑树上开始见到戴胜鸟出现。

2. 古清明花信

《荆楚岁时记》："一候牡丹，二候酴醾，三候楝花。"这是古清明时节的三种花信。

图 6-5　牡丹，酴醾，楝花

牡丹盛开，标志着一年的大好春光已经到了盛装之时，自古以来，文人墨客赋情牡丹者极多，牡丹也是画家笔下的常客。酴醾与楝花虽不及牡丹名气大，但诗人笔下对其开花的时节和特点也有描述。元朝诗人王恽有首《木兰花慢·赋酴醾》："爱雪团娇小，开较晚，尽春融。似麝染沉薰，檀轻粉薄，费尽春工。"北宋诗人王安石的《钟山晚步》则描绘道："小雨轻风落楝花，细红如雪点平沙。"花蕊细红的楝花一落，北半球的万物也就告别了四时之春，进入全力成长的夏季。

·修身篇·

> 谷雨郊园喜弄晴。满林璀璨缀繁星。筠篮新采绛珠倾。
> 樊素扇边歌未发，葛洪炉内药初成。金盘乳酪齿流冰。
> ——宋·曾觌《浣溪沙（樱桃）_谷雨（古清明）郊园喜》

一、古清明修身顺四时

能量卦象对应：夬卦开始生成期

天时能量对应：三月

地支时能量对应：辰时【7～9时】

月度周期律对应：初七日

天象所座星宿：亢宿，角宿

臟腑能量对应：心包

经络能量循环对应：胃经

天地能量主运：火炁礼德能量峰值期

六气能量主气对应：少阴君火

八风能量对应：明庶风

四季五行对应：五行阴阳属性是阳土

五音能量对应：徵音波

人体脊椎对应：第9胸椎 [T9]

色象境对应：丛真

古清明

轮值体元：阳明

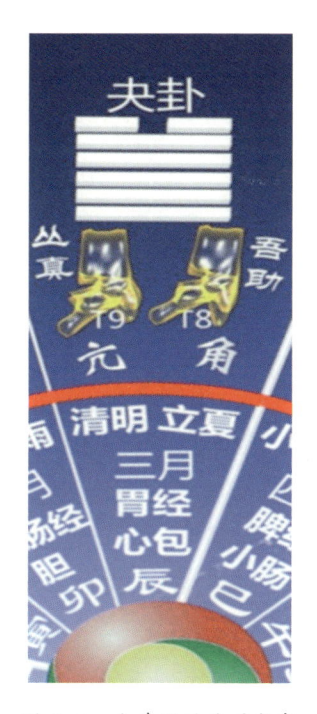

图 6-6　古清明的能量卦象

（一）古清明能量卦象

清明在性命修持"明明德"[1]的过程当中，也是一个非常重要的节气。清明在年度周期律中的地位，所昭示和揭示的是天地自然界一种气运的自然现象，达到清明这样一个状态，生命的治理也就进入了一种全面展开的阶段，拉开了一年四季中的生和长，以及成、收和藏。所以，清明这个时间、空间的定位非常重要，我们应当明确把握住这个定位，鉴别自己的心意是真清明，还是假清明。

在春分和古谷雨期间，我们完成了大壮卦的能量积累；而在古清明到

---

[1] 出自《大学》："大学之道，在明明德，在亲民，在止于至善。"

立夏期间，我们就需要完成夬卦的能量准备。

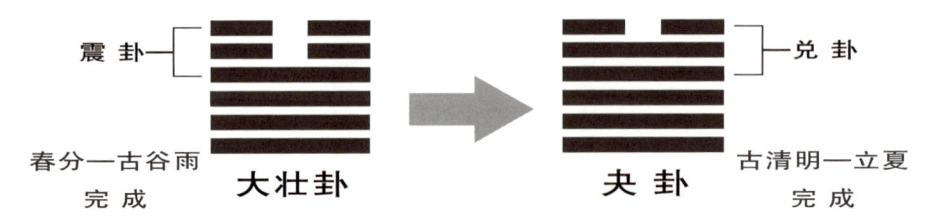

震卦 ─ 大壮卦　→　夬卦 ─ 兑卦
春分—古谷雨 完成　　　　　古清明—立夏 完成

图 6-7　大壮卦与夬卦

夬卦是由上兑下乾共构而成，六爻一体的夬卦，它的卦体结构，是五阳爻一阴爻，五道阳爻在下，一道阴爻在上。对于组成夬卦的内乾卦和外兑卦，我们的把握一定要恰到好处，这样才会在一年当中，真正进入到整体乾卦实现的状态，展开一年的生命活动，建立坚实的基础。

《道枢卷五》："周天之候，通乎昼夜；八卦居中，不速而化。……辰者四，巽者四，此清明（古谷雨）、谷雨（古清明）之刻也。清明（古谷雨）者，其日出于卯之三刻，入于酉之二刻，昼五十有三，夜四十有七，震卦之中元也。谷雨（古清明）者，其日出于甲之四刻，入于辛之四刻，昼五十有五，夜四十有五，震卦之下元也。"

古清明时期，夬卦已经进入了生成期，而且进入了古历三月，这个辰时非常重要。因为卯时沐浴已过，到辰时又要及时重新点火了，也就是每天早上的七点到九点，在月度周期律和年度周期律当中都用到了辰时用火。

古清明节期间开始进入到丛真质象境，而且已经进入到三月这个寐月季春时节，季春也叫残春，表明这个季春即将过完而进入孟夏。

在整体的对应关系当中，我们要从能量学说、质元学说角度来认知清明，那就必须要掌握好，在三月的前半个月，是完成夬卦外卦第二道爻由阴爻变成阳爻的过程，是一个起始过程；而在下半个月，就必定要完成这个连接。如果届时还不能完成能量的连接，或者我们在清明之前的谷雨这些节气修身准备工作不足，那么这个卦象所蕴藏的能量，就不可能像自然界那样完成得那么好。当然，有时候，自然界也会受到人类的影响，其能量的积蓄变化表现得也不十分充分。但是，那并不是天地存在偏私，而是

古清明

由于人类群体行为的干扰，使这一个夬卦的能量难以真正充满大地。

对于夬卦䷪的生成，我们首先要掌握："夬阴以退，阳升而前，洗濯羽翮，振索宿尘。"[1]"夬阴以退"，是指进入夬卦形成时，天地阴阳中的地阴能量已经完全失势，而天阳能量占据了绝对主导地位。"阳升而前，洗濯羽翮"，指天阳能量继续上升没有阻挡地向前发展。天阳能量洗涤沐浴万物，如同鸟类梳理置换羽毛和翎管，羽毛翎管从根至梢推陈出新，全都换新颜，具有飞翔的活力。

一阴五阳，阳升阴退，阳气已盛，鼎内余阴，辰火荡涤，洗濯羽翮，振其宿尘，三月辰数，进阳火候。修身明德实践对于夬卦的认知，应当更细致地掌握夬卦形构的一阴五阳的主体特征。天阳之升占主导地位，而地阴之退是必然趋势。如果身内阴阳与天地阴阳接近同频，那么同样是阳气已经强盛，小腹腔内的地阴能量只是少量的残余；如果能够继续把握好辰月和辰时的进阳火、退阴符的应用，这一部分残阴也就必然被荡涤干净，天阳能量就会像洗涤更换鸟类羽毛和羽翎茎管那样，使陈旧消失而焕发活力，能够振翮高飞，产生突变，实现修身的质变。因此三月辰的度和数，应当把握好及时同步进阳火的火候。

修身明德实践者如果能够理解这一段内容，就会明白进入古历三月以后该怎么把握体内的修身火候实践，而不至于错时乱日，丢失年度周期律的度、数、信。

夬卦的"夬"，也称之为"决"，是坚决、决定的意思。《周易》里面有这样一个说法："夬，决也，刚决柔也"，这基本上是取的外用治事方面的内容。但是，老子解说得更细，那就是"其正察察，其邦夬夬"[2]。"夬"有分决阴阳而阳占主导的意思。在这种能量结构下，如果还过度地执著于正确和错误的分辨，陷在是非当中不能跳出，不能居于"一"来把握世间的事物，对这个"正"耿耿于怀地执著，达到了一种"察察"的状态，那

---

1 《周易参同契》。
2 《德道经·治邦》。

么我们在治理上肯定就有很多的分决纠结状态，这是与"执一以为天下牧"的法则相背离的。

所以，社会常有句俗话，叫做"水至清则无鱼"，同样是指不能追求"其正察察"，一味想达到纯净的状态。是要居"道〇"而用"德一"，明三定二，具有包容心，跳出阴阳看待万事万物。万物就像命运共同体一样，大家都为了命运的改变而走到一起来，就应该相互包容，没有先后，没有高低，没有主次之分，都应当是平等相待，亲切相和，亲如家人，那才是真正命运共同体的表现。不能够用我们偏执的错误行为和局限性的想法，与"一"相背离。应当建设最广泛的统一战线，统一为这个"一"而服务，才能最终真正地实现得一、归一、守一。

在能量卦象上，我们同样需要在一种无为状态下，来正确认识和把握住夬卦能量在体内的启动。修身明德实践的人都有过深切体会，当这个清的性光达到明的状态，出现在眼前的时候，如果坚持"其正察察"，用这个"夬"过分执著，就会"其邦夬夬"，性光很快就会飘忽或消失，并不能维持住性光真正的清明状态。相反，意识之阴与性光之阳之间，如果保留住一点意识之阴，知而不动、随而不摇地与性光同步，性光反而容易稳定不失，并且能够同步性地深入掌握了解色象境内的信息，有助于明明白白地修身。

对于夬卦的修证也是这个月当中正确利用天阳、阳光、礼德、心火，激活我们体内本身生命之光的重要阶段和过程。如果我们不能够把握住这个机会，不能及时将自己的心调清，将自己的意调清，不能使自己的眼、耳、鼻、舌、身、意守住清净，由静而达到清，然后再达到明，错过这个时期，那是非常可惜的。

夬卦生成时，五阳仅一阴，若能无为治，乾阳自生成。

所以，我们进行这一步实践时，在这个时间和空间段的区间内，真正把握住与天同频，与地同升，让自己的心身处在清明的状态，从而进入一种比较深度的清和静的状态，这样会有利于这个光的出现，利于生命质象光的生成。

火运由古谷雨期间的初步发动，到了古清明的时候，已经接近了巅峰。

古清明

在古清明和立夏期间，都是火运的高峰期。把握住这个高峰期，全面激活身内的君火、臣火、民火，提升其能量层级，就有利于促成和开启体内的性光圆明，达到真正清明的状态。

（二）古清明农事与龙事修身

1. 古清明农事

古清明（今谷雨）是春季的最后一个节气。这时，田中新种的作物最需要雨水的滋润，中国东南地区每年的第一场大雨一般出现在这段时间，对水稻栽插和玉米、棉花苗期生长非常有利。但是，此时华南其余地区的降雨却满足不了农作物需求，需要采取灌溉措施，减轻干旱影响。而西北高原山地，仍处于干季，就是典型的"春雨贵如油"了。

华南春季气温较高，还有利于抓早栽插红苕，使红苕能够在伏旱前使藤叶封厢，增强抗旱能力，获得高产稳产。自古以来，棉农把谷雨（古清明）节作为棉花播种指标。农谚说："谷雨（古清明）前，好种棉"，又云："谷雨（古清明）不种花，心头像蟹爬。"古清明也是玉米等作物播种的大好季节，只要气温、地温、墒情等要素适宜，就可以抢晴播种玉米。

古清明时节蔬菜管理也很重要。番茄、黄瓜、大白菜等作物，要浇暗水覆盖地膜，促进缓苗，定植前7～10天要进行低温炼苗，以适应露地的生长。同时要做好对天气变化的应对。如果土地准备不到家，防备措施没有用上，再遇上气温忽高忽低地变化，就很可能发生虫害，出现黄瓜、番茄、丝瓜等长不大的现象。

古清明时节，气温一般偏高，阴雨频繁，会使三麦病虫害发生和流行。在农村就要根据天气变化，做好三麦病虫害防治。

总体而言，要重点加强对灰霉病、晚疫病、病毒病、霜霉病以及蜗牛、蛞蝓、红蜘蛛、蓟马等病虫害的防治，主要措施是做好揭棚通风，减少棚里湿度，摘除病叶、病果，正确喷施农药。

2. 龙事修身

将农事病虫害的情况对应到体内来，我们体内既有三尸九虫之害，也

有意识虫、心识虫、外窍虫之害，这些虫害加在一起，如果不注意，就跟那些刚刚从土里面冒出的嫩芽的命运一样，很可能就被虫害给毁掉。三尸九虫等各类虫害，主要表现在对修身者积蓄能量过程的拦截、盗取、污染、损坏，破坏力较强，需要修身实践者高度重视伏灭它们，才能顺利进行各阶段和各层级的实证提升。

人的生命实际上是非常脆弱的，特别是那些刚有了一点志向进行修身明德实践的人，这点志向刚刚萌芽出来，随即就被自己意识当中的病毒，被外界各种蚕食性的不良语言所破坏，将这个嫩芽迅速啃食光。

在古清明时节，心意身三者越清净，身内越光明，信土、智水、礼火三项越充沛，仁木类的麦与稻或其他作物才会真正茁壮成长。

古清明同样是身内各种质象作物播种的大好季节，但是需要选好"种"，正确分析评估修心炼己的内炁候条件，以及小腹腔内这个地的温度，对丹田内的"墒情"作出正确的评估，各种要素都应当具备相应的质量，而且时机相宜，才能适时播种，并进行身内龙事的跟进性治理。

我们体内在春季的病虫害，容易与内在的三尸九虫结成联盟，与体内的耕种和扶生龙事的"作物"相抗衡，更主要的是对整个生命的健康、智慧、命运发生强大的阻滞和破坏力。所以，对于质象的三尸九虫，物相的病毒、细菌、寄生虫等病虫害的防治工程极其重要，需要对应性地采用相关方法，防治在先，应用在前。在晚春这个季节，不仅要像早春一样高度重视，而且在晚春季节，随着气温的升高，物相的病毒细菌更加活跃，这项工作就显得格外重要。

二、身国内的古清明修身

古清明的身国内修身，需要以土为基础，抓住一火一水。以内雨的生成而清洗身国，使身国五臟六腑获得滋润濡养；水生木，木生火，母强则子孙壮，水足则可以养木而促进心火光明；心火礼的能量充沛，才能真正地照亮内身国，真实不虚地达到心清明、意清明、身清明，内外皆清明！

古清明

（一）内雨生成涤心身

古清明节气中，既要观察天地自然中春雨承载着天德地炁能量灌洗大地、灌溉万物的自然变化现象；同时，更需要人们向身内观注自己体内的生命之水。

通过分析节气期间的自然现象，可以对照分析每一个人在古清明期间体内雨水的情况，不仅可以从其体内生命之水的运作情况，而且还可以从口腔、面部、身体感受等方面，看到每个人内在炁候的异同。每个人自己生命体内的生命之水，无论是物相之水还是质象之水，应当能够真正像天地自然那样进行着最佳的运化，而且是主动的、高质量的运化，而不是被动的、消耗性的低质量运化。因为我们自己体内的水与天地之间的雨水，特别是与春天的春雨具有极其密切的关系，我们生命体内的水同样承载着心与肾的能量，进行内在的灌洗与灌溉，从而实现年度周期律中生命内境的"清明"。

要想清明就需要下雨，"清明时节雨纷纷"，我们自己对体内的物相水和质象水需要用金津玉液，主动给自己进行内在的浇灌，同样进行高频率但又不失阳光的春雨绵绵。同时，还需要将体内生命之水的变化与天地自然中的雨水、雨量逐步增多同步性地把握住，而在体内进行灌溉，从而为自己这一年生命的健康打下坚实的基础。

我们的口腔内有两个窍眼通着心臟，有两个窍眼通着肾臟，体内的肾水化炁能够上来，心里面的心火化液也能够进入到口腔，因此口腔的唾液就是最佳的内雨。内雨生发雨纷纷，能否生成和下咽，洗涤和灌溉我们生命的内境，也就是是否能够达成体内清明的关键。

所以，在这个古清明时节，我们首先要进行身内清明程度的正确评估，真正把握住盘活自己的生命之水，真正使"氵"+"舌"的这个舌下水之"活"带有活力、带有生命的活气，充满肾炁心液能量是其中的关键所在。

（二）阳水与阳土促进心火光明

肝属木，藏仁德能量。心属火，藏礼德能量。木能够产生火，仁亦生礼。而肾属水，藏智德能量。阳水生阳木，明智才能生正仁。然后阳木又产生

心火礼德光明。也可以说，礼德光明源自于阳水智德生阳木，阳土信德载阳木，而且阳水能直接克制阴火，具备这个双重力量，才能使心火礼德光明。

因此，在古清明期间，如何能够顺利使自己的心火礼德发出光明，那首先要看一月份、二月份中的修身准备工作做得如何。如果我们的肝得到了真正的休息，并且吸收天德地炁能量而进入了最佳的状态，同时脾土信德培育深厚，才是具备了在清明期间使自己的心火礼德产生真实光明的先决条件。否则，心火礼德光明必然难以产生，将无法启动心火礼德光明来照亮我们的内境。

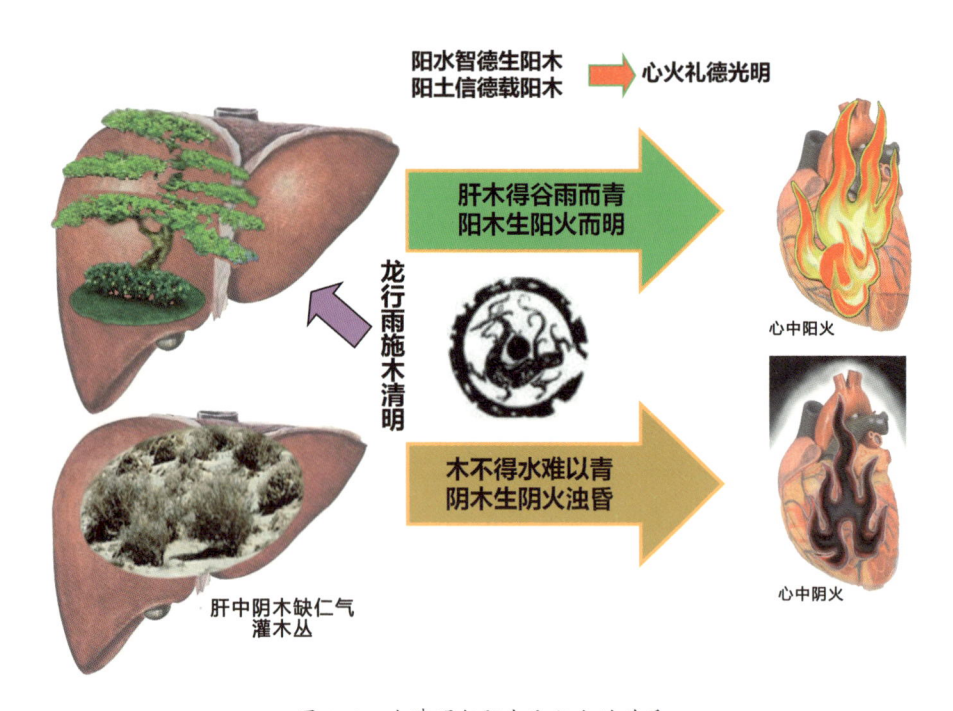

图6-8 古清明与肝木和阳火的关系

龙行，雨施，木清明。木的旺盛生长，必然会产生心火礼德的光明，肝木获得谷雨而青，阳木生阳火而明。对这些五行相生内容的掌握，可以及时地防止肝里面缺少雨水、信土沙漠化的现象发生；而不是像沙漠里面生长的胡杨一样，枯萎了，看不到青绿色了，急于等待天水的浇灌。我们只有建立起厚实的信土，龙行雨施，体内的肝木得到肾水的滋养，才能使木获得茁壮成长。

身国内的龙事治理，落实于"龙"，需要重视的是对本体木的肝进行全方位的治理扶生。这个龙集约着本体的肝木、下丹田种麦、中丹田种稻这些草本之木的全部信息。只有本体的肝木旺盛健康，能量富足充沛，才能调集多余的能量进行两个丹田内麦与稻等等"草本植物"的耕种，从而使身内的绿色生机盎然，春色满园。身中的满园春色生成，以及进入夏时的茁壮成长，全都依靠着我们对信德土的良好治理，使土地肥沃而加以承载一切绿色肝木植物，并且具有充足的智德肾水及时足量地灌溉促生，以及充足明媚的礼德阳火的阳光朗照。这三大基础条件，都是春季修身、摄生、养生中，需要全面整体掌握与符合自然法则地展开应用的。

· 治事养生篇 ·

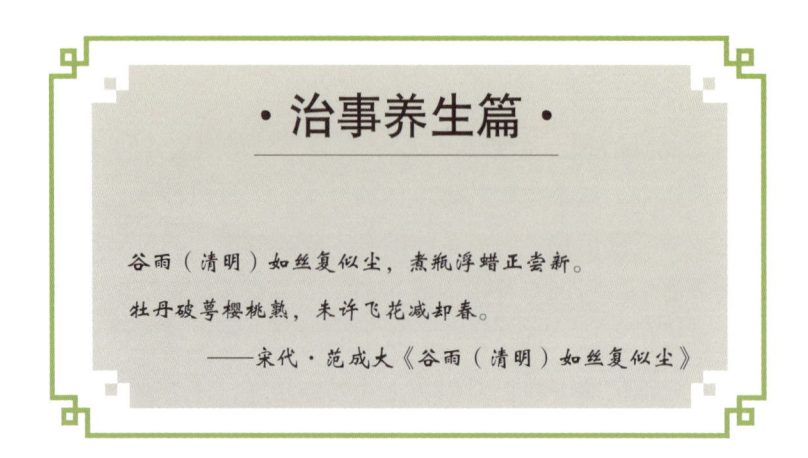

谷雨（清明）如丝复似尘，煮瓶浮蜡正尝新。
牡丹破萼樱桃熟，未许飞花减却春。
——宋代·范成大《谷雨（清明）如丝复似尘》

一、古清明运气与治事

图 6-9　明代唐寅《后溪图》

（一）运气古籍

在古清明和立夏期间这个火运的高峰期，顺四时之度，把握其中的度、

古清明

数、信而实践，则有利于促成和开启以及稳定巩固体内的性光圆明，达到真正清明的状态。

《三命通会·论十干坐支兼得月时及行运吉凶》：

"二月见木，败处逢生，木秀火明，文章富贵人也，但不宜有水，盖湿木不生无陷火也。谷雨（古清明）以后生者，微水无凶，盖土司时、木主令，化凶为吉也。兖、青、徐、扬（地名区域）生者富贵何疑。"

这段论述讲的是出生的时间之数、空间之度，以及地理之位，对生命成长的影响力与作用性，分析的工具同样是五行与五德的质象能量状态。木秀火明，木炁阳旺，木所产生的火也就光明。"不宜有水"，是指阴水不能过旺，阴水滋生阴木，阴水又能克制阳火，故用湿木不生焰火比喻。但是在时间的数和空间的度上，在古清明以后，由于天道在冬时输布过的水炁智德能量，此时已经进入"微水"的能量低浓度期，水克火的形格不会产生，也就无凶险存在。而且古清明以后，五运中是土炁信德能量司时，而木炁仁德能量主令。阳土能克制阴水，木则不湿，阳木生阳火则是木秀火明。如果直接将今谷雨恢复为古清明的形名，也就容易解析今谷雨之雨水对生命的作用力，并不是"化凶为吉"，而是在五运形格中本来就是吉象能量场态。古清明以后在中州地域出生的人，由于在地利上占据着中央土的地域，又恰逢天道土炁司时而木炁能量主令，这样的人一生的富贵吉祥也就占得了天时和地利的优势。

"土与金，正月同论，但辰月土差旺耳。夏令之火，阳气之极，草木为之焦枯，江河为之枯涸。晴则流金烁石，真阳尽泄；雨则水济其威，方得中和，反应荫庇发福。

二、三月之水，浩无边际，见土则有堤防，昼则富贵，夜则流移，生于谷雨（古清明）后者，或主淫邪痹瘘之疾，盖土浑水浊故也。

见火则水火相刑，灾讼不免。遇金生水，泛滥无情。

徐、扬人干支得土者，无咎。见木泄之，能施惠及人。

兖、青人生于二月中旬者，木炁正旺，盗其元神，则生风怯之疾。得金助之，无患。"

以人为对象，以出生的月日为坐标，用天时、地利、人和三个系统，

进行综合分析和五行分论,进行细致的推论,这对灵活而全面地掌握五运六炁(气)能量对人类生物链、植物生物链、动物生物链的作用力,是一种基本性的分析指导,修身养生爱好者,应当有所掌握。

(二)古清明全息兆象

《逸周书·时训解第五十二》:"萍不生,阴气愤盈。鸣鸠不拂其羽,国不治;戴胜不降于桑,政教不中。"

如果清明时浮萍不生,或是延缓了生的时间,就是天地间的阴气过盛,阴气能量就可能充满我们的体内或者周围,影响健康和命运。斑鸠如果不应时梳理羽毛,反映的是五运能量场输布存在障碍,国家的治理也有可能出现困难重重的现象。戴胜鸟如果这个时候还不飞来降于桑树枝头,异常能量场的对应是政令教化,受这种能量作用力的影响或者制约,政令教化的努力就可能会落空。

《田家五行》:"清明(古谷雨)日喜晴,恶雨。谷雨(古清明)前一两朝霜,主大旱。谷雨(古清明)日雨,则鱼生,必主多雨,二麦红烂,不可食用。三月内有暴水,谓之桃花水。有则多梅雨,无则亦无,有雪不消,则九月霜不降。"

(三)古清明治事

古清明的法天治事当中,古人是用清明的月令时政这个法则来进行表达的。古代崇尚的是天人合一,政治清明,吏治清明,政通人和,万民和乐,与天地自然共和谐,治理生态化。

清明时节的法天治事中,同样要高度遵守"顺四时之度,定立靜而民不有疾。处外内之立,应动靜之化,则事得于内,而得举得于外。八正不失,则与天地总矣"的规律。"八正不失",是指法天、重地、春夏秋冬、动静、内外,这八个方面都能把握且顺应,效法大道"天定二以建八正,则四时有度,动静有立,而外内有处"的规律,进行治世和治事。

古人治国的政令法则,高度重视天时地利人和,遵循古代圣王所传递下来的法制,国家会将三月月令的天运政治布告于天下,顺应当月天时五

古清明

运六炁（气）能量规律制定政令，教化百姓顺时修身养生；并且官方还会根据五运五音制定相对应的礼乐，对民众进行教化；同时还会告诫治国者和各层级的官吏，违背符合天时的政令会导致怎样的后果。这些思想在《礼记·月令》中亦有相关的记载。

孟春（一月）之月政令："命相布德和令，行庆施惠，下及兆民。庆赐遂行，毋有不当。"

仲春之月（二月）政令："安萌芽，养幼少，存诸孤。择元日，命民社。命有司省囹圄，去桎梏，毋肆掠，止狱讼。"省囹圄，指的是要减轻刑罚，减少关押犯人。去桎梏，指的是要减少刑讯。

季春之月（三月）政令："天子布德行惠，命有司发仓廪，赐贫穷，振乏绝。开府库，出币帛，周天下。勉诸侯，聘名士，礼贤者"，"命司空曰：时雨将降，下水上腾。循行国邑，周视原野，修利堤防，道达沟渎，开通道路，毋有障塞"。这一段中提到了要疏沟修堤，通路除塞，以预防灾害。

《礼记·月令》："是月也，生气方盛，阳气发泄，句者毕出，萌者尽达。是月也，命工师令百工审五库之量：金铁，皮革筋，角齿，羽箭干，脂胶丹漆，毋或不良。百工咸理，监工日号；毋悖于时，毋或作为淫巧以荡上心。是月之末，择吉日，大合乐，天子乃率三公、九卿、诸侯、大夫亲往视之。是月也，乃合累牛腾马，游牝于牧。牺牲驹犊，举书其数。命国傩，九门磔攘，以毕春气。"

这些明细的规定，在古代的典籍当中都有记录，需要我们去粗取精，将其中的优秀成分提取出来，正确把握住顺天应人，治人事天。我们从这些古代的史籍和典籍记录当中，可以窥见其中一些原始的状态。

我们的治理理念，就是要尊重自然规律，这是人们修身治事必须遵守的基本法则。

从历史记录当中，可以学会掌握如何认识四时之度中的度、数、信的规律性，立正信，启明智，把握住自己生命的治理以及家庭、事业的治理，甚至是对治世、治国的方略生成正善治的意见，不离黄老道德根文化"修身治世"的法则。

二、古清明的正善治养生

古清明外界气温逐渐升高，人体内火炁也越来越旺，因为火旺伤金，很多人容易上火，呼吸系统疾病也容易多发。同时，因为阴金、阴义所导致的错误行为也同样容易产生，所以这一期间容易出现犯罪率莫名升高的现象。因此，进入这一时间段以后，人们应当注意调适心神，避免生闷气，不要发怒火，也不要憋屈和忧愁焦虑，而是要用感恩心对待一切，退一步海阔天空，使自己体内处在一种祥和的"中气以为和"的状态，以利于内臟的健康。

清明后降雨增多，空气湿度加大，养生中就需要遵循自然节气的变化规律，根据气候特点进行针对性调养。

（一）身识养生

1. 早睡早起

古清明时节阳气日长，阴气日消，要早睡早起，通过早起接受太阳照射"吸收阳气"，让身体在冬天时所累积的寒湿之气透过春夏阳光和热量发散掉，以使筋骨强健。如果睡7个小时就足够的人，正常早起时间应在早上4时至6时；如果须睡足8小时的人，正常早起时间应在5时至7时，早上起床后应当进行一些户外运动，使身体机能顺畅运转。

2. 晨动养阳

早晨是采纳自然之气的好时机。朝阳初露时，阳光礼火之炁最温和，宜于室外活动，运动至微汗，比如进行太极修身、梅花韵拍操、经络韵拍等传统道德文化的运动，达到"除湿"目的即可，但不要过度出汗，以免阳气过多外泄。另外，踏青春游也能疏散郁滞，提高心肺功能，增强体质。

3. 防止湿邪侵入

古清明时节，如果人体内肾水炁化供应不及时，"雨水"不足，体内阴水就会过重；若逢自然界的阴雨过度，导致湿邪侵入人体，心中微弱的光亮就容易被体内的阴水浇灭，出现胸闷脘痞、小便短涩、大便不爽、腹泻、尿少、水肿、腹水等现象，或出现头晕昏沉、身体困重、关节疼痛等征象。

防止湿邪侵入人体，一是不要久居潮湿之地，尽量不要到外面潮湿的地方劳作；二是湿气大、阴雨天时不要常开窗，但也要保证通风；三是不要穿不干的衣服；四是潮湿往往与"寒"一起来，要注意保暖，不要着凉，也不要吃太寒凉的食物，多吃健脾胃、去湿食物，适当温补，让湿气随大小便外排；五是天气好时要多外出晒太阳，适当运动。

4. 按摩太冲穴与行间穴

行间穴位于大脚趾和二脚趾缝上，是一个泄心火的穴位。

太冲穴位于大脚趾缝往脚背上 4 厘米处，是肝经的原穴和腧穴，是肝经的火穴。

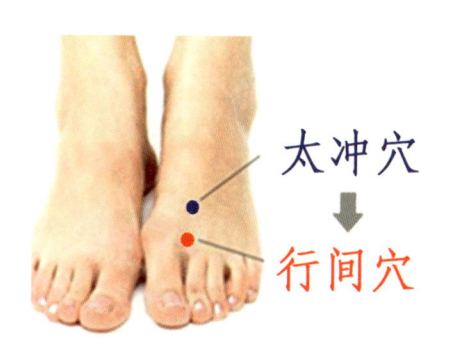

图 6-10 太冲穴与行间穴

通过按揉"太冲穴"，可以把人体肝部郁结的邪气病气最大限度地排泄出去。从"太冲穴"向"行间穴"方向的推揉，有助于将肝火所产生的浊风、病风，通过足趾间的八邪穴位排泄出去。自我诊断的时候，当用适度的力从太冲穴推向行间穴时出现明显的疼痛、酸胀等不适，或触及沙粒状结块时，说明体内心火偏重；再往上推，若出现同样症状时，说明体内肝火有些偏重了。

改善与清理的操作方法，可以在穴位处涂抹适量皮肤润滑剂，用专用工具或者拇指指腹，以及指关节背节，从上面的太冲穴往下面的行间穴方向推，可以边诵读经典边推，使心和肝积郁的阴火都及时排泄出体。

通过这种按摩方法进行自我养生调节，可能比吃药的效果来得更快。左脚和右脚交替，反复按摩，大约坚持一个星期左右就能调整好身体状态。

自己按压诊断时没有任何酸胀和疼痛的反应和感觉了，就表明实现了顺应四时之度进行自我调节的目的和效用。当然，这种按摩只是把体内的瘀滞排出去，要想主动获得良好的能量，那还是要坚持不辍地进行经典诵读和太极修身，主动去与天阳接通，吸收正阳的能量，补充自己的心阳，并且维护自己肝脏的能量，使自己始终保持一种能量充沛的状态。

5. 灵剑子导引法

三月：左右作开弓势，去胸胁膈聚积风气、脾脏诸气。去来用力为之，凡十四遍。闭口，使心随气到以散之。

6. 陈希夷二十四气导引坐功图势——古清明

图 6-11　古清明坐功图势

运：少阴二气。

时：手太阳小肠寒水。

坐功：每日丑、寅时，平坐，换手左右举托，移臂左右掩乳各五七度，

古清明

叩齿，吐纳，漱咽。

即：每天凌晨 1~5 时之间，自然盘坐，右手上举托天，指尖朝左；左臂弯曲成直角，前臂平举在胸前，五指自然弯曲，手心朝胸，同时头向左转，目视左前方。然后左右交换，动作相同，各 35 次。然后，叩齿、咽津、吐纳而收功。

主治：脾胃结瘕瘀血，目黄、鼻衄蚵、颊肿、颔肿、肘臂外后廉肿痛、臀外痛、掌中热。

（二）口识养生

1. 古清明宜食

古清明前后 15 天及清明的最后 3 天中，脾胃之土处于旺盛时期，而且五运属火，火生土，有利于及时跟进培补脾胃的信德，补充脾胃的正能量，所以我们应当顺时而动，调补自己的脾胃。应适时进食补血气的食物，但不能像冬天一样大补。重点是多食用健脾祛湿的食物，包括赤豆、黑豆、薏仁、山药、豆芽等，也可进食玫瑰花、佛手、陈皮、白术等。

暮春饮食调养，还要注意以素净而清淡为宜，不宜吃大辛大热、油炸和肥甘厚腻之品。可以适量喝姜汤，多吃芹菜、苋菜等时令蔬菜，以及蘑菇和黑木耳等有利于增强免疫力的食品。可饮用绿豆汤、赤豆汤、酸梅汤以及绿茶，防止体内积热。不宜进食羊肉、狗肉、麻辣火锅以及辣椒、花椒、胡椒等大辛大热之品，以防邪热化火，诱发疮痈疖肿等疾病。

图 6-12 芹菜

多吃减压谷类食物：古清明前后，适宜食用一些能缓解精神压力和调节情绪的谷类食物，谷类食物中富含 B 族维生素，对改善抑郁症有明显效果。

少吃多餐，停食刺激食品：古清明时节是胃病的易发期，消除病因要戒烟戒酒，不暴饮暴食，防止饥饿无度，少吃多餐，并停止食用对胃有刺激的食品和药物等。

黄豆芽补维生素：黄豆芽是延年益寿头号食物。春天，人容易患"烂嘴角"病，其原因是缺乏维生素 B2 和维生素 C 而造成的，多吃些黄豆芽就可以帮助消除这一症状。这是因为，黄豆在发芽的过程中，一方面，其中容易影响其营养成分的吸收与利用的胰蛋白酶抑制剂大部分被破坏；另一方面，大豆含有的蛋白质还被分解为可溶性的肽与氨基酸，使豆芽味道鲜美，而且蛋白质的利用率比黄豆至少提高了 10%。黄豆芽中还含有一种干扰素诱生剂，能诱生干扰病毒代谢的干扰素，帮助人们增强免疫力。

2. 养生食谱

海带银耳羹：

食材：海带 50 克，银耳 20 克，冰糖适量。

做法：将海带洗净切碎，银耳泡发后与海带一起加水用文火煨成稠羹，加冰糖适量。1 日内服完，可常服。

图 6-13　冰糖

功效：疏肝，补脾肾。

玉米须大枣黑豆粥：

食材：玉米须 60 克，大枣 30 克，黑豆 30 克，胡萝卜 90 克。

做法：水煮玉米须半小时，去须，用其水煮大枣、黑豆、胡萝卜（洗净切块），豆烂即止。

功效：健脾益肾，利湿。

清炒苋菜：

食材：苋菜 500 克，食用油、盐适量，酱油少许。

做法：将食用油放入锅内烧热，入苋菜，旺火炒片刻，再加盐、酱油文火煨熟。

功效：清淡凉爽，通利二便，适宜燥热便秘患者食用。

三、古清明治事养生宜忌

《养生仁术》曰："谷雨（古清明）日采茶炒藏，能治痰嗽及疗百病。"

古清明

《万花谷》曰："是月二十日，天仓开日，宜入山修道。"

《万花谷》曰："二十七日沐浴，令人神气清爽。"

《齐人月令》曰："是月上辰日，采枸杞，四月上巳日服之。松花酒：取糯米淘极净，每米一斗，以神曲五两和匀，取松花一升，细碎蒸之，绢袋盛，以酒一升，浸五日，即堪服。任意服之。"

《风土记》："是月十六日，廿七日，忌远行，水陆不吉。"

四、古清明采药与制药

（一）采药

1. 松脂

《千金方》："是月入大山，背阴不见日月松脂，采炼而饵之。百日，耐寒暑，补益五脏。"

2. 石花

《本草纲目》："恭曰：味甘，温，无毒。主腰脚风冷，渍酒服，与殷同功。一名乳花。生乳穴堂中，乳水滴石上，散如霜雪者。三月、九月采之。"

3. 空青

《名医别录》曰："空青生益州山谷，及越山有铜处。铜精熏则生空青，其腹中空。三月中采，亦无时。能化铜铁铅锡作金。"

4. 凝水石

《别录》曰："凝水石，色如云母可析者，盐之精也。生常山山谷、中水县及邯郸。"

《本草纲目》："颂曰：今河东汾、隰州及德顺军亦有之，三月采。"

5. 沙参

《名医别录》曰："沙参，生河内川谷及冤句般阳续山，二月、八月采根，曝干。又名：羊乳，一名地黄，三月采，立夏后母死。"

6. 肉苁蓉

《本草纲目》："保升曰：出肃州福禄县沙中。三月、四月掘根，长尺余，

切取中央好者三四寸，绳穿阴干，八月始好，皮有松子鳞甲。其草苁蓉，四月中旬采，长五、六寸至一尺以来，茎圆紫色。"

《本草纲目》："颂曰：今陕西州郡多有之，然不及西羌界中来者，肉浓而力紧。旧说是野马遗沥所生，今西人云大木间及土堑垣中多生，乃知自有种类尔。或疑其初生于马沥，后乃滋殖，如茜根生于人血之类是也。五月采取，恐老不堪，故多三月采之。"

7. 黄精

《本草纲目》："颂曰：羊公服黄精法：二月、三月采根，入地八九寸为上。细切一石，以水二石五斗，煮去苦味，漉出，囊中压取汁，澄清再煎，如膏乃止。以炒黑黄豆末，相和得所，捏作饼子，如钱大。初服二枚，日益之。亦可焙干筛末，水服。"

8. 赤箭

《别录》曰："赤箭生陈仓川谷、雍州及太山少室。三月、四月、八月采根，曝干。"

9. 贯众

《名医别录》曰："贯众生玄山山谷及冤句少室山。二月、八月采根，阴干。"

《本草纲目》："普曰：叶青黄色，两两相对，茎有黑毛，丛生，冬夏不死。四月花白，七月实黑，聚相连卷旁生。三月、八月采根，五月采叶。"

10. 荠菜

荠菜，又名护生草、鸡心菜、净肠草，药食同用，在野地里或者农家庭院中随处可见。"三月三，荠菜煮鸡蛋"，这是古人用荠菜预防春瘟习俗的遗留；现在民间有些地方，在荠菜花盛开之时，人们还会采摘荠菜花佩戴，以驱瘟祛疾。

图 6-14 荠菜

在中药里，荠菜的药用价值非常广泛，荠菜的根、花、籽均能入药，被誉为"菜中甘草"。常吃荠菜，对防治高血压、软骨病、麻疹、皮肤角化、呼吸系统感染、前列腺炎、泌尿系

古清明

统感染等均有较好的效果。如荠菜籽能明目；取荠菜根、车前草各 50 克水煎服，可用于治疗肾炎水肿；取荠菜花 15 ~ 30 克，当归 10 克水煎服，可防治产后流血、妇女血尿等。荠菜的食用方法非常多，无论凉拌热炒、做馅做汤，均美味可口。

（二）制药

1. 何首乌与赤白益寿

《齐人月令》："采何首乌，赤白各半，米泔水浸一宿，同黑豆饭锅上蒸熟，晒干，去豆为末，或加茯苓三分之一，炼蜜为丸，酒下一二钱。百日后，百疾皆除，长年益寿、多子。忌食猪肉、鱼鳖、萝卜。何首乌内，有生如鸟兽并山石形象，极大者，乃珍品也，服之成仙。"

2. 神仙真药

《居家必用》："三月四月中，采山谷内新长柏叶、松针、或花蕊，长三四寸枝，阴干，细捣为末，炼蜜为丸，如小豆大。常于月之朔望清晨，烧香东向持药入十一丸，咒曰：神仙真药，体全自然，服药入腹，益寿延年。盐汤或酒下。服讫，忌食五辛。若要长肌肉，加大麻、巨胜。要心力健壮，加人参、茯苓。用七月七日露水和丸，尤佳。"

3. 百合根与山药作面食

《真诰》："是月取百合根晒干，捣为面服，能益人。取山药去黑皮，焙干，作面食，大补虚弱，健脾开胃。"

4. 白扁豆止泻理胃

《古今医统大全》："谷雨（古清明）前取水浸豆，将发芽下土种之。白者良，煮食止泻理胃。其花煎汤服，解宿醒，或者半夜惊醒。其荚半嫩摘下，以线穿过，通风处阴干，勿日晒，其色不改，冬月煮熟如鲜。"

5. 益阴散

黄芩　黄连　黄蘗　俱用蜜水浸过，慢火炙干；芍药各一两　人参　白术　干姜炮，各三钱　炙甘草二钱　谷雨茶香油炒，一两二钱。

右为细末，红米饭丸，饮汤下三四钱。

主治阳浮阴翳，咯血衄血。

·民俗篇·

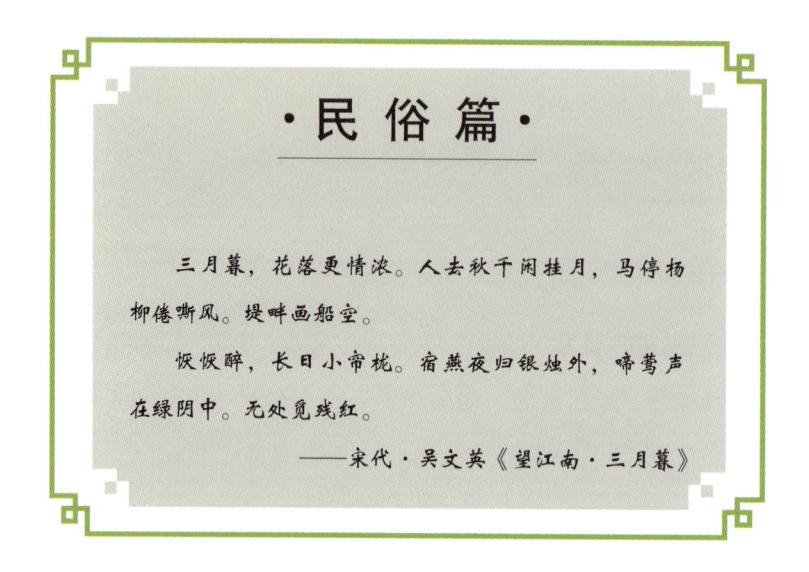

三月暮,花落更情浓。人去秋千闲挂月,马停杨柳倦嘶风。堤畔画船空。

恹恹醉,长日小帘栊。宿燕夜归银烛外,啼莺声在绿阴中。无处觅残红。

——宋代·吴文英《望江南·三月暮》

一、古清明的民俗文化

(一)感恩祭祀

古清明祭祀仓颉:

仓颉是中国历史文化中的"造字圣人"。《帝王世纪》曰:"黄帝……其史仓颉,又取像鸟迹,始作文字,史官之作,盖自此始。记其言行,册而藏之,名曰书契。"适逢每年农历古清明,在陕西白水县史官乡武庄村仓颉庙都会举行隆重典礼,公祭中华文字始祖仓颉。仓颉是轩辕黄帝的记事史官,被尊称为"仓圣"。

传说中的仓颉长有四目,《春秋演孔图》记载:"仓颉四目,是谓并明。"王充《论衡·骨相篇》云:"仓颉四目。"实际上,这是对仓颉具有慧观能力的象喻性描写,他能够通天彻地,能够观察物相境和色象境,并且在内文明的慧观中发明了古老的象形文,结束了远古结绳记事的历史,开创了外文明传世的时代。

古清明

《外记》云："颉有圣德，生而能书。及长，登阳虚之山，临于元扈之水，灵龟负图出于水中，仓帝受之，遂究天地之变，仰观奎星园曲之势，俯察龟文鸟迹山川之灵，指掌而创文字，造为六书。书成龙藏鬼哭，以有文字恐人书之故也。天为雨粟雨金，以其浅天地之秘也。"《河图玉版》曰："仓颉为帝，南巡狩，登阳虚之山，临于元扈洛汭之水，灵龟负书，丹甲青文，以授之。"《策海·大书》记载亦大致相同。《书断》云："古文者，黄帝史仓颉所造也。颉首四目，通于神明。仰观奎星圜曲之势，俯察龟文鸟迹之像，博采众美，合而为字。"这些记载中也是说仓颉头上的四只眼睛可以看见神明。他仰可见奎星圜曲之形状，俯可观龟壳之纹理及飞禽走兽之足迹，广泛收集世间众多美丽的图象，综合而成文字，被后人称作"上古文字"。

关于仓颉如何造文的故事，可以参阅相关典籍，了解历史记载，综合分析，从多角度了解文与字的生成和演变。传说仓颉在陕西省商州市洛南县阳虚山创造了28个文字。

战国和汉初都称仓颉造书，而不称造字。《荀子·解蔽篇》曰："好书者众矣，而仓颉独传者，壹也。"《韩非子·五蠹》曰："古者仓颉之作书也，自环者谓之私，背私谓之公。"《吕氏春秋》曰："史皇书，仓颉氏也。"同书《君守篇》曰："奚仲作车，仓颉作书。"

《淮南子·本经训》曰："昔者仓颉作书，而天雨粟，鬼夜哭。"同书《泰族训》曰："仓颉之初作书，以辩治百官，领理万事，愚者得以不忘，智者得以志远；至其衰也，为奸刻伪书，以

图6-15 仓颉造字石碑

解有罪，以杀不辜。"其他如《孝经援神契》、《论衡》等亦云造书。

《说文解字序》云："仓颉之初作书，盖依类象形，故谓之文；其后形声相益，即谓之字。"正是因为自他开始，才有了慧识的文，然后再演变到智识的字，最后发展到现在意识时期的简体字。这个过程中，仓圣首功不可没，要感恩他的发明创造，为后人创造了一个记载历史的最好工具。

现如今仓颉依旧是人们顶礼膜拜的文圣人，民间至今还有很多地方继续祭祀仓颉。作为修身明德者，更要进行感恩祭祀，缅怀祖圣创造的方便，使后人能顺利进入修身明德之门，进行古代文明文化的继承和实践。修身明德实践者更应当重视对仓颉之文的学习研究，因为依类象形的图文，是启迪图文思维能力的工具，是想象力培养训练的引导。智者得以远志，其志的高远就在有益于开启慧识之门。

古清明祭祀蚕桑：

古清明时节，农事祭祀蚕桑是国家的重要活动。有关蚕桑生产的风俗习惯，反映了对蚕桑丰收的祈祷和丰收后的庆贺，也是关系着蚕桑生产的人际关系的社会活动。《通典》卷四十六记载："周制，仲春，天官内宰诏后帅外内命妇，始蚕於北郊，以为祭服。天子、诸侯必有公桑蚕室，近川而为之。筑宫仞有三尺，棘墙而外闭之。后妃斋戒，享先蚕而躬桑，以劝蚕事。"又云："北齐……每岁季春，谷雨（古清明）后吉日，使公卿以一太牢祠先蚕黄帝轩辕氏于坛上，无配，如祀先农。礼讫，皇后因亲桑于坛。备法驾，服鞠衣，乘重翟，帅六宫升桑坛东陛，即御座。女尚书执筐，女主衣执钩，立坛下。皇后降自东陛，

古清明

执筐者处右,执钩者居左,蚕母在后。乃躬桑三条,讫,升坛即御座。内命妇以次就桑,服鞠衣者采五条,展衣者七条,褖衣者九条,以授蚕母。还蚕室,切之,授世妇,洒一簿。凡应桑者并复本位。后乃降坛,还便殿,设劳酒,颁赉而还。"

蚕桑的祭祀,在古代是一直延续使用的。在近代民间,有些地域也同样还在使用,特别是种桑养蚕的地方,还保留着这种风俗习惯。

古清明祭海祈福:

旧时沿海渔村皆有海神庙或娘娘庙,古清明时节祭祀时刻一到,渔民们抬着供品到海神庙、娘娘庙前摆供祭祀,或将供品抬至海边,敲锣打鼓,燃放鞭炮,面海祭祀,祈祷海神护佑,出海平安,满载而归。

祭海祈福的风俗延续至今,东南沿海,包括黄海、南海这些沿海地区,要开始出海打渔,首先就要祭海,求取一年的福报,以顺利完成一年的生

图 6-16 清代章声《折枝花卉图》

计,这就是古清明祭海的风俗。青海的"田横祭海节",至今已有五百多年的历史,是中国北方规模最大的祭海节。

(二)民俗活动

古清明赏牡丹花:

"争开魏紫并姚黄,株株国色天香。簇花名贵韵飞扬,溢彩流光。池上芙蕖情少,庭前芍药输芳。千年鹿韭洛阳妆,举世无双。"二十四番花信风中,牡丹开花较晚。牡丹也被称为富贵花,在此时节盛开。古清明时节赏牡丹已有千年历史,山东菏泽、河南洛阳、四川彭州,至今仍然在古清明时节举行牡丹花会。

走谷雨(古清明):

古时我国一些地方有"走谷雨(古清明)"的风俗,谷雨(古清明)这天,青年妇女有的走村串亲,有的到野外走一圈就回来,寓意与自然相融合,强身健体。

喝谷雨(古清明)茶:

南方在谷雨(古清明)有摘茶习俗,传说谷雨(古清明)这天的茶喝了能清火、辟邪、明目等,所以,谷雨(古清明)这天,不管是什么天气,人们都会去茶山摘一些新茶回来品尝。

图 6-17 茶园

古清明

二、古清明农谚

与天象气候有关的：

过了谷雨（古清明），不怕风雨。

谷雨（古清明）阴沉沉，立夏雨淋淋。

谷雨（古清明）下雨，四十五日无干土。

谷雨（古清明）有雨兆雨多，谷雨（古清明）无雨水来迟。

与人事物候有关的：

谷雨（古清明）天，忙种烟。

谷雨（古清明）过三天，园里看牡丹。

谷雨（古清明），鸟儿做母。

谷雨（古清明）前后，种瓜点豆。

谷雨（古清明）麦怀胎，立夏长胡须。

谷雨（古清明）麦挑旗，立夏麦头齐。

谷雨（古清明）栽上红薯秧，一棵能收一大筐。

棉花种在谷雨（古清明）前，开得利索苗儿全。

谷雨（古清明）高粱清明花，立夏谷子小满薯。

谷雨（古清明）前种高山，过了谷雨（古清明）种平川。

附录：

古清明古籍参考

（一）古清明治事

《吕氏春秋·季春纪·三月纪》："季春之月，日在胃，昏七星中，旦牵牛中，其日甲乙，其帝太皞，其神句芒，其虫鳞，其音角，律中姑洗，其数八，其味酸，其臭膻，其祀户，祭先脾。桐始华，田鼠化为鴽，虹始见，萍始生。天子居青阳右个，乘鸾辂，驾苍龙，载青旗，衣青衣，服青玉，食麦与羊，其器疏以达。

是月也，天子乃荐鞠衣于先帝，命舟牧覆舟，五覆五反，乃告舟备具于天子焉。天子焉始乘舟。荐鲔于寝庙，乃为麦祈实。

是月也，生气方盛，阳气发泄，生者毕出，萌者尽达，不可以内。天子布德行惠，命有司发仓廪，赐贫穷，振乏绝，开府库，出币帛，周天下，勉诸侯，聘名士，礼贤者。

是月也，命司空曰："时雨将降，下水上腾，循行国邑，周视原野，修利堤防，导达沟渎，开通道路，无有障塞；田猎罼弋，罝罘罗网，喂兽之药，无出九门。"

是月也，命野虞无伐桑柘。鸣鸠拂其羽，戴胜降于桑，具栚曲篆筐。后妃斋戒，亲东乡躬桑。禁妇女无观，省妇使，劝蚕事。蚕事既登，分茧称丝效功，以共郊庙之服，无有敢堕。

是月也，命工师令百工审五库之量，金铁、皮革筋、角齿、羽箭干、脂胶丹漆，无或不良。百工咸理，监工日号，无悖于时，无或作为淫巧，以荡上心。

是月之末，择吉日，大合乐，天子乃率三公、九卿、诸侯、大夫，亲往视之。

是月也，乃合累牛、腾马、游牝于牧。牺牲驹犊，举书其数。国人傩，九门磔禳，以毕春气。

行之是令，而甘雨至三旬。季春行冬令，则寒气时发，草木皆肃，国有大恐；行夏令，则民多疾疫，时雨不降，山陵不收；行秋令，则天多沈阴，淫雨早降，兵革并起。"

（二）三月事宜

《乐志》曰："三月建辰，辰者，震也，言时物动长也。"

《纂要》曰："三月蚕月，为末春。"

《玄枢经》曰："是月天道北行，作事出行宜向北方，吉。"

《千金月令》曰："三月采艾为人，以挂户上，备一岁之灸。"

《云笈七签》曰："春正二月，宜夜卧早起，三月宜早卧早起。"

《琐碎录》曰："是月羊粪烧灰存性，和轻粉、麻油，可搽恶疮。"

古清明

《酉阳杂俎》曰:"三月心星见辰,出火,禁烟插柳谓厌此耳。寒食有内伤之虞,故令人作秋千蹴踘之戏以动荡之。"

《家塾事亲》曰:"是月采桃花未开者,阴干,百日,与赤桑椹等分,捣和腊月猪脂,涂秃疮,神效。"

《万花谷》曰:"春尽,采松花和白糖或蜜作饼,不惟香味清甘,自有所益于人。"

(三)三月事忌

《遵生八笺》:"季春之月,不宜用卯日卯时作事,犯月建,不吉。"

《云笈七签》曰:"是月勿久处湿地,必招邪毒。勿大汗,勿裸露三光下,以招不祥。勿发汗以养臟气。勿食陈葅,令人发疮毒热病。勿食驴马肉,勿食獐鹿肉,令人神魂不安。勿食韭。"

《月令忌》曰:"勿食血并脾,季月土旺在脾,恐死气投入故耳。"

《百一歌》曰:"勿食鱼鳖,令人饮食不化,神魂恍惚,发宿疾。"

《本草》曰:"勿食生葵,勿食羊脯。三月以后有虫如马尾,毒能杀人。孙真人曰:是月勿杀生以顺天道。勿食百草心、黄花菜。"

《千金方》曰:"勿食鸟兽五臟,勿食小蒜,勿饮深泉。"

《法天生意》曰:"勿食鸡子,终身昏乱。又曰:勿食大蒜,亦不可常食,夺气力,损心力。"

参考文献 | Cankaowenxian

[1]荆门博物馆编:《郭店楚墓竹简》,文物出版社1998年版。
[2]裘锡圭主编,湖南省博物馆、复旦大学出土文献与古文字研究中心编纂:《长沙马王堆汉墓简帛集成全七册》,中华书局2014年版。
[3]国家文物局古文献研究室编:《马王堆汉墓帛书[壹]》,文物出版社1975年版。
[4]陈伟等著:《楚地出土战国简册[十四种]》,经济科学出版社2009年版。
[5]熊春锦校注:《老子·德道经》,中央编译出版社2010年版。
[6]熊春锦校注:《黄帝四经(拼音版)》,中国言实出版社2012年版。
[7]陈鼓应注译:《黄帝四经今注今译》,商务印书馆2007年版。
[8]萧毅著:《楚简文字研究》,武汉大学出版社2010年版。
[9][汉]许慎著,[宋]徐铉校定:《说文解字》,中华书局2001年版。
[10][南朝梁]顾野王著:《大广益会玉篇》,中华书局2004年版。
[11][宋]陈彭年著:《钜宋广韵》,上海古籍出版社1983年版。
[12][宋]陆佃著,王敏红校注:《埤雅》,浙江大学出版社2008年版。
[13][宋]司马光等编:《类篇》,中华书局2003年版。
[14][宋]毛晃增注,毛居正重增:《增修互注礼部韵略》,北京图书馆出版社2005年版。
[15][元]黄公绍、熊忠著,宁忌浮整理:《古今韵会举要》,中华书局2000年版。
[16][清]段玉裁著:《说文解字注》,上海古籍出版社1981年版。
[17][清]朱骏声著:《说文通训定声》,中华书局1984年版。
[18][清]王念孙著,钟宇讯点校:《广雅疏证》,中华书局1983年版。
[19]迟铎集释:《小尔雅集释》,中华书局2008年版。

[20] [三国吴] 韦昭注:《国语》,上海古籍出版社 2008 年版。

[21] [汉] 司马迁著:《史记》,中华书局 1982 年版。

[22] [汉] 班固著:《汉书》,中华书局 1975 年版。

[23] [刘宋] 范晔著:《后汉书》,中华书局 1965 年版。

[24] [晋] 陈寿著:《三国志》,中华书局 1962 年版。

[25] [清] 阮元校刻:《十三经注疏 1-5 册》,中华书局 2011 年版。

[26] 《二十二子》,上海古籍出版社 1995 年版。

[27] [三国魏] 何晏集解、[南朝梁] 皇侃义疏:《论语集解义疏 1-4 册》,中华书局 1985 年版。

[28] [汉] 戴德著:《大戴礼记》,中华书局 1985 年版。

[29] 黄怀信著:《鹖冠子汇校集注》,中华书局 2004 年版。

[30] [汉] 董仲舒著:《春秋繁露》,中华书局 2011 年版。

[31] [汉] 班固著:《白虎通义》,上海古籍出版社 1992 年版。

[32] [汉] 史游著,颜师古注:《急就篇》,中华书局 1985 年版。

[33] [汉] 刘向著,向宗鲁校证:《说苑校证》,中华书局 1987 年版。

[34] [汉] 魏伯阳著:《周易参同契集释》,中央编译出版社 2015 年版。

[35] [南朝梁] 萧统编,[唐] 李善注:《文选》,中华书局 1977 年版。

[36] [宋] 郭茂倩辑:《乐府诗集》,上海古籍出版社 1993 年版。

[37] [五代] 谭峭著,丁祯彦、李似珍点校:《化书》,中华书局 1996 年版。

[38] [清] 彭定求等编:《全唐诗》,上海古籍出版社 1986 年版。

[39] [宋] 苏轼著,孔凡礼点校:《苏轼文集全 6 册》,中华书局 1986 年版。

[40] [金] 王若虚著:《滹南遗老集·附续诗集 1-4 册》,中华书局 1985 年版。

[41] [明] 杨慎著:《丹铅杂录》,中华书局 1985 年版。

[42] [明] 庄元臣著:《叔苴子内外编》,中华书局 1985 年版。

[43] [清] 陈士斌评:《西游真诠》,上海古籍出版社 1992 年版。

[44] 中共中央文献研究室编:《毛泽东诗词集》,中央文献出版社 2003 年版。

[45] [德] 卡尔·雅斯贝斯著,魏楚雄、俞新天译:《历史的起源与目标》,华夏出版社 1989 年版。

[46] [唐] 王冰(注释):《黄帝内经》,中医古籍出版社 2003 年版。

参考文献

[47] 方勇（注译）:《庄子》,中华书局 2010 年版。

[48] 王文锦编:《礼记译解》,中华书局 2001 年版。

[49] [明]闵齐伋（辑）,[清]毕弘述（篆订）:《订正六书通》,上海书店出版社 2013 年版。

[50] 郭彧（注释）:《周易》,中华书局 2006 年版。

[51] 王利器著:《文子疏义》,中华书局 2009 年版。

[52] 马如森著:《甲骨文书法大字典》,上海大学出版社 2010 年版。

[53] 徐中舒（编）:《甲骨文字典》,四川出版集团、四川辞书出版社 2014 年版。

[54] 容庚著:《金文编》,中华书局 1985 年版。

[55] 李志贤著:《中国篆书大字典》,上海书画出版社 1994 年版。

[56] 徐刚著:《古文源流考》,北京大学出版社 2008 年版。

[57] [汉]郑玄著,《十三经古注（套装共 11 册）》,中华书局 2014 年版。

[58] [宋]朱熹著,廖名春注:《周易本义》,中华书局 2009 年版。

[59] 牟重行著:《人与自然的一门学问——二十四节气》,海天出版社 2014 年版。

[60] 宋兆麟著:《图说中国传统二十四节气》,世界图书出版公司 2007 年版。

[61] 董学玉、肖克之主编:《二十四节气》,中国农业出版社 2012 年版。

[62] 柯玲编著:《中国民俗文化》,北京大学出版社 2011 年版。

[63] [明]高濂著,王大淳、李继明、戴文娟、赵加强整理:《遵生八笺》,人民卫生出版社 2016 年版。

[64] [汉]王充著,张宗祥校注,郑绍昌标点:《论衡校注》,上海古籍出版社 2013 年版。

[65] [宋]李昉等撰:《太平御览（全四册）》,中华书局 1998 年版。

[66] （法）施舟人编,（中）陈耀庭改编:《道藏索引——五种版本道藏通检》,上海世纪出版股份有限公司、上海书店出版社 1996 年版。

[67] 《道藏》,上海书店出版社 1988 年版。

[68] 许富宏注译:《鬼谷子》,中华书局 2012 年版。

后 记 | Houji

  中华传统节气修身文化系列书籍，内容浩繁，又浑然一体。对于喜爱传统文化的人士来说，是打开了一扇窥望天人合一文化殿堂的窗口；对于有志于修身明德之士而言，则是不仅打开了登堂的大门，还筑好了入室的阶梯。

  为了使这一系列书籍在形式上更加赏心悦目，具有传统文化的审美氛围，我们在编辑时使用了很多图片资料，其中修身类图片，除古代流传下来的传统图片资料以外，都是熊春锦先生亲手制作的。另外还使用了一些网络图片资料，由于时间和沟通渠道的限制，个别网络图片尚未联系到作者，在此我们向这些作者朋友表示衷心的感谢。并请这些作者朋友看到后，及时与我们联系。

  在编辑人员将熊先生的讲课录音整理成文字之后，熊先生对内容进行了增补核定。文字作为信息的载体和人与人之间沟通的工具，具有其自身的优势。如能与讲课录音互为补充，则领悟的效果将更进一成。故而，与本系列书籍的出版相伴，亦将有精心编配了视频资料的同名音像作品陆续出版，以飨读者。

编者

2015 年 12 月